工程监理典型案例集（2024）

中国建设监理协会　组织编写

中国建筑工业出版社

图书在版编目（CIP）数据

工程监理典型案例集．2024 / 中国建设监理协会组织编写．-- 北京 ：中国建筑工业出版社，2024．12.（2025．4重印）
ISBN 978-7-112-30791-3

Ⅰ．TU712

中国国家版本馆 CIP 数据核字第 2024KS2432 号

本书精选了建筑行业共 10 个有代表性的典型案例，包括北京大兴国际机场航站楼工程、上海中心大厦工程、港珠澳大桥岛隧工程、G20 主会场杭州国际博览中心工程、CBD 核心区 Z15 地块项目（中国尊）工程、深圳平安金融中心工程、郑州市奥林匹克体育中心体育场工程、广州市轨道交通十四号线一期工程、郑州市下穿中州大道下立交工程、以色列海法 Bayport 港口工程，每个工程认真总结了监理工作经验和启示，充分体现了监理工作的特色和成效，具有较强的指导性和可操作性，可供监理行业从业人员参考使用。

责任编辑：王砾瑶　边　琨　张　磊
责任校对：张惠雯

工程监理典型案例集（2024）
中国建设监理协会　组织编写
*
中国建筑工业出版社出版、发行（北京海淀三里河路9号）
各地新华书店、建筑书店经销
北京光大印艺文化发展有限公司制版
建工社（河北）印刷有限公司印刷
*
开本：787毫米×1092毫米　1/16　印张：13¾　字数：269千字
2025年1月第一版　2025年4月第二次印刷
定价：**128.00**元

ISBN 978-7-112-30791-3
（44510）

编委会

主　任： 王早生

副主任： 李明安　刘伊生

成　员： 李　伟　杨卫东　龚花强　李清立　任　旭

邓铁军　许远明　赵振宇　严晓东　孙成双

编写组

主　审： 刘伊生

主　编： 李明安　李　伟　杨卫东

主要参编人员： 李　艳　孙　静　周玉峰　黄啸蔚　张金涛

臧红兵　李尚炎　郑　勇　李振文　张　强

宫潇琳　杨丽萍　敖永杰

前　言

工程监理制度自1988年设立以来，从当初借鉴国际经验到后来自主创新发展，在我国工程建设中发挥了不可或缺的重要作用。过去30多年来，我国经济快速增长，工程监理行业也随之快速发展，企业数量和合同总额均显著增加。根据住房和城乡建设部工程监理统计数据，2023年全国具有工程监理资质的企业数量已超过2.4万家，承揽的工程监理业务合同总额超过2000亿元。这些数据不仅从侧面反映了工程监理行业发展的辉煌成就，同时也反映了工程监理保障工程质量、强化安全生产管理、提高投资效益等方面发挥的重要作用。

为更好地树立工程监理形象，展示工程监理成效，彰显工程监理价值，充分发挥典型工程监理项目的示范引领作用，中国建设监理协会组织专家精选了近十年来社会影响大、获得国家级工程质量奖，在工程监理方面具有创新性和示范性的10个工程项目，侧重总结工程监理实践做法、特色和经验，编辑出版了《工程监理典型案例集（2024）》。

在本案例集编撰过程中，得到行业专家和各地工程监理行业协会、分会及会员单位的大力支持，在此表示衷心感谢！

由于编撰时间较短，难免有疏漏之处，恳请领导、专家和行业同仁批评指正。

目 录

精细监理成就标杆　凤凰展翅逐梦蓝天

——北京大兴国际机场航站楼工程监理实践 ·· 1

在云“监”　护航“上海之巅”建设

——上海中心大厦工程监理实践 ·· 26

筑梦大伶仃洋　护航越海蛟龙

——港珠澳大桥岛隧工程沉管预制与安装监理实践 ··················· 47

大国筑梦展形象　匠心护航铸臻品

——G20主会场杭州国际博览中心工程监理实践 ························ 64

匠心监理　筑国之“尊”

——CBD核心区Z15地块项目（中国尊）工程监理实践 ············· 86

守正创新　卓越“平安”

——深圳平安金融中心工程监理实践 ·· 109

勇毅担当　攻坚克难　匠心监理　创新求精

——郑州市奥林匹克体育中心体育场工程监理实践 ··················· 138

匠心监理控风险　隧通羊城北三区
——广州市轨道交通十四号线一期工程监理实践 ······ 164

创新引领隧道顶管监理　蜿蜒下穿贯通黄河之滨
——郑州市下穿中州大道下立交工程监理实践 ······ 180

海外监理新实践　一带一路谱新章
——以色列海法Bayport港口工程监理实践 ······ 198

精细监理成就标杆　凤凰展翅逐梦蓝天

——北京大兴国际机场航站楼工程监理实践

大型枢纽机场是国家发展水平的重要体现。北京大兴国际机场（简称“大兴机场”）是习近平总书记特别关怀、亲自推动的首都重大标志性工程，是国家“十二五”规划确定的重大基础设施建设项目，也是完善首都“四个中心”核心功能的重要举措，是国家发展的新动力源。

1　工程概况

1.1　工程规模及结构体系

大兴机场位于北京市大兴区榆垡镇、礼贤镇和河北省廊坊市广阳区之间，与天安门广场直线距离46km。大兴机场是全球一次性投运规模最大的机场之一，作为大型国际航空枢纽，本期建设目标为2025年满足旅客吞吐量7200万人次、货邮吞吐量200万t、飞机年起降62万架次的运输需求；远期目标为满足旅客吞吐量1亿人次、货邮吞吐量400万t、飞机年起降88万架次的运输需求。

1.1.1　工程规模

大兴机场航站楼工程采用五指廊中心放射构型，包含核心区和中南、东北、东南、西北、西南五个指廊（图1.1）。总建筑面积90万m²，工程±0.000绝对标高为24.55m，建筑高度50.9m。核心区部分建筑面积60万m²，包含地下2层，地上5层，上下部分别设置双出发层、双到达层。地下B2层为轨道交通层，设有京雄高铁、大兴机场线、S4/R6线、预留线和廊涿城际5条轨道线。地下B1层为换乘大厅、值机台等。地上F1～F5层为进港、出港、办票、安检、候机、行李提取、行政办公、运营管理用房等功能区。指廊部分建筑面积30万m²，主要为机电综合管廊、管理人员办公用房、行李机房、设备机房、旅客候机区及商业区。机场航站楼工程总投资约人民币117亿元，其中核心区部分投资约人民币64亿元，指廊部分投资约人民币33亿元。

图1.1　大兴机场鸟瞰效果图

1.1.2　结构体系

大兴机场航站楼采用现浇混凝土框架结构，局部为型钢混凝土结构。F1层混凝土结构超长超宽，东西最长565m，南北最宽437m，面积达16万m^2。受地上钢结构柱脚水平推力影响，不设任何结构缝。5条指廊与核心区通过隔震缝断开，在地下一层柱顶设置1152套超大直径隔震支座。钢结构工程由支撑系统钢结构和屋盖钢网架结构组成。支撑系统钢结构包括8组C形柱、12组支撑筒、6组钢管柱、外侧幕墙柱等；屋盖钢网架结构为放射形不规则自由曲面，横宽568m，纵长455m，投影面积18万m^2，最大跨度180m，最大悬挑47m，高差约30m，共使用11.87万根圆钢管、2.1万个球节点，总用钢量8.3万余吨。金属屋面为32万m^2不规则自由曲面，包括直立锁边系统、融雪系统、雨水虹吸系统、天沟系统、气动开启窗系统、防坠落系统、挡雪系统。机电工程设有给水排水、通风空调、电气、电梯、智能建筑等系统及行李处理、航显、值机等机场专用系统，共108个子系统。

1.2　实施时间及里程碑事件

大兴机场航站楼工程于2015年9月26日开工，2019年9月25日正式投运。大兴机场航站楼工程里程碑事件如表1.1所示。

大兴机场航站楼工程里程碑事件　　表 1.1

日期	里程碑事件	日期	里程碑事件
2015年9月2日	签订航站区工程监理合同	2017年6月30日	航站楼工程钢结构封顶
2015年9月15日	航站区工程项目监理部成立，监理人员进场	2017年12月31日	航站楼工程实现功能性封顶封围
2015年9月26日	航站楼工程基础桩、土方、基坑支护、降水工程开工	2018年9月14日	北京新机场命名为“北京大兴国际机场”
2016年1月17日	航站楼工程基础桩、土方、基坑支护、降水工程完工	2019年6月28日	大兴机场航站楼工程通过竣工验收
2016年3月15日	航站楼结构工程正式开工	2019年7月26日	大兴机场航站楼正式移交给建设单位
2016年12月30日	航站楼工程全面冲出正负零	2019年9月25日	大兴机场正式投运
2017年3月16日	航站楼工程混凝土结构封顶		

1.3　建设单位及主要参建单位

大兴机场航站楼工程的建设单位是北京新机场建设指挥部，勘察单位是北京市地质工程勘察院，设计单位是北京市建筑设计研究院有限公司、中国民航机场建设集团有限公司，监理单位是北京华城工程管理咨询有限公司，施工总承包单位是北京城建集团有限公司、北京建工集团有限公司。

1.4　工程获奖情况

大兴机场航站楼工程先后荣获“中国建设工程鲁班奖”“中国土木工程詹天佑奖”等国家级和省部级重要奖项。工程监理单位在项目施工阶段所做出的卓越贡献，是项目荣获多项重要奖项的关键支持（表1.2）。

大兴机场航站楼工程监理单位主要获奖情况　　表 1.2

序号	获奖名称	序号	获奖名称
1	中国建设工程鲁班奖	6	中国安装工程优质奖（中国安装之星）
2	中国土木工程詹天佑奖	7	北京市建筑长城杯金质奖
3	中国国家优质工程金奖	8	北京市结构长城杯金质奖
4	中国钢结构金奖杰出工程大奖	9	北京市优质安装工程奖等
5	中国钢结构金奖		

2 工程监理单位及项目监理机构

2.1 工程监理单位

北京华城工程管理咨询有限公司（简称“北京华城”）成立于1992年，是北京市首批登记注册的工程建设监理单位，具有房屋建筑工程、市政公用工程监理甲级资质。公司有深厚的历史底蕴和卓越的专业实力，现为北京市建设监理协会副会长单位，是全国先进工程监理单位、北京市优秀建设监理单位、北京建设行业诚信监理企业；是国家、北京市工商局命名的“守合同，重信用”单位、北京市及中关村双高新技术企业。

2.2 项目监理机构

在大兴机场航站楼工程监理过程中，北京华城以高度的政治责任感和历史使命感，为圆满履约和打造“四个工程”（即精品工程、样板工程、平安工程、廉洁工程），成立了公司级领导小组，选派政治素质高、专业能力强、机场监理工作经验丰富的人员组建了项目监理部。

2.2.1 公司级领导小组

北京华城成立的公司级领导小组，由总经理任组长，副总经理和总工程师任主管质量安全和技术的副组长，成员包括具有丰富机场监理工作经验的专家组和各职能部室负责人，负责统筹协调各项人力、物力资源和技术支持，为项目部提供全方位保障。

2.2.2 项目监理部

根据工程监理合同，结合现场监理工作需求，北京华城组建了由136人组成的强有力的项目监理部，设置了总监办和驻地办。总监办包括1名总监理工程师、1名副总监理工程师、6名总监代表，以及信息资料工程师、进度协调工程师、行政后勤人员等。按照2个施工总包标段分别设置驻地办，驻地办下设土建、钢结构、装饰装修、机电安装、安全、造价、测量、BIM、进度协调、市政园林、信息资料等专业小组，小组人员由专业监理工程师和监理员组成。逐级签订岗位职责和廉洁责任书，形成以“个人保小组、小组保区域和专业、区域（专业）保标段、标段保项目”为特征的网格化管理体系。

3 工程特点及监理工作重难点

3.1 工程特点

3.1.1 标志工程，杜绝隐患

大兴机场航站楼工程是新时代首都的重大标志性工程，对安全隐患零容忍。习近平总书记关于民航工作重要指示精神指出大兴机场要充分践行“平安工程”“平安机场”发展理念。为此，大兴机场航站楼工程要做到“四个杜绝”：杜绝生产安全事故、杜绝环境污染事故、杜绝工程质量事故、杜绝有较大舆论影响的群体性事件。

3.1.2 创新工程，技术复杂

大兴机场航站楼是目前世界最大的单体减隔震建筑、世界最大的无结构缝一体化施工航站楼，采用超大平面复杂空间曲面钢网格结构屋盖和超大平面自由双曲金属屋面。①采用独有的层间隔震技术，在核心区 ± 0.000楼板下设置1152套超大直径隔震支座，有效解决了高铁、轻轨高速通过航站楼所产生的震动影响，是全球目前唯一一座高铁从下方穿行的航站楼。②核心区面积超16万m^2，根据建筑功能需要采取整体一块板不设缝的施工技术，最大尺寸超出《混凝土结构设计规范》GB 50010限值近10倍。③曲面钢网格结构屋盖面积约18万m^2，由13道构造层组成，整个屋盖网架杆件超过63450根，球节点近12300个；自由双曲屋面核心区最大跨度180m，无标准构件、无标准单元，给工程精度提出了很高要求。

3.1.3 超级工程，规模庞大

大兴机场航站楼工程是目前世界最大的单体航站楼工程。工程单体面积大，超长、超宽、超大平面；工程投资额高、参建人员多，高峰期近18000名工人同时作业。主航站楼机电安装涉及108套系统，构成复杂、技术要求高、安装环境多样。

3.1.4 系统工程，多方协调

大兴机场航站楼工程涉及众多参建单位及与其他行业间的协调。参建单位包括2家总承包单位和127家分包单位，总承包及暂估价专业工程及设备采购合同48份，涉及航站楼区域内各施工单位之间的协调配合。航站楼与下穿高铁和地铁、楼前高架、飞行区、工作区等各区块施工统筹协调工作量极大，涉及航站楼内与楼前高架及市政配套工程的配合。

3.1.5 绿色工程，节能环保

大兴机场航站楼工程坚持节能和超低能耗的设计原则。监测和实时调控PM2.5、CO_2、CO、温度、压力、压差、风速等各类信号；利用DALI与KNX总线结合的技术，实现采光检测+小分组灯具+明暗可调的智慧照明控制；采用IBMS系统以及机电设备一体化技术，高度集成设备监控、智能照明监控、电力监控以及电、扶梯和步道监控等管理系统。

3.2 工程监理工作重难点

3.2.1 设计建造标准高，质量控制责任重

超大超宽劲性混凝土结构，专项施工工艺监理难点多。施工单位为有效预防混凝土开裂，实施了专项施工工艺，包括设置后浇带、配置抗裂钢筋、在混凝土中掺入聚丙烯纤维、采用补偿收缩混凝土以及布置无粘结温度预应力筋等措施。面对这些复杂的施工技术，监理单位需要采取专项监理措施，确保施工工艺效果完美实现。

超大平面自由曲面屋盖和屋面，质量控制难度大。金属屋面、采光顶、屋盖、吊顶均采用自由双曲面造型，工艺复杂，深化设计、加工下料、空间位型控制、精密安装、材料变形控制难度大。监理单位需要灵活运用多种方法，确保曲面模型及图纸设计的精确度和实用性，保障钢网格结构屋盖施工的精度和质量，保证屋面施工质量优良和工程安全。

3.2.2 工程风险隐患多，安全生产管理挑战大

施工方案安全评估难度大。在有限场地内同期施工的分包队伍多、作业人员数量大且多为交叉施工，不同工种、不同专业人员对安全生产的认识水平、重视程度不同，监理单位需要准确评估施工方案中的安全风险，确保施工方案的安全性。

风险源多、隐患排查难度大。①由于塔式起重机（高峰期多达59台）、汽车式起重机及履带式起重机的大规模使用，违章作业、机械碰撞、机械伤害等危险行为风险高。②施工高峰期每日用火作业点多达1500处，动火作业频繁、作业点零散，消防隐患多。③基坑错综复杂、开挖深度大，地下水水位高，边坡不稳定风险高。④钢结构跨度大、异形构件多，起重吊装点多，吊装风险高。⑤高支模、屋面施工等高处作业风险高。监理单位需要进行全面的风险管控和隐患排查，杜绝危险行为。

3.2.3 “四新”应用范围广，技术管理难度大

审查创新性设计和施工方案，技术要求高。隔震层需要机电管线具备大位移的变形能力，最大位移补偿量为600mm，暂无管线大位移补偿方面的相关规范和标准，也无设计和施工先例。监理单位需要组织开展详细的技术、安全、质量专项评审，重点评审新技术应用计划，确定其技术参数、施工工艺、质量标准和控制措施，确保其安全性。

监督新技术、新设备等应用，管理难度高。大兴机场航站楼工程使用了超大平面结构混凝土施工关键技术、超大平面层间隔震综合技术、不规则自由曲面网架施工技术、屋面板铺设等新施工技术以及焊接机器人、激光扫描仪等新设备，监理单位需要提升技术管理能力，深入了解新技术和新设备的工艺特点和施工要点，掌握相关检测、评估方法，确保施工质量符合设计和规范要求。

3.2.4 进度造价控制难 合同管理挑战多

工期紧、参建单位多，进度控制难度大。大兴机场航站楼工程计划工期不足五年，监理单位需要通过施工计划审核、工期目标设定、关键节点控制等工具进行动态进度管理，并辅以有效的沟通协调、合同管理、风险管理手段，确保工程总工期目标和各阶段工期目标顺利实现。

可参照计价体系少，造价控制难度大。大兴机场航站楼工程清单量大，合同内容多，变更及支付程序复杂，可参照的计价体系较少。监理单位需要通过合理的成本分析、变更控制、索赔管理等手段确保工程成本控制在预算范围内。

3.2.5 机电系统类型多，参建单位协调难

大兴机场航站楼工程机电系统功能先进、集成度高、设备接口多、技术衔接紧、调试难度大。还有民航信息系统和设备各专业子系统，机房和机电设备数量庞大，管线异常复杂。此外，航站楼行李系统遍布B1～F4层，行李系统与机电管线统筹协调难度大。

3.2.6 社会关注度空前，人员管理要求高

大兴机场航站楼工程宏大规模、有重要政治意义和巨大社会影响力，党和国家领导人、相关部委和北京市领导多次到现场视察调研；从工程规划到实施建设的全过程，国内外各大媒体竞相报道，受到了空前的社会关注，对人员管理的要求尤为突出。监理人员要承担起重要的目标控制和管理协调工作任务，做到万无一失，既

是挑战，更是责任。

4 工程监理工作特色及成效

北京华城按照监理合同，以工匠精神打造“精品工程”，以标准引领打造“样板工程”，以安全至上打造“平安工程”，以思想指引打造“廉洁工程”，以数字技术建设“智慧机场”，通过动态协调实现“中国速度”，圆满实现上述“四个工程”，助力“四型机场”建设。

4.1 坚守匠心，打造“精品工程”

监理单位坚持“百年大计、质量为本”，坚持预控和过程控制结合，科学组织、周密安排、精心监控，在超大体积混凝土、钢结构、超大曲面屋面等重要部位、关键工序施工方案编制前，组织各方讨论关键措施与关键技术工法，落实全过程、全流程、全方位的监理理念，助力工程荣获“中国建设工程鲁班奖”，确保了“精品工程”目标的实现。

4.1.1 精细化监理大体积混凝土施工，实现无缝、不裂

监理单位采取一系列精细化质量监控措施，大体积混凝土施工中未出现温度应力收缩贯通裂缝，开创了超长、超宽、超大平面混凝土结构无缝、不裂的先例。

技术先行、方案先行。要求施工单位编制有针对性且实施性强的施工方案，明确各项技术指标和性能要求，进一步细化设计要求，切实将设计提出并在施工中创新应用的“放”“抗”“防”相结合。明确检查和检测方法、质量控制原则和保证措施等关键内容。重点审核《大体积混凝土施工方案》《模板施工方案》《混凝土工程施工计划》《混凝土工程专项施工方案》，并提出了多项意见和修改建议。

督促方案落实，强化混凝土浇筑过程质量控制。①浇筑前，对施工人员、机械提前进行检查，要求提前启用备用混凝土搅拌站，确保突发情况下能连续浇筑。②浇筑过程中，严格旁站，监督施工单位按照既定的浇筑方向、顺序进行施工，避免混凝土冷缝的出现，并留存浇筑过程的影像资料，做到混凝土施工质量可追溯。③浇筑完成后，严格落实方案中对混凝土的养护工作，检查施工单位是否严格按照方案及规范要求进行收面施工，是否按照方案要求对混凝土采用保温加蓄水方式养护，确保养护措施、时间满足要求。

落实专项措施，确保施工工艺效果。①针对后浇带部位增加的钢筋进行专项检查验收，现场混凝土浇筑实施旁站，确保做到抗渗、防漏、防开裂。②针对抗裂钢

筋，内部进行专项交底，布置专项巡视，逐项检查抗裂钢筋的准确布置和规格是否符合要求，并提出解决止水钢板和箍筋冲突的创新做法。③针对混凝土内掺加聚丙烯纤维，要求施工单位编制专项施工方案，利用驻站的优势控制纤维数量和品质，并在首段样板验收时对纤维混凝土的抗裂性能进行综合验证。④针对补偿收缩混凝土，利用驻站控制其添加剂含量，确保混凝土外加剂使用数量和质量等级符合要求、微膨胀性能满足设计要求。⑤针对无粘结温度预应力筋，做好预应力筋进场质量控制，旁站预应力张拉过程，避免安全和质量隐患。⑥针对冷缝问题，细致检查进场混凝土的种类、设计坍落度及实测坍落度，通过旁站及时发现并纠正偏差，并加强浇筑过程中的分隔管控和浇筑温度监测。

4.1.2 全过程监理钢构件加工与安装，保障加工、安装精度

审查分包资质，组织施工方案优化。①审核分包资质：通过二维码扫描、上网核查等方法，严查钢结构专业分包及拟派现场管理人员和特种作业人员的资质、资格，要求焊接作业人员经过施工现场焊接工艺考核合格方可参加施工。②审核施工方案：重点审查施工方案适用性，对于针对性、可行性不强的退回并要求修改重报；针对钢结构吊点、吊距、吊装设备及路线的选择提出建议并要求修改。

实施驻厂监造，强化原材料质量控制。①审查每批钢材的化学成分、力学性能等，确保其完全符合工程需求。②对钢板、型材、焊接材料、栓钉、螺栓等材料进行实体和资料核查，按规定进行见证取样、送检，避免不合格材料用于工程实体。③选派经验丰富的专业监理工程师进行从原材料进场到钢构件出厂的全过程驻厂监造。在钢构件出厂前，驻厂监理工程师细致检查构件漆膜厚度、观感质量和编号，并在确认合格后贴上全过程跟踪二维码，确保构件进场时现场监理人员能根据提供的信息进行验收。

应用信息化手段，保障钢构件加工安装。①应用BIM技术，进行深化设计成果符合性审查：在施工前对钢构件加工安装进行智能化模拟和分析，认真把关图纸深化设计和三维建模，及时提出修改意见。②应用信息技术，精准跟踪构件运输：通过BIM智慧管理平台，对钢构件的发货进度和预警系统实施严格监控，确保构件配套无误。每根钢构件配备特制的全过程跟踪二维码，与BIM技术相结合，实现从原材料下料到物流、现场安装的全流程信息化动态跟踪。③建立测量小组，确保吊装准确：利用先进测量仪器、设备，全程跟踪复核；严格要求施工单位钢结构吊装作业必须在起重设备的额定起重量范围内进行，吊具应经检验合格；进行施工成形过程计算，进行过程监测、复核。

强化验收，确保防腐防火工序施工质量。①监理单位统一焊接质量验收标准，

采取现场外观检查、抽样检验、见证无损检测等方法，强化钢结构焊接过程质量验收；要求焊缝同一部位的缺陷返修次数不得超过两次。②钢结构涂装按照先防护、后涂刷的原则，重点检查钢结构防腐涂料、涂装遍数、涂层厚度是否符合要求；对每层防火涂料喷涂厚度及加固措施进行过程检查和隐蔽验收，要求施工单位在涂装不同遍数涂料的构件时用不同颜色作标记。③钢结构连接节点位置的耐火极限与被连接构件中耐火极限要求最高值相同，需要监理单位在防火涂料施工时加强巡视检查和管控。

4.1.3 系统化监理超大曲面屋面、屋盖和吊顶，成就工程奇迹

有效提高超大曲面钢网格屋盖施工精度和质量。①深度参与施工方案策划及技术创新。监理单位与施工单位一起利用BIM技术进行多方案比选，并借助有限元计算软件对施工工况进行详细的受力和变形分析，研讨确定“分区施工、分区卸载、总体合拢”的施工方案。监理单位参与屋面钢构件的精细加工、安装与数字化管理技术应用的全过程，确保工程高质量完成。②提供精准定位与数据支持。监理单位通过三维激光扫描仪快速定位每个球节点的三维坐标，形成全屋面网架的三维点云图，为施工提供了精确的数据支持。③进行三维可视化交底、碰撞检测与动态模拟。监理单位利用BIM技术辅助进行碰撞检测，提前发现潜在的设计冲突和施工难点。④掌握机器人焊接技术，确保焊接质量。监理单位与施工单位协商确定焊接机器人使用范围，确定采用机器人焊接扭曲构件平缓段和重要构件，并对机器人焊接技术的施工方案进行详尽审查，对焊接参数、焊接速度和焊接温度等关键指标进行实时监控，保证构件焊接稳定并提高焊接质量和生产效率。

深度参与双曲金属屋面深化设计。监理单位在设计和施工阶段多管齐下：①在金属屋面设计中，参与超大平面自由双曲节能型金属屋面、连接节点、防水措施与排水系统、融雪系统的设计方案研讨；利用BIM+图纸会审相结合方式，对设计图纸进行深入分析与审查，精准识别出图纸中存在的专业间冲突、管线碰撞或设计不合理等潜在问题，提出设计优化建议。②在金属屋面施工中，重点监督关键节点、关键技术，例如测量逆向建模、檩条消减温度应力的连接技术、直立锁边金属板板型优化、风洞试验检测以及金属屋面排水和融雪系统。针对测量逆向建模技术，协助施工单位通过引进先进的测量设备和技术，对屋面进行三维扫描，获取精确的曲面数据，并通过逆向建模软件，将扫描数据转化为三维模型。针对风洞试验检测，协助施工单位通过模拟不同风速和风向对屋面的作用，评估了屋面的抗风性能，提出了优化建议；针对防转动免焊接连接技术，与设计、施工单位共同研究，提出了防转动免焊接的连接节点设计，确保吊顶的稳定性并简化了

施工流程。③重视金属屋面附属工程质量控制。与设计、施工单位紧密合作，最终确定采用先进的融雪技术，通过科学的方法快速融化积雪，有效防止积雪对屋面的损害。

全面保障超大空间自由曲面大吊顶工程质量。①掌握数字化技术，确保板块单元尺寸加工精度。航站楼屋盖吊顶实现了从设计到工厂加工，再到现场安装的全数字化建造。专业监理工程师深入参与Grasshopper程序组，通过数字化技术自动生成铝板生产尺寸；与施工单位共同编写自动算法程序，插入原设计BIM模型的运算组中，应用参数化自动面板拟合技术，保证吊顶的外观和可实施性；施工模型导出加工尺寸后，自动导入加工设备，实现了一体化加工，使加工尺寸更准确。②创新技术应用，确保屋面安装工程质量。建议采用装配式施工技术，将吊顶划分为两万多块吊顶单元，每个单元包含5～6块蜂窝铝板；高大空间吊顶龙骨、面板采用单元模块化逆向安装技术，施工放样采用空间三角定位安装技术，安装完成后采用三维激光扫描调平检测技术，实现曲面吊顶施工完成后的质量检测验收；冷辐射吊顶是首次在大型航站楼中使用，实施过程中，与施工、设计单位现场对比分析，必要时进行现场试验，形成切实可行的方案，解决了排烟穿孔率、面板的整体平整度、保温效果等方面的技术难题。

4.1.4 专业化监理机电系统，保证功能先进

重视施工图审查，加强对施工方案编制的指导、审核。组织专业监理工程师重点审查施工图是否符合工程建设强制性标准和绿色建筑标准，并对施工图设计深度、系统和功能设置的合理性、专业间的一致性、BIM模型的完整性等进行细致审查，提出合理化建议。例如，结合空调机房实际情况和以往经验，对空调水管道连接方式提出优化建议；通过BIM进行可视化模拟，预先发现并解决了地下一层风口与暗柱、立管与结构梁空间位置冲突的问题。还通过组织15次机电专业施工方案前期研讨会，确保了机电工程施工质量和使用功能。

参与深化设计过程，审核深化设计成果。专业监理工程师应用BIM进行管线排布和碰撞模拟，参与深化设计和管线综合。审核深化设计成果，确保与专业图一致，并反映设备各专业的相互关系。保证使用功能、满足室内吊顶或净空的要求，合理确定管线和设备的位置与距离，考虑系统调试、检测、维修空间需求，提出合理化建议361条。

统筹跨系统、跨专业、跨行业协调。与施工单位一起，制定各系统施工原则，即“分区、分层、分专业”“同步施工、同步调试、同步验收”施工原则，通过专题会议、现场协调、BIM可视化等手段，厘清逻辑关系，互相创造条件，实现了机

电系统的协调与统一；针对用户和民航专业承包商对电源容量、端口参数、土建预留和工程品质等需求不断变化，变更洽商多，工序交叉多的情况，成立由各专业工程师组成的专门协调小组进行对接，机电安装高峰期每天组织现场协调会，及时解决问题。

4.2 标准引领，打造“样板工程”

大兴机场航站楼工程监理工作始终遵循“系统化、标准化、制度化”的原则，严格执行方案先行、样板引路，强化过程控制，坚持“制度引领，样板先行”的监理工作方针，有效保障了各项管理目标圆满实现，助力获得“全国建筑业安全标准化工地”“北京市绿色安全样板工地”“中国工程建设安全质量标准化优秀单位”等称号，最终确保了“样板工程”目标的实现。

4.2.1 坚持标准引领，推进监理工作制度化

推进企业管理制度标准化。企业依据监理工作相关规范标准、导则、指南和北京市监理行业团体标准，针对航站楼工程特点，制定、发布和实施了《员工行为规范》《监理工作制度》《监理工作标准》《监理工作流程》《监理人员操作手册》《技术指导书》等文件，使项目监理工作达到规范化、科学化、程序化。

推进监理工作流程标准化。①样板先行首段首件管理制度：将样板作为指导质量标准化、安全标准化的标杆，统一监理人员验收标准执行尺度，验证技术方案和节点设置的合理性、施工方法的可操作性，确保大面积施工的安全顺利。②材料选样封样制度：严格管控材料选样、送检、封样等环节，规范材料选样封样工作要求与流程，确保材料样式、功能、构造等符合设计文件要求，确保进场材料质量并为后续材料验收提供依据。③举牌验收管理制度：规范举牌验收部位、内容、参加人员、验收流程，有效保证每个重点工序的施工质量及验收质量责任的可追溯性；④BIM监理工作制度：明确BIM监理工作目标，规范BIM监理人员责任与权限、BIM监理工作步骤、BIM模型和数据审核标准和要求等内容，保证监理工作的科学性、先进性。⑤工程变更管理制度：使用项目造价管理系统（BJJCPMS）进行合同管理，应用BJJCPMS对合同额实施动态控制，确保工程变更管理流程的规范化、标准化。⑥风险源识别和隐患排查制度：制定项目安全风险辨识表，制定隐患排查清单。

4.2.2 坚持样板引路，推进工程实体标准化

成立标准化小组。施工单位、监理单位联合组成标准化小组，对标准化设施进行设计并确认，建立安全设施展示区，统一标准、样式，现场统一推行。

进行样板施工。累计进行55项工艺样板、实体样板施工（图4.1）。①在钢筋安装施工前，进行钢筋笼样板、筏板钢筋绑扎样板、外墙插筋及绑扎样板、梁柱节点钢筋绑扎样板、顶板钢筋绑扎样板、底板马凳样板等样板施工，有效规避钢筋定位、锚固长度、箍筋加密区、钢筋保护层厚度等常见问题。②在超大面积混凝土结构施工中，进行混凝土结构实体样板、混凝土凿毛样板、后浇带样板施工，有效控制混凝土结构裂缝。③在钢结构涂装施工中，要求先施工工艺样板，及时发现和解决施工中可能遇到的问题。④在幕墙安装施工中，通过幕墙样板施工，确保幕墙系统型材、玻璃、镀膜、石材、密封胶、五金件、层间封堵材质、品牌、型号规格、颜色、工艺均符合规范和设计要求。⑤在机电安装阶段，进行管道、线槽安装样板件、样板段施工。⑥在装饰装修阶段，通过室内精装样板、卫生间样板等施工，明确装修界面和装修做法。

进行样板共同验收。样板施工经过建设单位、设计单位、监理单位和施工单位共同验收方可进行大面积施工。通过样板的施工和验收，有力控制了钢筋安装、机电预留预埋、混凝土浇筑等质量通病，有效促进了混凝土工程等施工质量的整体提升，消除了大体积混凝土裂缝等安全风险。

（a）混凝土结构实体样板

（b）后浇带施工样板

（c）屋面钢结构工程样板

图4.1　部分样板示例

4.2.3 坚持档案留痕，推进信息管理规范化

制定信息档案管理制度。监理单位制定了信息档案管理制度，确定了“有效覆盖、资源共享、综合利用、高效安全”的信息管理工作方针，明确了“及时、准确、高效”的信息档案管理原则，编制了范本与模板，使信息档案管理过程主次分明、条理清晰。

建立信息档案管理组织体系。监理单位建立了信息管理及工程档案资料监理小组。设置信息档案管理主管组长一名，分区域设置信息档案管理副组长各一名，并指定多名专职信息档案管理员负责各种信息档案的登记、保管、收发、归档等工作。同时，在总监理工程师领导下，做到责任到人，实现了档案管理工作目标。

过程管理资料同步电子化。采用北京筑业资料管理软件进行日常管理，实现过程管理资料同步电子化，前期方便查阅填报各类台账，后期便于资料归档与移交，同时节约了办公耗材与时间成本。

4.3 安全至上，打造“平安工程”

监理单位始终坚持生命至上、以人为本的安全生产管理理念，贯彻“一岗双责、人人有责，齐抓共管”的安全生产管理要求，采取条件验收、隐患排查、重大风险源分级验收等创新管控方式和手段落实安全措施。大兴机场航站楼工程最终实现了零伤亡、零事故、零冒烟、零扬尘的安全目标，做到了安全标准化达标、安全隐患整改率100%，荣获“北京市绿色安全样板工地”，实现了“平安工程”和“平安机场”目标。

4.3.1 建立安全保障体系，实施风险隐患分级管理

建立健全安全生产管理体系。监理单位先后编制监理实施细则并落实全员交底33份、组织监理人员安全培训考核并进行体验式教育38批次、组织召开安全风险专题会127次、组织各专项检查205次、审查施工单位综合预案及各类应急预案25份、签发安全生产管理方面的监理通知单125份，发现并消除隐患2026条，切实保障了施工现场安全生产形势平稳可控，有序推进。

制定项目安全风险辨识表。监理单位围绕人的不安全行为和物的不安全状态，从环境风险及工程自身作业风险两个方面，对施工过程每一环节的危险因素进行识别和评估，制定“项目安全风险辨识表”（图4.2），识别重要的安全风险点11项，制定具体的重点控制措施50项，并指定责任人。

安全风险点及类别	可能造成的隐患	监理重点控制措施（简要）
深基坑开挖及支护	土方坍塌，突涌，物体打击，机械伤害，触电，高处坠落，交通伤害	O 加强基坑及周边环境监测，及时发现解决安全隐患。以监测数据指导施工；发生预警按级别响应处置 O 严格监督按论证后的专项施工方案组织实施 O 严格审查深基坑工程急预案，定期进行急演练，提高急处置能力 O 合理规划路线，机械倒车必须配备语音提示系统，监理加强旁站 O 进场机械报验合格并定期维修保养，杜绝带病作业，特殊工种须持证上岗 O 监理按区段专人负责，对负责区段安全管理负责
脚手架工程	高处坠落，物体打击，坍塌，触电	O 脚手架专项施工方案必须严格按论证后的方案搭设，对材料进行质量检查和验收，架体材料检验合格 O 架子工必须全部体检，保证身体健康并保证持证上岗 O 作业人员全部进行体验式教育并观看与高坠相关的警示教育片 O 操作人员必须佩戴合格的安全带，并固定在可靠的支点上 O 定期检查脚手架的稳定性和承载能力 O 设置安全网等防护设施，定期检查和维护安全带等防护用品
高大模板支架	架体坍塌，高处坠落	O 机械报验检测手续齐全 O 机械设备基础平整承载力达标 O 机械定期维保，人员持证并按操作规程操作 O 塔吊要有防碰撞系统、现场视频监控系统全覆盖无死角 O 多机种同一区域作业时，使用同频对讲机。避免塔吊相互碰撞
群塔作业多机种作业	机械伤害，机械倾覆	O 机械报验检测手续齐全 O 机械设备基础平整承载力达标 O 机械定期维保，人员持证并按操作规程操作 O 塔吊要有防碰撞系统、现场视频监控系统全覆盖无死角 O 多机种同一区域作业时，使用同频对讲机。避免塔吊相互碰撞
机械安拆	物体打击，车辆伤害，机械伤害，起重伤害，触电，火灾，高坠，倒塌	O 安拆人员须具备相应的特种作业证书和操作技能，接受上岗前安全培训；进行现场安全检查 O 定期检查机械设备，配备齐全的安全防护装置，定期检查和维护安全防护装置 O 严格审查机械安拆工程的应急预案，定期进行应急演练，提高操作人员的应急处置能力 O 现场设置明显的警示标识
临时用电	触电，火灾	O 一、二级配电箱防护并上锁，并配备防火沙及灭火器 O 三级箱总包统一购置，禁止分包自购 O 所有电箱布置满足《临时用电施工组织设计》及规范要求，每日巡视检查并填写记录
钢结构吊装、安装	倒塌事故，交通事故，物体打击，高处坠落，机械伤害，触电	O 方案经论证通过。吊装单位资质满足要求、吊装机械报验合格且性能完好 O 对吊装过程实时监测，复杂构件监理全过程旁站 O 监理组织重要构件吊装前条件核验 O 安装人员必须进行安全三级教育、体验式教育及安全技术交底 O 监理人员参与起重吊装流动小分队加强巡视，及时制止违规作业
消防管理	火灾	O 消防管理制度明确，责任到人 O 建立微型消防站，并定期组织演练 O 动火作业严格落实动火审批、看火人等相关要求 O 危化品专库管控，存储数量不超标 O 进场工人及管理人员均需进行灭火器实操培训，保证人人会用 O 监理人员参与消防小分队加强日常巡视
金属屋面临边防护	高处坠落	O 立柱式安全绳设置必须经过计算 O 下挂式水平网固定后垂度满足要求 O 固定式操作平台要求标准化 O 吊篮式操作平台必须在方案中明确 O 所有操作人员必须进行体验式教育 O 作业过程中加强巡视旁站
吊篮安装和使用	高处坠落	O 方案必须论证通过方可实施 O 总包、使用、产权、监理单位共同验收 O 吊篮的安全锁必须送检测单位检测合格 O 吊篮内作业人员应2人，单独设置安全绳并悬挂安全锁 O 总包、监理单位分片、划区段专人管控，杜绝违规作业
人员管理	基础病发作，治安事件，食物中毒等	O 进场工人必须完成信息核录，人脸识别通过后方可进入 O 不同作业队伍配备不同颜色马甲，所有分包队伍安全员由总包单位安全总监统一调度管理 O 所有进场工人必须进行健康体检，否则不允许上岗 O 要求总包单位设置农民工夜校，定期开展健康文体活动 O 民工食堂按规范设置。从正规渠道购买食材，食品必须留样

图4.2　项目安全风险辨识表

制定隐患排查清单。工序开工前，总监理工程师组织研究、制定隐患排查治理制度并进行人员分工，根据识别出的安全风险源制定隐患排查清单，从施工现场安全生产管理、绿色施工、脚手架工程、安全防护、塔式起重机、起重吊装、机械安全、消防保卫等几个方面，分类编制制作各类表格共计10项。现场监理工程师根据分工每日进行巡视并建立隐患台账，按问题严重程度将隐患从高到低设置为三级。累计消除各级隐患共计2026条。

实施全过程风险监测。①实时监控：在深基坑工程施工过程中，要求施工单位在基坑周边配备视频监控设备，做到摄像头全覆盖，确保支护结构、施工区域、周边环境和监测设施等内容均在可视范围内。②建立监测数据共享系统：要求第三方监测单位、施工单位建立监测数据共享和预警机制，将预警级别分为黄色、橙色、红色三级，监测数据一旦超过预警值，按照预警级别及时响应，黄色预警由总监理工程师代表组织召开预警分析会，橙色及红色预警由总监理工程师组织召开预警分析会。基坑施工阶段累计整理监测周报30余份，累计预警并处置消警10余次，有效保证了深基坑工程的安全稳定。

4.3.2 组织分步分级验收，确保高大支模安全搭设

确保专项方案符合设计规范要求。大兴机场航站楼工程楼层普遍较高，超大空间、超大构件及超大跨度造成了支架搭设质量管控难度大、风险高。监理单位针对不同楼层高度、不同梁构件截面尺寸、不同顶板厚度，对专项方案中计算书内容进行重新验算，确保计算结论符合规范和设计要求。

高大模板支架搭设实行分步验收。超过8m的高支模每搭设完成6m后各方进行基础验收，并在架体搭设完成后进行最终验收。在分步验收的基础上实行分级验收。每道验收环节均要求执行“四级”验收工作制度：按班组级、工区级、总包单位项目部级、项目监理部四级验收，并且重复验收次数不得超过2次，超过2次的要重新对搭设人员进行教育交底，加长整改周期，整改完成后，重新验收并填写验收记录。

4.3.3 建立吊装逐级申请，保证超大钢结构安全吊装

明确钢结构起重吊装监理控制要点。监理单位加强对特种作业操作人员资质资格审核，严格审查专项施工方案，对危大工程施工实施专项巡视检查，编制吊装监理实施细则，明确了方案审核、起重设备选择、吊点设置、吊索具检查、场地准备、人员培训、过程中监控、安全防护措施8项控制重点。

建立吊装逐级申请制。超大、超宽异形结构吊装难度大，监理单位要求在特种作业人员及机械报验合格的基础上，实施逐级申请、逐级验收机制。

组织首件及重要构件吊装前条件验收。对钢构件首件及重要构件（如异形构件、大跨度构件等）均组织构件吊装前条件验收，主控项目实行“一票否决制”。要求施工单位项目技术负责人必须参加验收，验收通过后各方签字确认方可进行后续施工。

BIM技术应用。本工程异形构件多，结构复杂，监理单位利用BIM对吊点进行核算，对于图纸上所有构件，根据不同构件种类、数量、位置分别进行编号，建立台账，过程中认真核对并对完成的构件逐一销号。

起重吊装巡查。重点检查参与吊装人员特别是信号工、司索工等持证上岗情况、是否存在违章指挥、违章作业行为及吊装机械设备的完好性，吊点位置、机械维保记录、吊装周边是否存在环境风险等。过程中共发现及制止违章作业50余次。

4.3.4 参编专项施工方案，重视屋面安全防护管理

明确屋面防护监理控制要点。针对本工程的双曲、超大屋面带来的临边及水平防护难度大问题，监理单位明确了防护栏杆设置、固定方式选择、踢脚板安装、材料选择、施工过程监控、人员培训6项控制重点。累计发现并整改隐患35条，确保整个防护做到上下人爬梯全封闭、作业通道牢固可靠，焊接作业平台、屋面水平安全网全面封闭防护到位。

参与编制有针对性的专项方案，立柱式安全绳、下挂式安全网、固定式操作平台以及吊篮均须有专项施工方案，其立杆间距、立杆与钢梁连接、镀锌钢丝绳直径等必须经专项计算。监理单位组织对以上关键信息进行核算，确保计算准确。水平安全网必须经外观检查和冲击性能试验合格并报监理验收。安全网挂钩的材质、间距，挂钩与翼缘板的焊接质量，安全网的弧垂均要经过监理单位逐项排查，确保满足要求（图4.3）。

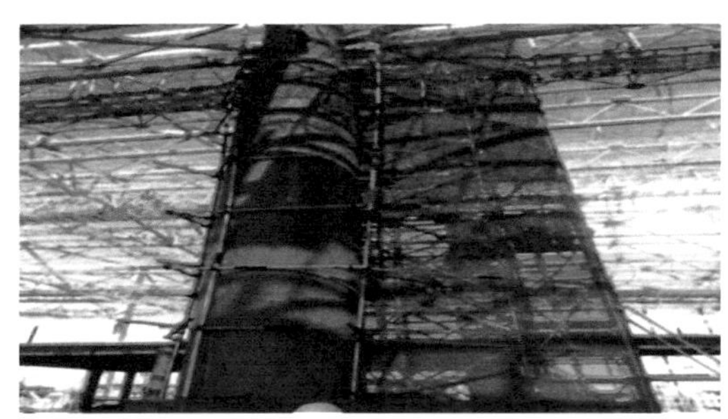

图4.3　安全防护效果图

4.3.5 落实安全生产标准化，打造绿色安全样板工地

为保证节能环保要求，监理单位督促施工单位采用洗车池、雾炮机、洒水车、绿网覆盖等措施进行扬尘控制，采用污水处理池进行水资源二次利用等，保证整个施工过程节能环保标准化达标。经过努力，大兴机场航站楼工程文明施工标准化程度受到各级及各方领导的高度好评，并荣获住房和城乡建设部建设工程施工安全生

产标准化工地（AAA级）称号。

4.4 思想引领，打造“廉洁工程”

监理过程中，北京华城从全体参建人员的思想意识教育到廉洁风险点的排查识别、专项管控，对项目廉洁工程建设开展了全流程、全方位的监督管理，通过体系建设、内控外联全面监控兑现廉洁承诺，最终确保了“廉洁工程”目标的实现。

4.4.1 树立“四个意识”，筑牢思想基础

树立“四个意识”，监理单位党、政、工领导广泛动员，教育广大监理人员充分领悟大兴机场航站楼工程重要的政治意义和历史意义；通过进场教育、定期组织开展针对性的廉洁文化和职业道德宣传教育等方式，内化全体监理人员廉洁意识，从源头上筑牢了人员思想基础，扎紧了廉洁自律红线。

4.4.2 完善体系建设，实施全程管控

建立完善的廉洁工作组织架构与责任体系，成立了公司和项目两级廉洁建设工作领导小组，形成了纵向到底、横向到边的廉洁建设工作网络。通过对巡视检查、工序验收、洽商变更、工程结算等廉洁风险点的排查识别到《廉洁行为告知书》《项目监理人员廉洁承诺书》《廉洁监督举报公示》等“两书一牌”制度的严格落实，压实了廉洁工作责任。同时建立“决策留痕、结果查究”机制，对监理过程中容易出现问题的廉洁风险点公司定期组织廉洁工作专项检查，做到既盯要害也全覆盖，确保各项监理工作处于全程监督之下。

4.5 数字监理，建设“智慧机场”

监理单位利用RTK、高精度全站仪、激光扫描仪等先进仪器设备以及BIM、物联网、智慧云平台等信息化、数字化手段，提出建议并被采纳，大幅提升了曲面钢网格结构屋盖、超大空间吊顶天花板的施工精度和质量，保障了“四新”高标准运用。数字监理助力工程荣获“中国土木工程詹天佑奖”“北京市科学技术进步奖”“AAA级工程建设科学技术进步特等奖”“中国钢结构协会科学技术奖特等奖”，确保了“智慧机场”目标的实现。

4.5.1 应用BIM技术，提质降本

组建大兴机场BIM专班。大兴机场航站楼工程的自由双曲面设计对工程的精度提出了很高要求，监理单位设立了BIM专班。在施工前，BIM专班与施工单位BIM

小组协同攻关，对全部金属屋面模型进行审核，并及时提出修改意见，督促施工单位进行修改，设计单位和监理单位BIM工作小组分别对其修改后的三维模型进行复核确认，确保模型能够立体全角度可视化，清晰地展示出各构件之间的交叉关系和位置冲突。

融合BIM技术与图纸会审。监理单位运用BIM技术和图纸会审相结合的方法，对超大平面自由双曲节能型金属屋面设计进行优化，确保精确度和实用性。监理单位借助BIM模型的可视化和碰撞检测功能，精准识别专业间冲突、管线碰撞或设计不合理等潜在问题，提出设计优化建议，帮助完善设计方案、提升施工效率并降低总体工程成本。

融合BIM技术和三维激光扫描。在超大空间自由曲面大吊顶施工监理中，监理单位充分利用BIM技术，结合三维激光扫描和测量机器人等高精度设备，进行碰撞分析和方案优化。在超大平面复杂空间曲面钢网格结构屋盖施工监理中，为确保金属屋面的位形精度，监理单位建议将BIM技术与三维激光扫描技术创新结合，通过三维激光扫描仪快速定位每个球节点的三维坐标，形成全屋面网架的三维点云图，为施工提供了精确数据支持。

4.5.2 利用监控监测技术，精准控制

全过程全天候监控钢构件加工制作。监理单位利用钢构件BIM智慧管理平台，实时监控钢构件生产过程。该平台融合了BIM和二维码技术，实现了对钢构件全过程的精准管理。

实时监测钢结构安装。在C形格构柱和钢屋盖等复杂结构安装期间，督促施工单位按照测量方案选取应力变化较大关键杆件设置监测点进行提升、卸载及合拢过程的应力应变监测，加大测量监测频次；采用高精度激光测距仪、3D扫描仪及专业分析软件，对网架分块进行三维数据扫描随时掌握实际变形量；实时监测施工过程中的各项参数，及时预警和响应，确保资源的合理配置和高效利用。

实时监测模架体系。本项目楼层高、构件截面尺寸及跨度大，高支模搭设难度大，风险高，传统监测手段难以满足相关需求。监理单位联合施工单位对模架体系实时监测，模架监控采用光学仪器配合电子传感器共同监测。在混凝土浇筑过程中，旁站人员与现场指挥调度人员借助电子监测系统，实时关注内力、水平位移、倾斜度等数据是否达到预警值，为模架体系的安全提供了有力保障。

4.5.3 使用巡更二维码，全程追溯

监理单位在隐蔽工程和危大工程的关键位置设立巡检点，采用二维码形式进行

标识，监理、施工及相关人员通过手机扫码，即可便捷地录入巡检信息。这些信息包括巡更点名称、巡更人员、位置坐标、巡检频次、现场状况描述以及实时照片等，为安全生产管理提供详实的数据支持以及信息的可追溯性。

4.5.4 运用智慧云平台，共享资源

运用公司“智慧云协同管理平台”，及时上传包含建设、施工、监理单位所形成的全部工程建设相关资料，使各项信息档案做到及时收集、归档，确保所有文件和记录可系统、有序地存储，便于查询和利用。做到了监理单位与建设单位、施工单位的信息资源共享。

4.6 多措并举，展现“中国速度”

监理单位认真贯彻机场建设指挥部的进度总控计划，运用组织、合同、技术、经济措施，对进度进行主动控制，对相关方进行组织协调，对资金保障积极作为，保障工程进度目标的顺利实现，助力核心区±0.000以下混凝土结构封顶比合同节点工期提前15天、混凝土主体结构封顶比计划工期提前12天，展现了“中国速度”。

4.6.1 数字赋能，动态控制进度

建立审核和协调管理制度。①编制监理计划，监理单位根据总控计划、阶段性计划、年度计划和月度计划编制控制性计划和目标，并下发到驻地办，驻地办进度工程师负责落实计划节点，有差异及时进行调整。②严格审查施工组织设计和施工方案，要求有详细、科学、可靠的进度控制计划。③组织现场协调会，督促施工单位定期组织现场协调会，及时提出、分析和解决影响施工的问题，建议设计单位现场办公，协助解决现场问题。④参与施工进度计划编制，要求施工单位根据工程特点及工程量编制各阶段的施工进度计划，督促施工单位及时编制年度、月度以及周进度计划；对计划实施情况进行检查、对比完成度和差异分析。⑤实施监督预警，对计划实施过程中的实际进度进行跟踪监督分析，将每一项施工内容划分为“完成、基本完成、滞后、严重滞后、未进行”5个等级，在监理例会上对滞后严重的施工内容提出预警，签发指令，要求承包单位及时做出实现计划进度的安排。

利用BIM技术进行进度管理和预警。通过BIM5D技术的三维可视化、信息化、参数化优势，辅助设计交底及专题协调，提高协同工作效率和质量，提升设计合理性、减少了现场施工返工、加快了施工进度，同时对进度进行预警和风险分析。

4.6.2 分类管理，主动协调

监理单位将协调工作分为三类：第一类是内部监理机构的沟通协调；第二类是与建设、设计、总承包、分包等参建单位的协调；第三类是与合同外相关方的协调。通过分类管理、主动协调，有效提高了参建单位的协同效率、减少了相关方的冲突矛盾。

内部沟通协调。①设置公司级领导小组。以总经理为组长，统筹协调所需资源。项目监理部及时向公司汇报现场情况，使公司能准确掌握信息并做出决策。领导小组共开展检查84次，提出合理化建议185条，发现重大、较大隐患48条，一般问题4156条。②设置分类管理小组。项目监理部设不同的区域管理小组，履行沟通协调区域职责，并逐级汇报。③建立岗位责任制。对每个岗位均建立明确的岗位责任制，并制定岗位手册下发给个人，每个岗位均按照手册要求规范监理工作。各岗位之间的协调配合由区域负责人和小组负责，及时解决工作中的矛盾和问题。

协调建设、设计、总承包、分包等参建单位。①与建设单位：建立了高效信息传递机制，通过与建设单位的深入沟通，确保监理单位对工程整体目标有了清晰的理解，并及时向建设单位报告项目进展、遇到的问题和解决方案，与建设单位共同制定应对策略。②与设计单位：在深度理解设计意图的同时，参与深化设计研讨并提出合理化建议；当发生设计变更时，及时与设计单位交互信息并提出监理意见，确需变更的及时按规定履行变更流程，签署变更文件。③协调总承包单位与分包单位：航站楼核心区和指廊两个标段由2家施工总承包单位同时施工，参与建设的专业分包单位多达46家，从前期场地布置、人员组织到交叉作业、进度协调等各个方面，监理单位统筹谋划，采用划片包干、小组协调等措施，有效解决总包单位以及分包单位之间的问题，保障了工程的有序推进。④主动协调两个标段：协调核心区和指廊两个施工标段总控计划编制，确保主要节点完全一致并做好需要衔接部位的协调，统筹协调两个标段之间的界面和工序依托关系。

协调合同外相关方。协助建设单位协调民航专业与非民航专业的界面和时间先后关系，以民航时间节点为基准，进行沟通协调，做好两家数据的综合评估并提出合理化建议，确保主控节点计划全部融合。

4.6.3 强化履约，严格保证支付

规范合同管理、强化合同履约、保证资金及时足额支付是确保合同工期、实现中国速度的关键。监理单位多措并举，严格保证工程款及时足额支付。

见微知著，未雨绸缪强化风险防控。组织专业监理工程师学习合同内容，识别和评估合同管理风险。开工之初，监理单位协助建设单位制定了变更洽商管理办法、明确变更程序。施工过程中，全程参与、全面严格审核变更立项，依托深化事项及变更事项汇报准备会及正式变更会，就深化设计及变更事项的原因、依据、内容及估算费用进行分析并对其科学性、合理性、经济可行性提出意见与建议，确保变更洽商事项属实、程序合规、量价准确。

匠心独运，高新软件助力精准计量。监理单位通过广联达BIM土建、钢筋、安装计量软件与AutoCAD软件相结合，三维智能钢结构模拟建模软件Tekla Structures（Xsteel）与施工图纸相结合的方法完成了结构、安装、钢结构工程量计量审核。建议并通过建设单位确认后使用由设计提供的施工图软件版Rhinoceros（犀牛）并标注固定曲面范围进行计量审核的方法，成功解决了屋面及其内部吊顶自由曲面造型且设计文件中无法详尽显示曲面尺寸致使无法准确计量的问题，提高了工程量计量审核的效率，为准确支付合同款提供依据。

蹄疾步稳，为工程进度提供资金保障。监理单位要求施工单位按照年度、月度制订资金计划并对其进行审核。在收到工程款支付申报后，依据合同相关条款约定及合同清单，利用现场核验、核对计量、复核台账等多种手段相结合的方式及时进行审核和计量，计量结果由总监理工程师签发支付证书并报建设单位审批后支付，累计签发支付证书168期。

有条不紊，全面推进分阶段过程结算。监理单位积极推动项目分阶段结算。在土护降、主体结构完成后及时进行了分阶段结算，并将阶段结算数据即时录入BJJCPMS系统，实现了造价和合同的动态调整和管理。

5 体会和启示

大兴机场航站楼工程汇聚了北京市委、市政府、机场办、北京市住房和城乡建设委、质量处、机场协调处、大兴区、机场指挥部等多方力量的高效协调，凝聚了各参建单位和参建人员的共同努力。监理工作取得的突出成效彰显了监理单位对大型机场工程质量、成本、工期和安全目标顺利实现的重要性。同时，监理单位在树立大工程观、坚持精细和标准监理、坚持安全至上、拥抱数字时代、提供增值服务方面的做法，值得行业借鉴。

5.1 体会

5.1.1 担当与奉献——监理是大型枢纽机场顺利交付的坚实保障

在大兴机场航站楼工程监理实践中，北京华城以高度的责任感和奉献精神，组建了一个由多领域专家、专业化人员组成的项目监理部，通过实施严格的质量控制体系，进行风险与隐患分级管理，严格把控工程质量、成本、工期和安全，最终圆满实现“四个工程”，助力“四型机场”建设。这一实践表明，监理单位应当在重大工程中提高站位，勇挑重担。其他大型机场工程建设可借鉴这一经验，重视监理单位的建设与管理，以确保项目的高效、安全和优质完成。

5.1.2 专业与创新——监理是大型枢纽机场施工创新的重要驱动

大兴机场作为智慧机场的代表，是现代科技与专业监理的完美结合。监理单位以深厚的专业知识和技能为基础，准确识别和解决了施工过程中的大量技术难题。专业、创新的监理工作不仅推动了施工方法和工艺的革新，更显著提升了工程的整体技术水平，彰显了专业化监理工作在保障大型枢纽机场施工创新、推动工程建设行业进步中的核心作用。

5.1.3 协同与拼搏——监理是大型枢纽机场统筹协调的关键力量

在大兴机场这一世纪工程中，监理单位不仅是技术与质量的守护者，更是统筹协调的关键力量。面对众多利益相关方的复杂需求，监理单位通过与建设、设计、施工以及政府部门和其他相关方建立有效沟通，实现了利益的平衡与协调。大兴机场的成功表明监理单位在大型枢纽机场项目中不仅是技术与质量的守护者，更是统筹协调的关键力量。

5.2 启示

5.2.1 树立大工程观

大兴机场航站楼彰显了大工程观指导下的工程管理和监理实践的卓越成就。监理单位在这一宏伟工程中，深刻理解并践行了大工程观的核心理念，通过系统化的思维和全局性的视角，注重工程的宏观规划和微观执行，强调资源整合和多方协调，积极引入现代化管理理念和先进技术，成功应对了复杂的工程挑战。监理单位应当树立大工程观，有效应对大型工程项目中常见的复杂挑战，更能实现工程的可持续发展，推动整个工程建设行业向着更高效、智能和环保的方向发展。

5.2.2 坚持监理工作精细化

大兴机场航站楼工程以其宏伟的规模、特殊的自由曲面结构和尖端隔震技术等技术要求，成为全球瞩目的焦点。面对这样的超级工程，监理单位坚持高标准、严要求，坚持预控和精细化过程控制相结合，通过制定详尽的监理规划、运用先进的监理技术和工具、强化现场监理，为精细监理树立了实践的标杆。在大型枢纽机场工程中，精细监理是实现高标准建设目标的关键。监理单位需要建立完善的监理体系、强化风险管理和应急响应能力，从而推动工程建设行业向更高质量、更高效率的方向发展。

5.2.3 坚持监理工作标准化

大兴机场航站楼工程规模庞大、参建单位众多，对监理工作标准化提出了很高要求。监理单位针对工程特点，从企业和项目两个层面制定了一系列行之有效的标准化管理制度。实施标准化监理对于实现大型枢纽机场工程的质量、进度和成本目标至关重要。在大型枢纽机场工程中，监理单位应当树立标准化意识，制定标准化的监理流程和规范，确立标准化的质量控制标准、进度管理模式、成本管理体系，从而推动监理行业高质量发展。

5.2.4 坚持安全至上

大兴机场航站楼工程作为国家标志性工程，对于安全隐患零容忍。监理单位坚持生命至上、以人为本的安全生产管理理念，采取创新管控方式和手段落实安全措施，实现了“平安工程”建设目标。对大型枢纽机场工程的安全生产管理不仅关系到工程的顺利进行，更关系到人民生命财产安全和社会稳定。监理单位需要筑牢思想意识，为国家重大工程的长期安全稳定运营打下坚实基础。

5.2.5 拥抱数字时代

大兴机场航站楼工程作为现代大型枢纽机场的代表，迫切需要拥抱数字化时代来应对日益复杂的工程挑战。监理单位积极应用数字化和智能化手段，优化设计和施工方案，确保了施工安全和质量。在数字化时代，其他大型工程项目应借鉴大兴机场的经验，积极引入和应用数字化、智能化技术，利用先进的专业技术和现代化的管理手段，构建适应新质生产力的服务模式，确保项目的顺利实施和高标准交付。

5.2.6 提供增值服务

在大兴机场航站楼工程监理工作中，监理单位在全面、高效履行法定职责的基础上，提供了高质量增值服务。监理单位严格执行施工图审查、加强对施工方案编制前的指导、组织施工方案前期研讨，全过程参与施工单位的深化设计、管线综合、管线碰撞等深化、模拟，精准识别潜在问题；掌握数字化技术，融合BIM和三维激光扫描、有限元计算软件，提供精确数据支持。在高质量发展背景下，监理单位应当结合工程的特点以及重难点关注建设单位的需求，提供更多增值服务，创造更多的社会效益。各类监理企业应在行业转型升级过程中保持自身的先进性与适应性，为监理行业的高质量发展贡献力量。

（主要编写人员：李　艳　柯贵国　王朝阳　刘永远　李晓磊）

在云“监” 护航“上海之巅”建设
——上海中心大厦工程监理实践

1 工程概况

1.1 工程规模

上海中心大厦位于上海陆家嘴金融贸易中心区，与上海环球金融中心相邻，包含9个“垂直社区”和21个“空中花园”广场，集商务、办公、酒店、商业、观光、会展等功能于一体，因此又被称为“垂直城市”，如图1.1所示。工程占地面积30368m^2，总建筑面积约57.8万m^2，建筑高度632m，结构高度564.5m，建筑层数地上127层，地下5层。

图1.1 上海中心大厦实景图

建筑物基础形式为6m厚桩筏基础。上部结构采用巨型框架、外伸刚臂和核心筒体系，其中：核心筒为长约30m的方形钢筋混凝土筒，地步翼墙厚1.5m，腹墙厚1.2m，随高度增加墙厚逐步减小；外伸臂桁架的斜杆采用由100mm厚钢板组成的1m×1m的箱形构件，与8根超级巨柱、4根型钢混凝土角柱和外围的巨型框架还发挥提高结构侧向刚度的作用。塔冠结构为钢结构体系，由鳍状竖向桁架、水平桁架、帽桁架、八角形桁架组成。楼面系统采用由钢梁、压型钢板、混凝土楼板及栓钉形成的组合楼板体系，荷载通过8根超级组合柱、4根型钢混凝土角柱及核心筒剪力墙传至基础。

建筑立面采用内外玻璃幕墙系统，外幕墙、幕墙支撑系统和内幕墙共同构成了大厦的建筑围护幕墙系统。外幕墙采用直立阶梯式幕墙系统，大面玻璃板块为矩形并与塔楼外形精确匹配。幕墙支撑系统为轮辐式柔性钢结构体系，用于支撑外幕墙。外幕墙分布在1～9区主楼外侧，呈螺旋上升，基本体系为“横明竖隐单元式铝框玻璃幕墙”。内幕墙分布在2～8区标准层楼板外侧，呈圆形，其与外幕墙围合成每个区的中庭空间，基本体系为“铝合金单元式玻璃幕墙”。

除了建筑高度、建筑面积等基本技术指标，上海中心大厦隐藏着的数字更具震撼性，正是基于这一个个数字密码的精密计算才使这座大楼得以建成和高效运转。每一个数字，就像是这幢建筑的DNA，决定着大楼的形状和功能。上海中心大厦关键指标数据见表1.1。

上海中心大厦关键指标数据一览表　　表 1.1

序号	关键指标	具体数据	序号	关键指标	具体数据
1	建筑高度	632m	13	基坑开挖土方量	100万m^3
2	建筑地上层数	127层	14	主楼大底板体积	60000m^3
3	建筑地下层数	5层	15	外层玻璃幕墙面积	14万m^2
4	总建筑面积	57.8万m^2	16	内层玻璃幕墙面积	9万m^2
5	地上建筑面积	41.1万m^2	17	外幕墙玻璃挂板	20357块
6	地下建筑面积	16.7万m^2	18	电梯最大上行速度	20.5m/s
7	车位数	1817个	19	平均等待电梯时间	35s
8	总体旋转角度	120°	20	阻尼器自重	1000t
9	室外绿化率	33%	21	水表数量	254个
10	室内绿化花园面积	7500m^2	22	风力发电机	270台
11	主楼钻孔灌注桩根数	1079根	23	三联供平均发电量	1280万kW·h
12	主楼圆形基坑内径	121m	24	地源热泵根数	127根

1.2　投资规模及资金来源

上海中心大厦工程建设总投资为人民币148.51亿元，其中建安造价为人民币100亿元，建设所需资金由建设单位通过自筹和申请银行贷款解决。

1.3　工程实施时间及里程碑事件

上海中心大厦工程2008年11月开始桩基施工，2014年12月全部完工，2016年5月获世界第二高楼认证。工程实施主要里程碑事件见表1.2。

工程实施主要里程碑事件表　　表 1.2

序号	时间	里程碑事件	序号	时间	里程碑事件
1	2008年11月	主楼桩基开始施工	9	2013年8月	主楼580m主体结构封顶
2	2010年4月	主楼大底板完工	10	2014年5月	塔楼内幕墙施工完成
3	2010年9月	主楼地下结构完成	11	2014年8月	主楼632m建筑（塔冠结构）封顶
4	2011年9月	裙房大底板完成	12	2014年9月	裙房幕墙施工完成
5	2011年12月	裙房上部结构完工	13	2014年11月	塔楼外幕墙施工完成
6	2012年11月	塔楼外墙开始施工	14	2014年11月	位于125层的阻尼器安装完毕
7	2012年11月	精装修开始施工	15	2014年12月	工程全部完工
8	2013年3月	裙房幕墙开始施工	16	2016年5月	上海中心大厦获世界第二高楼认证

1.4 建设单位及参建单位

上海中心大厦工程的建设单位是上海中心大厦建设发展有限公司，勘察单位是上海岩土工程勘察设计研究院有限公司，设计单位有同济大学建筑设计院（集团）有限公司、Gensler、Thornton Tomasetti、Cosentini Associates，监理单位是上海建科工程咨询有限公司，施工总承包单位是上海建工集团股份有限公司。

1.5 工程获奖情况

1.5.1 工程获奖

上海中心大厦工程获奖情况见表1.3。

工程获奖一览表　　表 1.3

奖项名称	颁发部门	颁发时间
2012年度国家AAA级安全文化标准工地	中国建筑业协会	2012年10月
2015年度上海市金钢奖特等奖	上海市金属结构行业协会	2015年12月
2015年度上海市“园林杯”优质工程金奖	上海市园林绿化行业协会	2015年12月
2016年度上海市建设工程白玉兰奖	上海市建筑施工行业协会	2017年5月
2016～2017年度中国建设工程鲁班奖	中国建筑业协会	2017年11月
第十五届中国土木工程詹天佑奖	中国土木工程学会	2017年12月
2018～2019年度国家优质工程金奖	中国施工企业管理协会	2019年12月
“上海中心大厦工程关键技术”荣获上海市科技进步特等奖	上海市人民政府	2019年1月

续表

奖项名称	颁发部门	颁发时间
2020年度全国绿色建筑创新奖	中华人民共和国住房和城乡建设部	2020年3月
“上海中心大厦工程关键技术”荣获国家科学技术进步奖二等奖	国家科学技术奖励委员会	2024年6月

1.5.2 监理荣誉

上海中心大厦工程项目监理机构获奖情况见表1.4。

项目监理机构获奖一览表　　表 1.4

奖项名称	颁发时间	奖项名称	颁发时间
上海建科监理样板窗口项目部	2010年	市重大工程文明示范工地	2013年
上海市重大工程立功竞赛优秀集体	2011年	先进青年突击队	2011年
上海市优秀青年突击队	2011年	先进集体	2009～2013年

2 工程监理单位及项目监理机构

2.1 工程监理单位

上海建科工程咨询有限公司，隶属于上海市国资委下属上海建科咨询集团股份有限公司。公司主营业务包括全过程工程咨询、项目管理、代建管理、工程监理、设备监理、建筑设计、招标代理、造价咨询、风险评估、第三方巡查、BIM咨询、总控咨询、投融资咨询、可行性研究咨询等。同时，公司依托集团，可为项目提供全寿命周期内的各类评估、鉴定、论证等咨询服务。

公司践行“专业、责任、创新、共赢”的核心价值观，秉承“盈科而进，追求卓越”的企业精神，不断努力，为客户提供满意的、富有价值的工程咨询服务。

2.2 项目监理机构

上海中心大厦工程是举世瞩目的超级工程，根据工程特点和高质量监理服务要求，公司组建了“上海中心大厦项目监理部”，于2008年11月10日开始进驻现场开展工作。项目监理部实行总监理工程师负责制，按专业配备总监理工程师代表和专业监理组，同时设置总监办公室配备相关人员负责计划协调、绿色建筑、合同与计量管理等工作。项目监理部组织形式如图2.1所示。项目监理部根据桩基围护、结构施工、装饰装修和竣工收尾等不同阶段的特点，按照“高素质、年轻化、专业

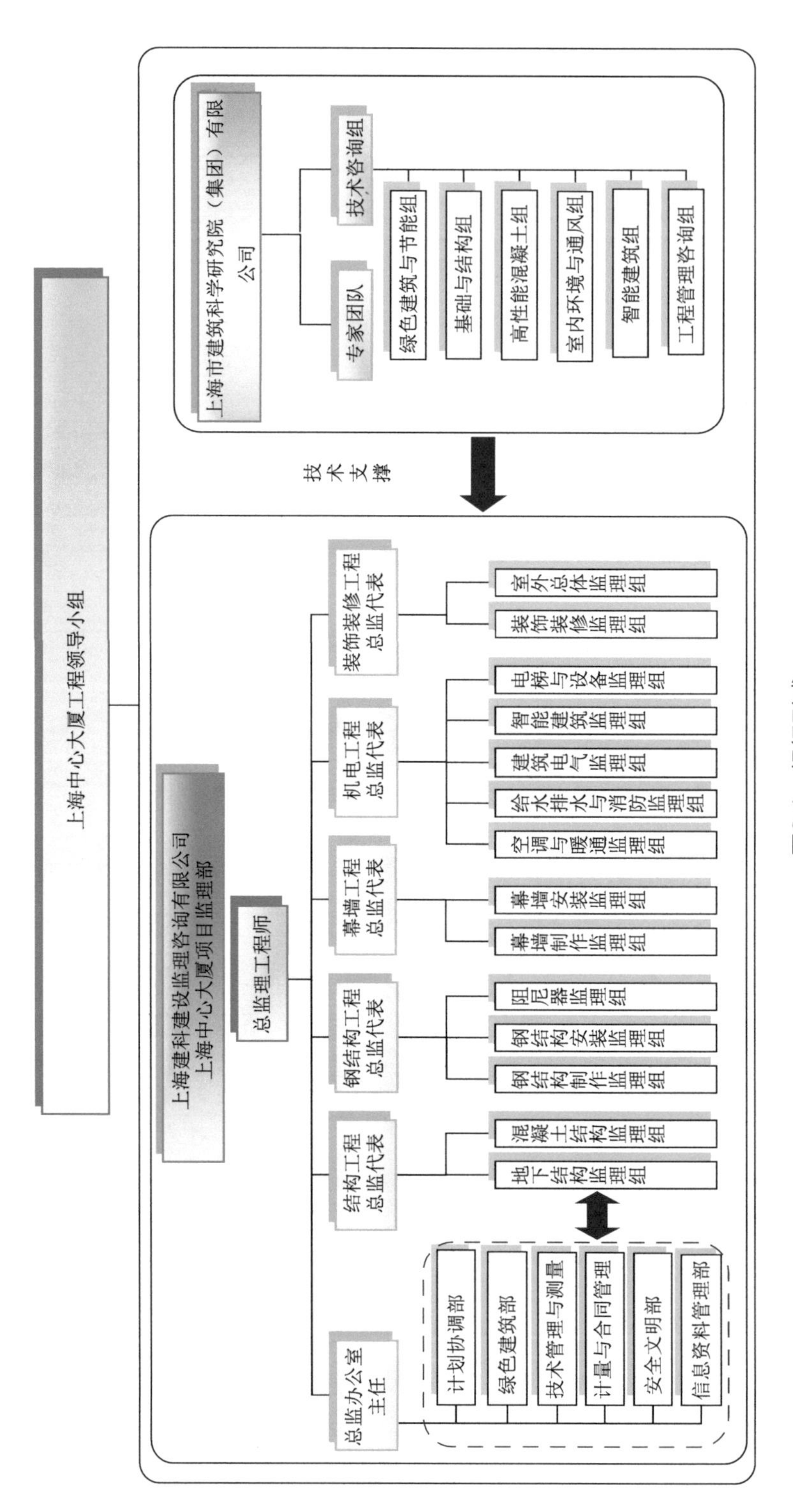

上海中心大厦工程领导小组
上海市建筑科学研究院（集团）有限公司
专家团队
技术咨询组
绿色建筑与节能组
基础与结构组
高性能混凝土组
室内环境与通风组
智能建筑组
工程管理咨询组
技术支撑
上海建科建设监理咨询有限公司
上海中心大厦项目监理部
总监理工程师
总监办公室主任
结构工程总监代表
钢结构工程总监代表
幕墙工程总监代表
机电工程总监代表
装饰装修工程总监代表
计划协调部
绿色建筑部
技术管理与测量
计量与合同管理
安全文明部
信息资料管理部
地下结构监理组
混凝土结构监理组
钢结构制作监理组
钢结构安装监理组
阻尼器监理组
幕墙制作监理组
幕墙安装监理组
空调与暖通监理组
给水排水与消防监理组
建筑电气监理组
智能建筑监理组
电梯与设备监理组
装饰装修监理组
室外总体监理组

图2.1 组织形式

化”原则及时对人员结构进行调整和优化，使各专业监理人员能够对施工全过程实施全面有效管控，坚持安全第一、严格质量把关、热情服务的原则，为保证工程施工安全、质量、造价目标贡献监理力量。在工程建设初期，项目监理部27人的团队，平均年龄不到30岁，在项目全面铺开时，40岁以下的人员占比也达到了62%，其中90%以上为大专及以上学历。

为确保整个项目部充满凝聚力、团结一致，做到思想一致，行动一致，项目监理部从加强制度管理出发，提出了“文化引领，创新实践”的工作理念，将“规范、进取、学习、创新、实践”的文化融入日常工作中。

3　工程特点及监理工作重难点

3.1　工程特点

建筑唯美——上海中心大厦工程建筑高度为632m，刷新了国内建筑高度的最高纪录，改变了全球超高层建筑高度排名记录，其螺旋、垂直向上的柔和造型，实现了艺术与建筑的和谐统一，成为上海城市的象征，为全球标志性建筑殿堂再添一笔。

天空之城——上海中心大厦的观光层位于118层和119层，使用面积约2000m^2，其中119层位于大厦552m处，是中国最高的观景平台，被形象地喻为“天空之城”。在这里，透过360°全景窗口，可以俯瞰上海环球金融中心、金茂大厦与东方明珠，更可将整个上海尽收眼底。游客们乘坐专门为上海中心大厦量身定做的世界上最快的观光电梯（最高速度达20.5m/s），不到1分钟就可到达118层，在开阔的视野中看到上海浦江两岸日新月异的城市风貌。

镇楼宝器——上海中心大厦的上层部分，要承受每秒数十米大风的袭击，尤其是台风来袭时，大厦上层会出现大幅度晃动，最大幅度可达1.4m。为此，上海中心大厦首次将电涡流阻尼用于超高层建筑风阻器，采用电涡流调谐质量阻尼器减轻风动力作用下的结构反应和损伤积累，电涡流调谐质量阻尼器是我国一项创新技术，能将大风作用在楼宇上的机械能，通过阻尼系统，最终转化为热能消散，提升大楼内的舒适度。阻尼器位于大厦125层，又被称为“上海慧眼”，它由配重物和吊索构成，类似巨型复摆。阻尼器一方面能削减建筑晃动、优化使用体验、提高大楼品质，另一方面，能增加结构的耐久性。

绿色建筑——上海中心大厦工程的建设目标是成为世界城市高层建筑可持续发展的典范。因此，在方案设计阶段，建设单位即确定了工程必须实现LEED金奖和国家绿色建筑三星双认证的目标，并在工程中应用了多项绿色建筑设计要素，在整个工程建造过程也严格按照两个认证标准执行。最后，通过参建各方的共同努力，上海中心大厦获得LEED白金级认证和国家绿色建筑三星级认证。上海中心大厦在节能降耗方面的亮点主要有：地源热泵系统、冷热电三联供、冰蓄冷系统、风力发电系统、雨水及中水回收系统、双层幕墙系统、智能照明系统等。

技术集成——上海中心大厦项目在建筑高度上已大大超出了当时现行设计及施工规范的适用范围，在抗震设防和消防方面面临着极大的挑战，带来了超深桩基、超深地下连续墙以及超高混凝土泵送、超高钢结构、超高幕墙、巨型塔式起重机的安装和拆除等较多高难度关键技术。而且为了实现建筑设计理念，采用了大量的新技术、新材料，施工时还没有相应的检查验收标准，必须经过严密的试验和理论研究进行协商解决。因此，上海中心大厦注定是科技与建筑的完美结合。

3.2 监理工作重难点

3.2.1 工程管理方面

（1）参建单位多，组织管理协调难

本工程是一项特大型综合工程，参建单位超过100家，各单位的组织协调和界面管理工作复杂，尤其是各分包合同标段的界面处理、实施过程中交叉平行施工以及种种矛盾的协调工作量非常大。项目监理部的工作重点方向一是明确信息流转和协作工作的流程和关系，突出重点抓总包、提高管理效率；二是协助建设单位组织好各项工作，消除潜在的界面缝隙，实现和实行“无缝管理”模式。

（2）绿建目标高，施工过程管理难

本工程绿色建筑建设的目标包括获得中国绿色建筑三星级标识和美国绿色建筑委员会的LEED金奖认证，该目标对工程的设计、施工管理和后期运营都带来了严苛的要求和巨大的挑战。

（3）建筑高度高，垂直运输组织难

超高的施工高度、大量的建筑材料、设备、建筑垃圾和施工人员，都给本工程垂直运输带来了很大的压力和难度。尤其是进入装饰装修阶段，其材料种类样式繁多，数量巨大，且交叉施工单位多，运输工具较为单一，由于运输时间有限，项目在安排材料运输时除了注重电梯使用时间和劳动力安排外，还要关注如何提高运输效率等，在确保工程质量的前提下，要兼顾工程进度，组织管理难度大。

（4）施工周期长，不可预见隐患多

本工程建设规模大，工期跨度长达8年之久，建设期间存在很多不确定因素，例如夏季防雷防暑、秋季防火防雨、冬季防滑防冻、各方人员变动、各种气候变化、特殊的自然因素等，都是比较大的安全隐患。加之本工程中超深基坑开挖、高大模板系统及整体提升钢平台系统、超重超高钢结构、幕墙构件以及大型设备吊装、高空作业、大型机械、大风天气下施工等都是重大危险源，使得工程整个建设期不可预见安全隐患多，安全生产管理任务艰巨，需要应对诸多挑战。

3.2.2 工程技术方面

（1）钻孔灌注桩超深、直径大，质量控制难

上海地区超深钻孔灌注桩成桩质量离散性较大，而本工程桩基直径约1m，钻孔深度自±0.000以下最大达90m，穿越⑦层粉质砂土层，成桩过程中极易发生塌孔，孔壁稳定性较差，桩底沉渣厚度和桩底注浆质量的控制也比较困难。特别是逆作法中对桩身垂直度的控制要求已大大超出现有规范标准，给成孔过程控制提出了更高的要求。

（2）混凝土底板超厚、面积大，裂缝防治难

工程底板厚约6m，底板混凝土在6万m^3以上。对于如此大体积混凝土，施工难度大，在混凝土裂缝防治方面也是质量控制的重点，因此必须对混凝土材料和外加剂的选取、配合比设计、混凝土供应的组织、浇筑工艺和温度控制措施等进行重点控制和管理。

（3）钢结构工程量大、精度高，高空吊装难

工程主楼由超级巨柱和中央核心筒及外伸桁架和带状桁架组成结构体系。幕墙桁架环向采用钢管作为水平杆件和斜撑弯曲形成，通过钢拉杆悬挂于转换层桁架上，并设置了阻尼器，钢结构的难点在于总量大、单榀钢构件重量大、构件板厚较厚、焊接和构件制作技术要求高、吊装高度高和作业量大等，因此钢材等原材料的质量控制、钢结构安装精度控制、钢结构焊接质量管理等均具有挑战性。

（4）双层幕墙较新颖、深化难，吊装难度大

工程外立面设计风格完全不同于以往超高层建筑，采用了双层开口螺旋形式的设计手段，设计新颖、造型独特，围护设计手段在幕墙领域开创了一个全新的观念。项目监理部对幕墙工程的管理难度主要体现在：与幕墙深化设计的沟通协调、玻璃幕墙板块的制作精度控制、埋件、连接件安装质量和精度控制、防水封堵及防火封修控制、幕墙板块吊装安全管控等。

（5）装饰工程品质高、风格多，质量要求高

工程装饰装修档次定位为“白金五星级”超高层建筑，并且需要获得绿色建筑和LEED双认证，对装饰材料选择和室内环境品质要求高。而装饰装修工程施工安排比较靠后，有效施工时间很紧，特别是深化设计图纸的确认周期较长，使得装

饰细部处理不到位，成品交叉污染和易燃易爆材料较多。因此，整个装饰施工组织及管理难度较大。装饰工程的难度主要在于装饰深化设计的深度和分包进场管理、装饰材料垂直运输、精装修工程的成品保护、绿色环保材料的检查检验、装饰细部质量处理等。

（6）机电安装系统多、深化难，协调要求高

根据工程综合功能多、智能化程度高、机电设备系统安全稳定性要求高的特点，在具体系统设计及产品选型上，综合运用了一系列先进技术和产品，如多层次的安全技防系统体系，同时，由于专业系统繁多，施工界面复杂，为达到既定的各项监理工作目标，所需进行的设计、施工协调工作量非常大，在大型设备吊装和管线敷设质量控制和安全生产管理方面也具有更严格的要求。

4 监理工作特色及成效

4.1 “豆腐土”上建高楼，严格要求来把控

工程位于冲积平原地质区，是典型的软土地基，软土层就像是深厚的豆腐，而集中了众多超高层建筑的陆家嘴，就是建在这个“豆腐层”上的城市区。上海中心大厦工程的岩石层在地下280多米以下，因此需要靠桩的摩擦力和端阻力来解决“豆腐土”上建高楼的问题。为此，主楼基础选用了1079根超深后注浆钻孔灌注桩和厚达6m的钢筋混凝土底板组合方案。项目监理部必须对地基与基础工程施工环环严控、层层把关，整个分部分项工程的施工质量才能得到保证。

4.1.1 狠抓泥浆性能，确保桩基质量

在超深桩基施工阶段，项目监理部针对质量控制的关键点，严抓每一道工序质量，监理人员对每根桩施工都使用10张表格（开孔通知单、钻进成孔原始记录、成孔验收记录、钢筋笼验收记录、后注浆管路安装记录、钢筋笼吊放记录、钻孔灌注桩隐蔽验收记录、水下混凝土灌注记录、后注浆管路劈通记录、桩端后注浆记录）进行记录和控制，使桩基质量从开孔、成桩到后注浆的每个关键环节都控制到位。对泥浆系统和泥浆性能坚持按既定的工艺和标准实施检查，检查频次和标准远远超出常规要求，坚持泥浆性能不达标时决不新开孔的控制原则；原土造浆的泥浆性能无法满足规范要求时，经参建各方商议达成共识，采用添加膨润土的方式进行人工造浆，最终使得泥浆性能满足施工需要。工程钻孔灌注桩以及地墙工程质量达到了一次验收合格的高水准，基坑开挖后印证了这一结果。

4.1.2 严格入场审查，保障钢筋品质

上海中心大厦工程基地狭小，不具备现场钢筋加工条件，故钢筋均采取场外基地加工，以成品钢筋形式进场安装。项目监理部为确保成型钢筋进场验收一次通过，安排专人定时去加工厂巡视检查，把监理工作延伸到场外加工厂，从源头把控材料和工序质量，并且对每批进场的成型钢筋进行100%验收把关，对于与设计及规范要求不相符的，要求必须退场处理。该做法得到了建设单位的极大肯定和认可，也避免了不合格材料用于工程。

4.1.3 精心策划把关，为超厚底板护航

上海中心大厦主楼底板是一块超大面积的圆形底板，直径121m，厚达6m，混凝土浇筑方量约为6万m^3。项目监理部对如何保证超大超厚底板混凝土浇筑质量进行了重点策划，主要从组织措施（成立了领导小组及5个工作小组）、技术措施（编制细则及各类表格并交底）、管理措施（动员、宣贯工作标准）等方面展开。为了确保超大体量混凝土底板连续浇筑一次性成功，项目监理部与施工单位通过先行模拟试验（先浇一块8m长、6m宽、3m厚，体积144m^3的大试块），对混凝土的原材料和配比进行优化，最终经过权威专家评审，确认可以有效控制结构裂缝问题之后才正式投入施工。

在底板混凝土浇筑前后，项目监理部从策划到实施，将大体积混凝土浇筑作为一场“大会战”，对混凝土浇捣的进料、取样、浇捣、收光压平等各个环节进行控制，期间因混凝土坍落度、和易性不符合要求，被项目监理部退场23车（合计约220m^3），从材料源头保证了混凝土的质量。在主楼底板施工期间签发监理通知单3份，监理工作联系单10份，并和施工单位就质量问题多次召开专题会议进行沟通。自主楼底板钢筋开始绑扎至底板混凝土浇筑完成，历时40天，质量控制和进度控制都取得了预期的效果。

4.2 牵头编制补充标准，结构验收有依据

由于本工程上部结构采用巨型框架、外伸刚臂和核心筒体系，钢结构体系具有结构异形、体量大的特点。为实现整个大楼外立面旋转扭曲向上并逐渐收缩的变化形式，设计在每区外挑桁架层底部设置有外幕墙钢结构支撑系统。钢支撑系统采取悬挂的柔性结构形式，并设置有异常复杂的机械装置用以满足系统功能要求。根据钢结构组合构件的特殊性及外幕墙钢结构支撑系统的结构特殊性，部分钢结构构件的检验、验收项目没有现成的规范、标准可直接引用。鉴于上述情况，根据当时

现行国家标准《钢结构工程施工及验收规范》GB 50205等相关标准、条款及设计要求，项目监理部牵头设计、总包及钢结构分包单位共同制定了《上海中心大厦钢结构工程制作、安装质量验收标准》《上海中心大厦外幕墙钢结构支撑系统制作、安装质量验收标准》作为该工程验收的补充依据。

既有相关验收标准和项目监理部牵头组织编制的补充标准，共同为钢结构制安提供依据，使结构验收有据可依。

4.3 “白金五星”档次高，装饰装修细节控

本工程装饰装修档次定位为“白金五星级”超高层建筑，并且需要获得绿色建筑和LEED双认证；同时，工程具有办公、商业、酒店、观光等多种功能分区，装饰装修风格多样，细部和细节要求高。为此，项目监理部通过材料、设计、质量三个方面精细化管理对装饰装修工程实施监理。

4.3.1 细化材料管理，确保质量合格

材料封样做好资料审核，梳理台账加强样品管理。根据合同约定和设计要求，对需要封样的材料要求施工单位提前做好梳理，通过定期更新封样台账掌握材料确认和封样进展。对厂家资质，材料质保资料等加强审核，及时给出明确的监理意见。重要样品封样一式四份，建设、设计、施工和监理四方各持一份，一方面避免只留一份容易导致样品丢失，另一方面也可互相做好样品校对避免混淆。

重点材料管控范围延伸，进驻工厂实施飞行检查。对于一些使用面积大、尺寸非标准、现场安装拼接要求高的重点材料，为保证施工品质，对厂家加工质量进行跟踪把关。大面积加工前先加工部分样品，检验工厂加工能力。对于异形构件，拼接要求高的，利用BIM工具辅助深化，保证加工尺寸，运送现场前提前在厂里进行预拼装，保证满足要求后统一进行编号，指导现场施工。

4.3.2 严谨设计管理，促进方案落实

技术变更，把控编审流程。对于现场实际情况无法实现设计意图或基于现场情况调整部分节点做法的，督促施工单位及时办理设计变更。设计变更单的编写需写明缘由，明确变更后做法，注明是否引起造价的变化。通过各相关单位层层审核，给出明确的审核意见，变更手续签章齐全后方可允许现场调整，并在后续竣工资料编制时准确反映在竣工图上。

重要节点，加强技术把关。对于影响使用功能、交付品质、使用安全的重要节点，对图纸做法进行严格技术把关，确保功能实现，保证交付品质，避免留下

质量安全隐患。如：本工程室内走道、电梯厅等区域墙面大量使用夹胶玻璃做饰面，原设计基层采用玻镁板，完全通过建筑胶进行连接。对此节点做法，项目监理部提出玻璃板块较大（高度最大约5m），玻璃自重带来的剪切力效应仅靠建筑胶粘无法保证安全；同时，胶与玻璃相容性较好，但与基层板材存在不相容的情况。该意见引起参建各方高度重视，通过实施现场样板验证了项目监理部的意见，设计单位完全接受项目监理部意见实施设计调整，更换基层板的选型，并增加了机械连接方式，建筑胶调整为结构胶，从而消除了质量安全隐患。设计调整后的详细做法如图4.1所示。

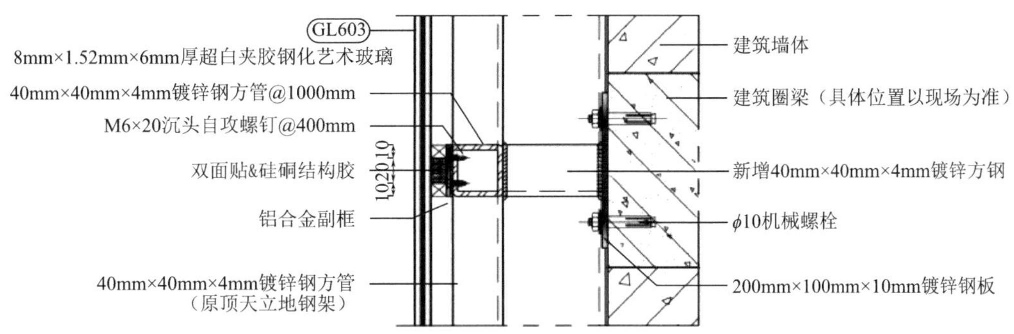

图4.1　设计调整后节点做法及现场照片

4.3.3　全程质量把控，追求卓越效果

样板引路，验证工艺明确标准。针对精装修细部要求高的特点，项目监理部坚持执行样板引路的原则，每个标段进场后，在管理策划阶段牵头施工单位梳理样板清单，明确样板确认流程，现场大面积实施前，参建各方先要进行样板确认。通过现场工艺样板、视觉样板的实施，检验施工单位工艺选择的合理性，明确验收流程，设定工序见证点、停止点，确定交付质量标准。

成品保护，降低损坏避免返工。项目监理部要求每个标段在策划准备阶段上报成品保护方案，在实施过程中对方案的执行情况进行检查，督促做好成品保护措施。对每个作业面组织施工前，应编制详细的施工计划，审核其工序的合理性，避免因工序倒置造成交差污染、损坏现象。

4.4　机电系统多而杂，精准协调助顺畅

上海中心大厦工程机电系统形式多样、参数控制严。在如此的超级工程中做好机电系统管理工作是一件非常困难的事情，只有熟知每一样材料、设备、系统的技术及验收要求，才能保证验收工作的质量，保证系统调试顺畅。项目监理部采用BIM技术对机电系统进行了校核，做好与设计、施工单位的沟通，及时组织对设计图纸的会审；把控好样板机房、样板段、样板间等样板施工的质量及效果，切实发挥了样板引路的作用；严格按照设计及相关技术要求组织做好对各系统调试条件的检查、调试过程的见证、调试结果的复核、调试问题的分析处理、调试记录的审核签署等相关工作。

4.4.1　严控防雷接地施工，保障系统可靠

上海中心大厦工程防雷等级要求高，按一类防雷建筑物设防，防雷接地系统采用联合接地。其中基坑深度深达35m，圆形基坑内径达121m，工程桩数量近2700多根，每根工程桩均有4根钢筋用于接地，从桩钢筋引至地下五层基础底板的接地网络需用镀锌扁钢进行焊接引上，扁钢引至地下五层的接地网络后需与底板上层主筋焊接连通，防雷接地系统的焊接量非常大。项目监理部主要质量控制措施如下：

组织图纸分析。组织对防雷接地设计图纸进行分析，理清设计对接地体设置、防雷引下线设置、接地网格设置、各类接地形式及接地可靠联通等各种要求，并组织内部交底，充分做好事前的技术准备工作。

加强专项检查。在施工过程中，加强对防雷接地焊接施工质量的专项检查力度，根据设计及施工工艺标准要求对焊接质量进行把控，发现问题及时提出，并在整改过程中及时跟踪检查，验收合格后方可进行下道工序施工。

旁站检查验收。对接地装置的接地电阻测试进行旁站检查验收，接地电阻值必须符合设计要求。

4.4.2　严控机电管线施工，保障安装质量

工程机电安装系统非常多，各系统管线施工量相当大，管线综合布置、加工、

安装等均有较大的难度，如此复杂及大体量的管线安装工作，其质量控制也具有一定的难度。为保证管线安装质量，主要从以下几方面入手，做好事前、事中和事后控制。

深化设计图纸审核。深化设计图纸是管道加工预制、综合布置的依据，深化设计图纸出图后，组织人员认真对图纸进行查阅，及时提出并解决图纸中不明确或有疑问的节点做法，尤其是针对大型设备机房、设备层、标准层公共区域、地下车库、管井等区域的管线综合布置深化图纸进行重点查看。

管材选用及连接方式检查。工程机电系统涉及的管道材质及连接方式多样，不同系统、不同压力等级、不同管径其管道的材质及其连接方式设计均有相应要求。施工过程中项目监理部严格按照设计要求对上述相关内容进行检查。

风管工厂化预制质量控制。工程所用的一般镀锌钢板风管在现场外的加工厂进行加工，加工制作完成后根据现场需要适时送至现场，风管的加工制作是一个流水作业过程，风管工厂化预制比例达到95%，自动化程度较高。由于风管不在现场制作，对风管的制作质量控制带来了难度，为此我们采取加工厂检查与现场检查验收相结合的手段对风管制作质量进行控制。根据加工厂的加工情况不定期去加工厂进行检查，对加工过程中发现的易发生的质量问题及时通知加工厂加以改进，同时，对运至现场的风管进行抽查。

4.4.3 严控消防工程施工，保障使用安全

消防安全为建筑使用安全的重要保障，上海中心大厦作为国内第一高度的摩天大楼，其消防系统的设计、施工、验收均引起了社会各界的高度关注。项目监理部在消防工程实施前策划组织了一系列监理工作，充分认识到它的重要性，除了在施工过程中对施工质量进行严格把控外，也全面参与了消防系统调试、检测、验收等工作，最终顺利通过消防验收并取得了较好的效果。

严查消防产品，保障实物质量。消防工程所含的单项多、体量大，涉及的消防产品及材料的种类、供应厂商、数量等各方面都较一般工程繁多，一定程度上增加了过程中的管理难度。项目监理部及时组织各专业人员从设计要求、合同文件、各专业系统及设备的招标投标文件、国家、地方各类规范标准及管理办法、各类产品的验收标准等各方面进行梳理总结；在厂商/品牌管理、技术要求的符合性控制、质量证明文件的核查、实物质量的把控、取样复试的见证等方面进行规范化、程序化严格把控。控制手段如图4.2、图4.3所示。

策划消防验收，问题跟踪反馈。在上海中心大厦消防检测、验收过程中，项目监理部积极协助、配合参建单位完成相关工作的组织、策划及管控工作，如：协助

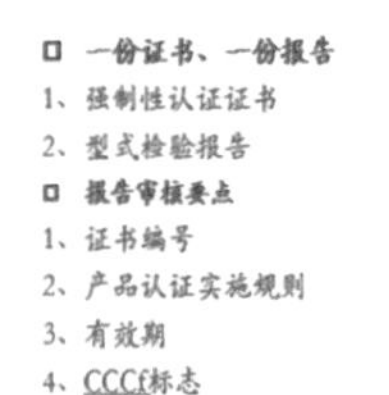

图4.2 消防产品管控要点梳理

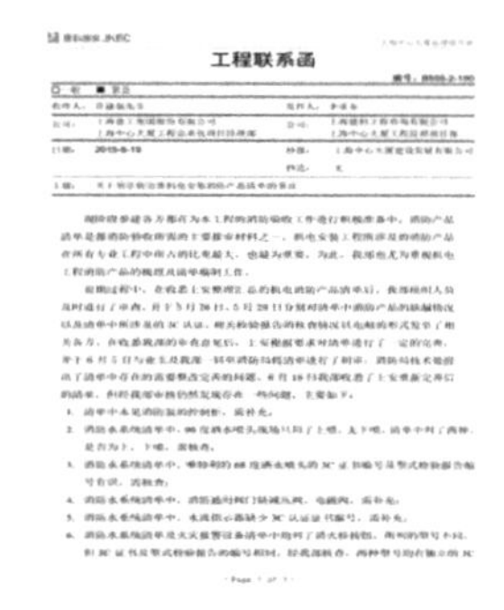

图4.3 签发工程联系函

建设单位完成分阶段消防验收方案的编制、全面参与第三方消防检测单位的检测工作、协助完成专家论证会的组织策划工作、协助对外部检测机构进行的检测试验工作实地管控、配合对政府验收部门所提问题进行汇总分析并对整改落实情况及时进行跟踪、反馈等。

4.5 安全生产管控筑防线，专项攻坚破难题

项目监理部在安全生产管理工作中，坚持以危险性较大分部分项工程为抓手，从安全生产管理体系检查、程序控制等方面履行监理的安全生产管理责任。上海中心大厦作为结构和系统功能复杂的超高建筑，施工存在诸多高等级危险源，同时，工程在脚手架、塔式起重机使用方面也尝试使用新技术、新设备，如“跳爬式液压整体自升钢平台”的使用，新技术的应用同时对安全生产管理带来挑战。项目监理部除了建立有效的安全生产管理保证体系外，还要提前了解并学习新技术，掌握并能进行现场管控，面对专项风险专项攻关。

4.5.1 危大工程，重点管控

项目监理部依据相关管理要求，严格落实工程施工过程中所涉及的危险性较大的分部分项工程的管理。我们从理清工作思路角度出发，建立危险性较大工程一览表，按照危大工程管理要求开展监理工作。

对危险性较大分部分项工程实施交底管理措施。针对上海中心大厦工程涉及钢结构吊装、幕墙安装、高支模、大型设备安拆等危险性较大分部分项工程，执行危大工程安全技术交底，并督促施工单位多层级展开交底工作，实现工程危大工程技术系统措施的本质安全化。

高风险作业实行作业许可证管理措施。监理项目部要求施工单位在高风险作业施工前的一天向项目监理部提交相应的高风险作业申报，并附安全技术实施项的检

查验收资料。监理人员根据专项施工方案中的安全技术施工要求、监护与作业人员配备、安全防护措施和应急物资材料配备等落实情况进行核查，审批后方可进行高风险作业。

高压泵送混凝土安全生产管理措施。项目监理部要求施工单位针对高压混凝土泵送施工制定详细有针对性的安全措施。施工单位在每次高压混凝土泵送作业前进行泵管和泵机的专项检查，并将检查结果报送项目监理部。泵送施工时通知项目监理部到场确认，查看现场指挥人员和泵机看管人员到场情况，以及周围环境警示标志设置情况。确保施工的每一个环节都有监督管控，避免施工安全盲区。

4.5.2 日常安全，分层施策

上海中心大厦工程建筑高度632m，相对于其他公建在安全文明施工上具有高度高、交叉作业多、施工周期长、起重作业多等特点，项目监理部高度关注超高层建筑的危险源，并充分考虑高层建筑容易出现烟筒效应、疏散困难、扑救困难等因素带来的火灾隐患，分类分层施策，抓好日常安全生产管理。

多个安全责任体的分层管理措施。根据上海中心大厦工程施工过程中存在的多个安全责任体的复杂性，结合工程安全生产管理流程实际，项目监理部将多个安全责任体的管理划分为一级管理层、二级管理层、三级管理层、四级管理层四个层次的管理关系，并明确责任人对应岗位。建立了“点、线、面”安全生产管理模式，明确各安全责任体的工作职责，形成管理层与安全监管相结合的安全生产管理机制，消除安全事故的发生概率，实现精细化管理。

相邻界面交叉施工的安全生产管理措施。上海中心大厦工程中的塔楼和地下结构、上部结构和下部结构都存在着相邻界面的立体交叉施工，相邻界面立体交叉施工过程中的安全控制难。项目监理部要求各施工单位必须根据不同施工阶段制定有针对性的安全防护措施，并从技术、组织、协调等方面进行重点审核。审核施工方案时，重点审查是否从技术方面事先做好垂直面上的交叉施工考虑，例如：外围结构楼层钢结构施工与下层土建施工流水施工时，要做到跳层施工，实现垂直作业面上的避让；组织方面施工单位编制立体交叉作业制度，施工过程中严格每日上报制度，分包单位须每日将各自的施工内容上报至总包单位，由总包单位协调部，统筹地安排施工各单位的施工内容，做好交错避让，避免在同一个垂直面上进行同时施工。

4.6 智能建造新概念，BIM应用促效率

上海中心大厦工程建设时期，我国建筑业智能建造概念刚刚提出，国家及地方

政策较少，处于起步与探索阶段。建设单位在招标阶段就明确要求投标参与方必须掌握BIM技术。当时对BIM技术的应用带有试验性和前瞻性，为此，项目监理部牵头，与总包商、分包商和设备供应商共同成立了BIM团队，建立了一个目标统一、分层清晰的工作体系标准。在多个专项工程中均推进了BIM工作，围绕监理工作的特点开发并实践了一系列与BIM相关的技术方法。采用BIM技术后，管理效率得到大幅提升。仅就BIM应用于碰撞检测统计的数量估算，提前发现并解决的碰撞点总数超过10万个。

4.6.1　质量控制，精准高效

BIM技术可以辅助项目监理部进行质量控制，通过对复杂节点和关键技术进行模型建立或模拟，提出质量控制关键点和技术要求，提高工程质量。项目监理部对过程中具体的BIM实施工作进行审核，具体如下：

专业深化模型可视化交底。项目监理部对专业深化模型进行审核，项目部可视化交底（如图4.4所示）。

施工方案模拟审核。施工单位进行施工方案可视化交底，如场布模拟（如图4.5所示）、桩基模拟、土方开挖模拟等。项目监理部对施工方案模拟进行审核，找出施工过程中潜在的质量风险因素，对可能出现的问题进行分析，提出整改意见。

复杂节点施工工序模拟审核。在复杂节点施工前，施工单位根据工序动态模拟动画，项目监理部对模拟动画进行审核，对于其中标注不清、施工顺序不明等问题给出优化方案及审核意见，解决各分包工序交叉问题，降低拆改风险，确保工程质量及工程进度。

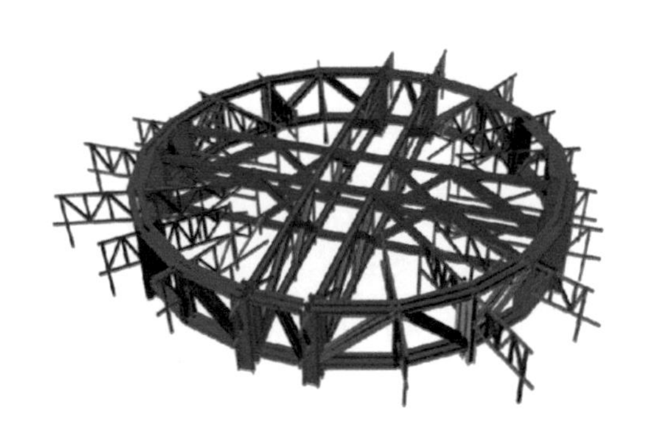

图4.4　钢结构可视化交底

图4.5　场布模拟

4.6.2　进度控制，动态跟踪

运用BIM技术4D模型，帮助项目监理部进行施工进度的动态跟踪和管理，项目监理部审核施工单位4D进度模拟，检查施工进度计划是否满足约束条件并在协同管理平台的数据库中记录、审核专业进度信息，为工程设备材料采购、大型机械进出场等提出意见，实现对工程进度的合理控制与优化。

4.6.3 安全风险，智能预警

BIM技术可以帮助监理人员进行施工方案的模拟和优化，预测施工过程中可能出现的碰撞等问题，并提前制定预防措施，还可以用于施工过程的可视化表达，帮助监理人员更好地理解施工方案，进行实时监控和安全生产管理，提高施工现场的安全水平。例如，工程主楼核心筒施工采用4台M1280D塔式起重机，塔冠施工阶段先后使用了10台次的各种规格塔式起重机进行施工。通过BIM模型，模拟塔式起重机运转，制定防碰撞措施，满足施工要求的同时，确保安全。项目监理部根据BIM运行结果，针对安全问题（隐患）频发的区域、责任单位等进行动态管理。

4.7 绿色建筑“双认证”，环保节能树标杆

上海中心大厦工程通过建筑本体绿色创新及绿色集成技术应用，实现了节能、节水、节电、节材与环境保护的显著成效。综合节水率达43%、节能率达54.3%，年减少碳排放2.5万t，节省结构造价3亿元，节省材料2万多吨，阻尼器质量块重量减少200t。上海中心系统性地集成了43项环保节能技术，成为中国第一座得到“双认证”的绿色超高层建筑。项目监理部在其中发挥了积极作用。

4.7.1 团队组建，提前策划

项目监理部在传统的项目组织结构的基础上，成立绿色建筑监理组，负责工程建造过程中的绿色建筑监理工作，组员需具备基本绿建认证体系知识，负责绿色建筑监理工作的安排，以及内部各相关绿色建筑专业组之间的协调，定期在内部对其他专业监理人员关于“绿色建筑”认证相关知识进行培训。

4.7.2 并行分析，事倍功半

针对绿建双认证目标，监理人员详细比较、分析两类认证体系，归纳出相同或相近的得分项。在工程实施过程中重点关注此类得分点，力求做到一个措施满足两类认证要求，节省绿色建筑双认证成本，提高效率。例如，项目监理部在节水增效方面的部分双认证相近得分点分析见表4.1。

双认证相近得分点分析 表 4.1

序号	LEED得分点	LEED认证要求	绿色三星得分点	绿色三星认证要求	相关得分建议
1	节水增效：减小室外用水	无灌溉系统，减少灌溉（节水30%）	4.2.1.5合理选择绿化方式，科学配置绿化植物	种植适应当地气候和土壤条件的植物，得3分	科学配置绿化植物，可同时满足
2	节水增效：减少室内用水	水效之星标识洁具	6.2.6使用较高用水效率等级的卫生器具	用水效率等级达3级，得5分；达到2级，得10分	节水型洁具和水龙头，比如：6/3双冲马桶、曝气龙头，尤其注意洁具龙头的冲量、流量基准都要符合相关要求

4.7.3 材料资料，对症施措

项目监理部从实际出发，把自身的着力点放在建筑全生命周期的施工阶段，定位于辅助、配合、协调的角色。在做好内部组织策划的同时，把现场绿色施工监督、绿色材料管理及绿色资料收集审核作为日常工作的重中之重。

材料管理。施工单位、材料设备厂家和供应商对绿色材料、设备的标准和要求都比较模糊是绿建施工过程中的主要盲点之一，项目监理部通过明确绿色施工材料审核程序，并在过程中使用一系列同时服务于双认证的表格来监督，帮助施工单位进行绿色材料管理作为项目监理部重点工作之一。

资料管理。熟悉并掌握双认证体系中每一个得分项的典型递交文件。实施过程中督促施工单位按照认证要求，做好绿色建筑认证相关资料的填写和报审工作。对施工单位送审的绿色建筑认证相关资料进行初步审核和检查。对于绿色资料建立针对性台账，收集和整理绿色建筑认证所需的资料、报告和记录文件，以及影像图片等。

4.8 项目管理难度大，科研创新提成效

上海中心大厦工程作为中国乃至全球的标志性超高层建筑，其建设不仅展示了工程技术的卓越成就，也是科研创新与应用的典范。项目监理部围绕工程中可能遇到的关键技术的质量安全风险以及建设绿色建筑的要求，展开了相关科研工作。科研工作随工程推进，科研素材来源于工程，科研成果指导工程管理。

项目监理部共计在核心期刊发表技术论文19篇，国际会议交流3次，开展科研课题多项，主要包括：《上海中心大厦超大超深基坑监理控制方法和体系研究》《超高层建筑施工安全控制技术研究与示范应用》《超高层绿色施工监理与风险控制技术研究》等课题的研究。

重点课题《超高层绿色施工监理与风险控制技术研究》围绕超高层建筑的施工

管理与技术创新，针对上海中心大厦工程综合探讨了六个关键领域：绿色建筑施工监理、超大超深基坑控制、大型钢结构风险分析、结构变形控制、幕墙监理方法及施工安全控制。①研发了绿色建筑施工监理控制技术体系，细化了关键工艺流程控制指标，为绿色建筑施工监理提供了系统化方法。②完善了超大超深基坑施工风险识别与评估体系，针对顺逆结合施工特点，建立了风险因素体系和技术管理体系，有效指导了基坑施工安全。③结合故障树分析与模糊综合评判，创立了大型钢结构风险控制理论体系，提出简便易行的风险降低措施，增强了施工安全性。④针对上海中心结构施工变形问题，分析并提出了预调控制方案，结合实测数据，优化了竖向变形与焊接变形控制策略。⑤通过幕墙施工风险的全面分析，建立了风险因素体系与监理控制技术体系，确保幕墙工程的顺利进行。⑥在超高层建筑施工安全控制方面，识别并评估了重大危险源，构建了特殊施工工艺的安全控制体系和安全生产管理水平评价标准，提升了施工安全保障能力。

5 启示

5.1 充分准备、策划在先

针对上海中心大厦工程这类超大、超难工程，需要十分重视技术准备和工作策划。项目监理部自开工之初，制定了“铸精品工程，树监理标杆”的目标。每年根据工程进展情况，确定当年的工作目标。在每一个分部工程施工之前，项目监理部都制定了详实的监理实施细则，组织技术交底，确立控制标准和流程。监理工作中，项目监理部坚持工作原则和标准，以规范、图纸、合同为依据，对质量安全问题严格把关。在现场检查中，如泥浆比重、钢筋接头、幕墙转接件、装饰节点等细微环节，都不放过任何质量偏差。上海中心大厦工程建造8年多的时间，共计编制100多份监理实施细则，对现场监理工作提供了非常细致的指导作用。

5.2 重视安全、风险严控

安全生产管理一直是重大工程建设的重中之重，参与上海中心大厦工程建设更需要有如履薄冰的细致精神。在安全文明施工管理方面，项目监理部积极参与、协助建设单位筹划了本工程的安委会，从工程的组织体系方面提出了相关管理制度和考评办法。坚持“人人都是安全生产管理者”的工作理念，对安全的监管有效地同质量控制相结合，例如：灌注桩开孔前，桩机周边5m范围内泥浆必须清理干净；在进行质量检查和验收前，须保证相关区域的安全设施条件具备等。同时，项目监理部有效利用经济措施，采用费用审核支付和质量安全抵押金、奖罚等经济抓手，督促施工单位加大对现场安全生产文明施工的投入程度。安全生产管理团队一直以技术方案为指导，严格检查现场各个细节的技术落实情况，并一直坚持用数据说话，指导施工单位进行有序的安全生产管理。

5.3 科研创新、增值服务

针对上海中心大厦工程建设“至高至精至尊”的特点，需要将监理工作的深度广度进行拓展。例如项目监理部将本工程实施绿色建筑双认证、开展BIM技术管理等要求的相关内容都纳入监理日常工作范畴，提高监理工作标准的同时，尽可能多地为建设单位提供增值服务。相关课题的研究能解决工程建设难题，提高工程建设技术、管理水平，也能为建设单位的重大决策提供具有参考价值的论据，从而提高增值服务的附加值。项目监理部基于上海中心大厦工程开展的安全生产管理、风险管控、绿色施工管理等方面的研究，展现了监理团队在复杂结构、高难度施工条件下的科技创新与管理智慧。

5.4 人才培养，梯队建设

上海中心大厦施工周期超过8年，项目监理部监理人员中，毕业不久或刚毕业的大学生占有相当大比重，他们如何快速掌握实践经验，从而能从容面对现场遇到的问题，进而独当一面，这是需要深入研究的问题。项目监理部采取了与其他有特点的大型项目积极互动的方式，让年轻人去参观、学习、交流，直观地了解各项工作的开展和问题的处理。同时，项目监理部也不断地邀请行业专家到项目授课，让年轻人更快地成长。这既有利于项目监理部工作质量的整体提升，也有利于年轻人更快地学到实践知识，让他们看到更好的未来。最终，上海中心大厦项目监理部多次获得了行业示范项目部、上海市总工会颁发的学习型团队、青年突击队等荣誉称号，培养了一大批技术和管理骨干，为企业提供了技术和人才储备。

（主要编写人员：孙 静 常 盛 龚 平 袁 洁 徐向东）

筑梦大伶仃洋　护航越海蛟龙

——港珠澳大桥岛隧工程沉管预制与安装监理实践

1　工程概况

1.1　工程规模

港珠澳大桥屹立于珠江出海口伶仃洋上，堪称继三峡工程、青藏铁路、南水北调、西气东输、京沪高铁等国家级工程后的又一重大基础设施建设成就。它以桥、岛、隧一体化的超大型跨海通道形式，展现了在全球范围内极具挑战性的超大型跨海工程的壮丽景象。

岛隧工程作为整个港珠澳大桥的控制性工程，其技术复杂性与建设难度均达到极致。岛隧工程由海底隧道、东人工岛、西人工岛三大部分集群工程组成，见图1.1。其中，隧道暗埋段长1040m，隧道沉管段长5664m，东人工岛长625m，岛桥

图1.1　港珠澳大桥岛隧工程

结合部非通航桥长385m，西人工岛长625m，岛桥结合部非通航桥长249m。该工程是在软弱地基上建设世界上长度最长、断面最大、埋深超过45m的海底沉管隧道，是在水深超过10m且软土厚度达60m以上的海水中建造人工岛，并需实现岛、隧在海中的精准对接。

该工程由香港、珠海、澳门三地政府共同出资建设，工程总投资超1200亿元，其中岛隧工程合同造价约131亿元。

1.2 实施时间及里程碑事件

岛隧工程建设历时八年，自2010年12月15日正式开工，克服了诸多技术挑战，最终于2018年2月6日交工验收。大桥于2018年10月23日通车试运行，并于2023年4月19日通过国家竣工验收。工程里程碑事件见图1.2。

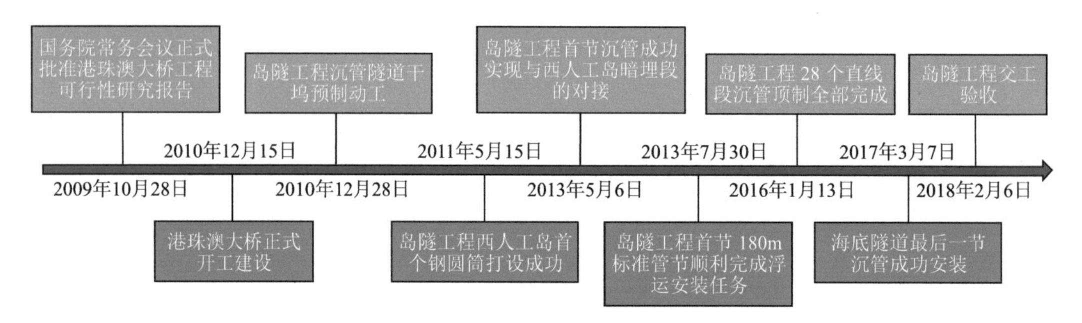

图1.2 港珠澳大桥里程碑事件时间轴

1.3 建设单位及主要参建单位

工程建设单位为港珠澳大桥管理局，工程勘察设计单位为中交公路规划设计院有限公司联合体，工程监理单位为广州市市政工程监理有限公司（联合体成员之一，负责岛隧工程沉管预制与安装），工程施工单位是中国交通建设股份有限公司施工联合体。

1.4 主要获奖情况

广州市市政工程监理有限公司监理的岛隧工程，不仅创建了外海隧–岛工程建设技术与标准体系，建立了外海集群工程工业化建造技术与装备链，更提出了设计使用寿命保障成套技术，并攻克了如埋沉管隧道半刚性结构设计、可逆式主动止水最终接头安装、外海人工岛深插钢圆筒快速筑岛等多项其他关键技术，实现了国际上“从零到领先”的跨越，显著提升了我国在外海工程领域的国际竞争力。该工程和工程监理单位收获了较多的奖项，见表1.1、表1.2。

港珠澳大桥岛隧工程主要获奖　　表 1.1

序号	日期	获奖名称
1	2024年1月	第二十届第二批中国土木工程詹天佑奖
2	2023年1月	2022～2023年度第一批中国建设工程鲁班奖（国家优质工程）
3	2018年12月	英国土木工程师学会（ICE）核心期刊*NEW CIVIL ENGINEER*（NCE）“2018年度隧道工程奖”
4	2018年11月	国际隧道协会（ITA）“2018年度重大工程奖”
5	2018年10月	《美国工程新闻记录》（ENR）“全球最佳桥隧项目”

工程监理单位主要获奖　　表 1.2

序号	获奖名称
1	2023年度国家科学技术进步奖一等奖
2	2021年度“广东省重大建设项目档案金册奖”
3	2019年度中国投资协会的“国家优质投资项目特别奖”
4	2015年度港珠澳大桥建设劳动竞赛“先进班组”
5	2013年度中华全国总工会“工人先锋号”
6	2012年度港珠澳大桥建设劳动竞赛“先进班组”

2　工程监理单位和项目监理机构

2.1　工程监理单位

广州市市政工程监理有限公司是国内第一批、广东省首家获得工程监理综合资质的监理单位，也是中国监理百强企业和高新技术企业。公司具有工程监理、项目管理、招标及采购代理、造价咨询、工程咨询（投资）等综合能力和相关资质。公司拥有一支长期从事工程建设、经验丰富、专业齐全、结构合理的技术队伍。公司通过了质量管理体系、环境管理体系、职业健康安全管理体系、信息安全管理体系、知识产权管理体系的认证。公司以高标准、严要求确保工程质量，始终秉持“严格监理、热情服务”的原则，致力于满足客户需求。

成立至今，公司已完成2000多项大、中型工程监理项目，累计投资额突破3000亿元。多年来，公司屡获殊荣，不仅被评为全国工程质量管理优秀企业和全过程工程咨询试点单位，更连续多年荣膺“全国先进工程监理企业”“广东省诚信示范企业”“广东省科技创新先进企业”等称号。累计获得800多项国际、国家、省、市级奖项，显示了公司具有强大的综合实力和行业影响力。

2.2 项目监理机构

根据本工程的规模、性质、施工组织实施模式和监理工作内容，项目监理机构采用了直线职能制组织形式。组织结构按职能及权限划分为决策层、职能层和执行层，具体架构见图2.1。考虑到本工程规模大且施工区域分散的特点，特别设置了3名总监理工程师代表，分别负责三个区域的监理工作，以确保监理工作的有效开展。

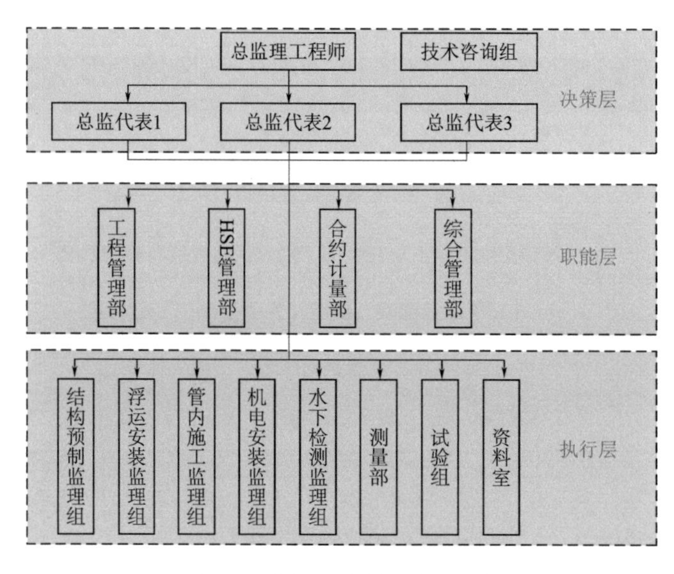

图2.1 项目监理机构的组织架构

3 工程特点及监理工作重难点

3.1 工程特点

港珠澳大桥是“一国两制”框架下跨越粤港澳三地的大型跨海通道，工程不仅承载着促进区域经济一体化的使命，更寄托着三地民众的共同期望。中央政府和地方政府的大力支持，以及社会各界的密切关注，凸显了工程的重要战略地位。

3.1.1 三地共建共管

港珠澳大桥的招标文件和相关建设合同中融入了港珠澳三地区工程建设管理理念，工程需同时满足三地技术标准和要求，对工程各方协同合作、突破传统思维模式提出了更高的要求。

3.1.2 标准高、规模大、工艺新

港珠澳大桥岛隧工程是当时世界范围内综合难度和规模最大的沉管隧道之一，工程建设面临诸多技术难题，极具挑战性。工程设计寿命长达120年，对质量及耐久性要求高。

沉管预制采用国内首例工厂法预制工艺，岛隧工程沉管管节共33节，是同类型工程之最。灌注混凝土总量近百万立方米，单节管节钢筋量大（最重约1100t），管节重量及几何精度控制标准要求高，对原材料质量稳定性控制、模板系统刚度及制作精度、施工过程控制等要求严格。

管节浮运沉放是岛隧工程施工最为重要的环节。本工程是国内第一次在外海进行沉管安装，无任何经验可借鉴，管节数量多、体量巨大、沉放周期长、需跨越多个台风季节，监管难度大。沉管安装受深水深槽、风浪流复杂环境、珠江口异常回淤、大径流及复杂流态、异常波浪等条件影响，对接精度要求高、控制难度大，安装风险高。

3.2 监理工作重难点

3.2.1 技术超复杂，监理难度大

岛隧工程是港珠澳大桥核心部分，确保每节长180m巨型沉管无结构裂缝、实现“滴水不漏”，以及在40m深的外海中精准对接完成“海底穿针”，项目监理机构面临前所未有的挑战：

（1）大型模板刚度、精度，施工防护措施，混凝土浇筑工艺及养护措施，重度控制等是管节全断面浇筑的保证。

（2）原材料质量、混凝土性能、外露预埋件防腐、保护层厚度及裂缝等，影响混凝土耐久性。

（3）浮运沉放关键参数、浮运及沉放方案、浮运航道及通航管理、沉放施工决策、沉放对接测量、潜水作业等管节浮运沉放的保障。

面对如此复杂的工程技术要求，项目监理机构必须精准识别质量控制点和风险隐患点，并采取科学有效的控制方法。

3.2.2 沉管埋置深，风险评估难

本工程位于伶仃洋，是我国水运业最发达、最繁忙的水域，也是通航环境最复杂

的水域。深水深槽是沉管深埋的特殊施工环境，本工程超过3km的深水深槽段，基槽深度为30～40m，且深槽段与伶仃洋主航道交叉，海底地形和槽内流态异常复杂。

岛隧工程所处海洋环境与施工风险识别、评估，项目监理机构应具备专业检测手段、专业的风险评估能力，在施工各个阶段及时识别和评估各种潜在风险。此外，项目监理机构保持敏锐洞察力和快速应变能力，才能确保在突发情况下迅速做出正确决策，保障工程顺利进行。

3.2.3 参建单位多，协调任务重

岛隧工程参建单位众多，项目监理机构应有超高组织协调能力，与各参建单位建立紧密合作，平衡各方关系和照顾各方利益，在保障工程质量和安全前提下，有效整合各方资源，充分理解并尊重各方利益诉求。通过平衡各方利益，建立有效信息共享和沟通机制，促成各方建立开放、平等、协同、互信的伙伴关系。

3.2.4 环境因素多，生态保护难

岛隧工程位于中华白海豚国家级自然保护区的核心区域，既要顺利实施工程建设，又要保护海洋生态环境。项目监理机构需切实执行HSE健康（Health）、安全（Safety）和环境（Environment）管理体系，把零伤害、零污染、零事故作为管控目标，采取严格的环保监管措施，确保施工活动对海洋生态系统干扰最小化；需高度重视环境保护与生态修复，监督施工单位采取严格有效的环保措施，减少对海洋生态环境的破坏，确保海洋生态环境的可持续发展。

4 监理工作特色及成效

4.1 质量管理标准化，持续改进出精品

港珠澳大桥主体工程设计使用寿命达120年，工程必须满足国家相关规范要求及港珠澳大桥专用质量检验评定标准，且工程施工合同约定有“质量标准就高不就低”。

建立质量管控体系文件。项目监理机构建立专家质量管理团队，并建立质量管理手册和质量管理程序文件，形成质量管理体系核心文件，坚持专家监督、检查和指导。

采用质量管控“四化”手段。针对工程施工特点，工程质量控制实行标准化、数据化、信息化和专业化管理，规范质量管理程序，做到用数据控制和评判工程质量，保障质量追溯有据。

持续改进工程质量管控工作。在8年的工程监理历程中，项目监理机构将持续改进始终贯穿于全面、全员、全过程工程质量管控工作中，依据PDCA循环，通过

监督检查及时分析和整改存在的问题，保证工程质量始终处于受控状态。项目监理机构树立隧道沉管预制工作的“每一个节段都是第一个节段”管理理念，从原材料、半成品到成品，严格检查、验收每一道工序，控制工程质量达到“0”缺陷。

4.2 沉管预制讲细节，“星级管控”有重点

“星级管控”“区域化、网格化”管理。隧道沉管预制工艺复杂，流水线生产模式下，任何一个环节缺陷都将影响整体工程质量。项目监理机构分析、确认工序的重要程度，实行“划分星级，分别管控”的验收制度，共设置63项星级管控点，部分星级管控部位/工序和检查验收内容摘录见表4.1。对关键工序、关键节点等“高星级”工序实行驻停验收、挂牌验收，经验收合格方可进入下一道工序。为强化项目监理机构工程质量控制责任，采用“区域化、网格化”等方式对生产区域、环节全覆盖，管控责任落实到人。

沉管预制监理星级管控点（部分） 表4.1

序号	施工区域	部位/工序	检查/验收内容	责任部门/人	质量控制级别
33	浇筑区	钢筋笼整体验收	内模安装前钢筋保护层厚度检查	结构组	★★★★
34			内模安装前交通工程洞室平面位置标高检查		★★★
35			端模安装前钢边止水钢筋检查		★★★
36			端模安装前波纹管固定情况检查		★★★
37			端模安装前剪力键、牛腿、其他预埋件位置标高检查	测量组	★★★
38			模板净空、净高测量检查		★★★★
39			OMEGA预埋件平面位置、标高测量检查		★★★★
40			钢端壳平面位置、标高测量检测		★★★★
41			顶板舾装件预埋件平面位置标高检查		★★★
42			J型拉勾筋是否密贴、钢筋复位最终检查	结构组	★★★
43			防止水构件、预埋注浆管位置、固定情况、保护情况检查		★★★
44			复核预应力波纹管、混凝土垫块等原材料试验报告	试验组	★★★
45			阴极保护检测		★★★
46			钢筋笼内杂物清理情况检查	结构组	★★
47			督促施工单位对模板支撑系统检查		★★★★
48			混凝土浇筑过程中旁站并做好记录		★★★

续表

序号	施工区域	部位/工序	检查/验收内容	责任部门/人	质量控制级别
49	浇筑区	混凝土浇筑	复核砂、石、粉煤灰、外加剂、水泥等原材料试验报告	试验组	★★★
50			检查原材料备料情况，签署试验浇筑令		★★★
51			浇筑过程中对混凝土各项指标抽检		★★★★
52			混凝土浇筑过程模板，钢端壳等预埋件监测	测量组	★★★
53			混凝土浇筑过程中旁站并做好记录	结构组	★★★

4.3 信息管理全覆盖，实现过程可视化

项目监理机构信息化系统建设采用了成熟应用软件定制化开发和个性化开发相结合方法，满足工程管理信息化的需求。

网络信息化平台提高信息流通效率。港珠澳大桥综合管理信息系统是一个多功能的综合性平台，项目监理机构利用该平台对工程质量、安全、合同、计量等方面进行管理，同时完成监理文档上传和工程动态消息发布，有效提高了信息流通效率。

信息化监控保证混凝土结构质量。隧道沉管采用自动化程度高的“工厂法”预制，控制生产工艺参数满足时效性和精确性要求难度大。项目监理机构通过全面覆盖预制各环节、全过程的可视化监测预警系统，实时掌握预制隧道沉管的混凝土从拌制、出料、入模、浇筑及养护全过程温度，及时对预防隧道沉管混凝土病害、采用合理措施提出要求。特别在广东地区高温、高热、高湿环境下，通过温控监测预警系统（图4.1），有效控制了大体积混凝土隧道沉管裂纹病害，温控效果良好。本工程温控监测预警技术为我国大型预制构件装配式生产管理提供了宝贵的经验。

4.4 水下检测新模式，及时预判控风险

实施全方位、全过程、独立开展水下检测新模式。工程建设检测监测工作通常由专业第三方承担，由于项目监理机构无法第一时间获取实时检测数据，可能会错失关键决策时机，也影响工作效率。在港珠澳大桥岛隧工程这样大型工程中，“错失关键决策时机”会导致无法挽回的巨大损失。港珠澳大桥岛隧工程开创性地探索了项目监理机构全方位、全过程、独立开展水下检测新模式，项目监理机构能够第一时间掌握具体检测数据，为工程监理决策提供了可靠依据。以E15节沉管

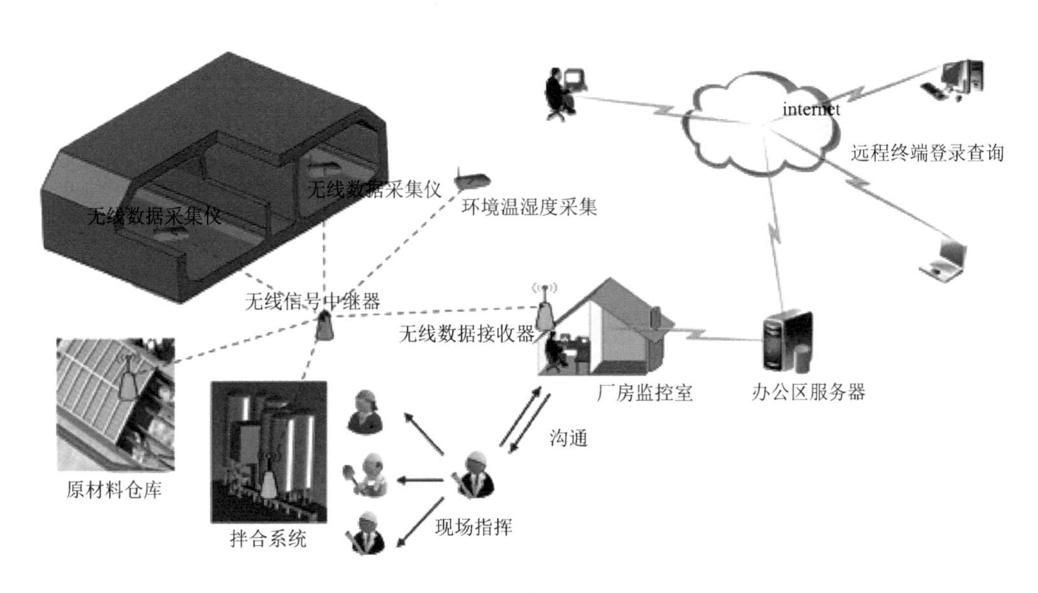

图4.1　隧道沉管预制温控监测预警系统

沉放为例，E15节沉管安装时，项目监理机构水下检测到沉管基槽突然回淤，判断已不具备沉管安装条件，通过与施工单位数据核实、相互验证后，立即停止E15节沉管安装。经决策团队（由总监理工程师和各参建单位主要负责人组成）研究决定将该沉管回拖至预制厂。第二次安装时，项目监理机构水下检测再次发现沉管基槽塌方回淤，决策团队再次决定终止沉管安装。虽然每一次回拖意味着发生巨大花费，包括基床重铺、拖船费用以及间接费用，累计高达数千万元之多。如果项目监理机构没有及时掌握基槽回淤等检测数据，盲目指令安装，会导致沉管接头漏水或沉管后期沉降，更严重的是，若对接后再发现问题，8万t的沉管沉到海底无法重新起浮，将造成世界级的灾难和严重的社会负面影响。项目监理机构通过水下检测和信息处理机制预判，两次发现基槽回淤问题，并通过潜水摸探取出水下泥浆样品进行核实，再与施工单位检测数据比较，进行果断决策，从而避免了严重的工程质量事故和重大社会负面影响。除此之外，通过项目监理机构的专业性分析研判，客观公正地定性此事件为“不可抗力”，为施工单位获得保险理赔提供了重要依据。

专业仪器设备，助力辅助决策。为开展水下检测，项目监理机构配备了2000多万元的仪器设备，水下检测成果成为沉管基础验收、评估安装风险、判定沉管健康状态的重要依据，见图4.2。凭借足够的专业性及强大的后台资源，项目监理机构在港珠澳大桥发挥了“提前预控、科学决策”的重要作用。

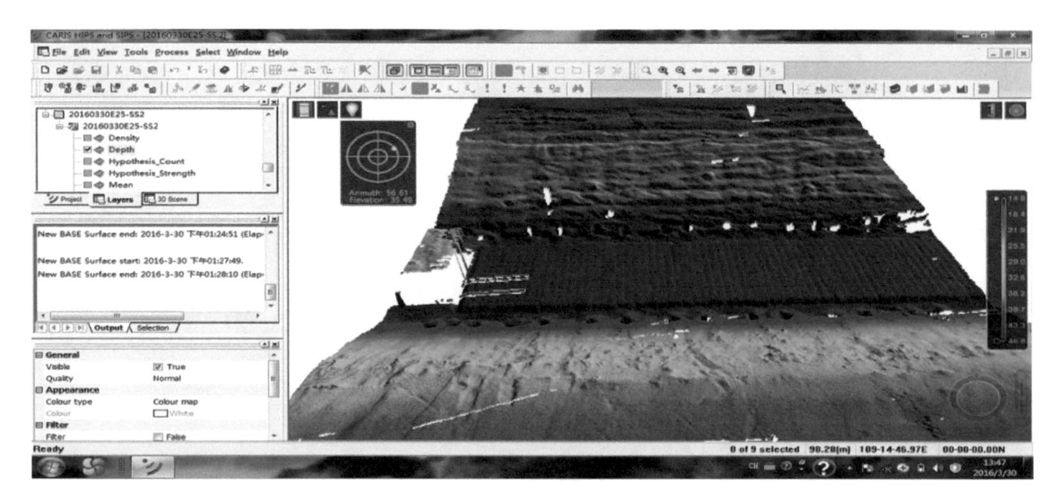

图4.2　水下检测成果

4.5　沉管对接控精度，贯通误差毫米级

港珠澳大桥岛隧工程全长7440.5m，施工处于开阔外海的复杂环境中。基床铺设、沉管对接等都需要将坐标、高程传递到水下50m深处，贯通测量后的最终接头对接精度要求小于50mm。控制网是贯通测量的基础，其精度直接影响贯通所能达到的精度。项目监理机构严格控制、复核沉管隧道测量平面控制网精度，依据“双线形联合锁网”测量布网法，见图4.3，有效解决了长距离外海沉管测量精度问题。最终结果显示，超7km的隧道横向贯通误差小于10mm，实际控制误差远远小于理论计算值。

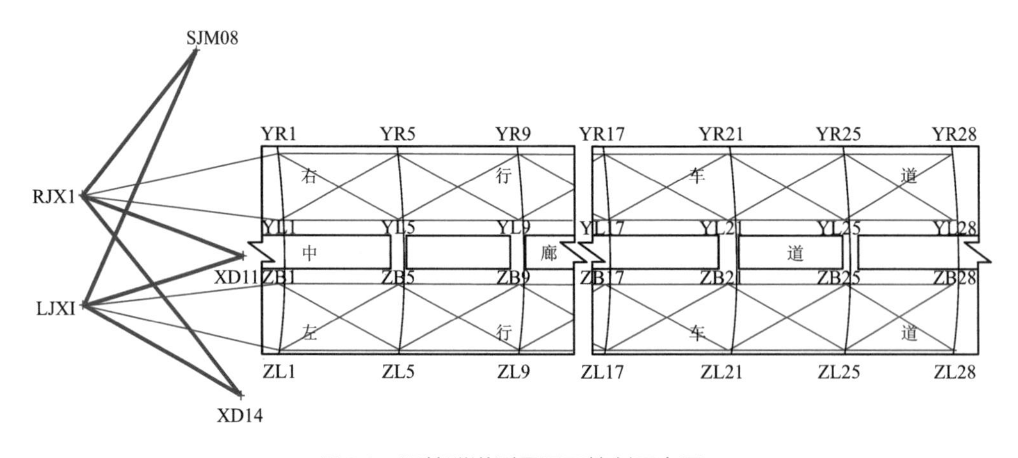

图4.3　沉管隧道测量平面控制网布置

4.6　超长深埋大断面，防水耐久有保障

标准管节沉管重约7.6万t，最大沉放水深44m，超长、深埋、大断面沉管质量

是本沉管隧道工程质量控制难点，本工程沉管采用全断面一次性浇筑工艺，混凝土等级高、体积大，开裂风险大，因此，对预制沉管混凝土的防水和耐久性控制成为确保沉管预制质量的关键。面对国内“全断面一次成型浇筑”工艺尚无先例可循的挑战，项目监理机构迎难而上，探索出一套行之有效的质量管控手段。

4.6.1 沉管专属模板质量管控

提级管控。为实现“全断面浇筑”工艺，港珠澳大桥岛隧工程设计了专属沉管大型液压模板。这种大型全自动液压沉管专属模板在国内尚属“首创”，其设计和建造费用超过亿元。为确保工程顺利实施，项目监理机构制定了“模板按设备进行检查验收”的提级管控要求，实施过程验收与动态监测相结合的质量管控体系。

狠抓过程验收质量。项目监理机构对照模板安装质量标准，对模板长度、宽度、高度、平整度、垂直度进行严格检验。对检验不合格的要求施工单位整改，经调试、安装整改后，还需对模板接缝表面平整度和接缝高差进行检查验收，以确保模板安装精度。

严控模板监测精度。由于沉管预制要求精度高，需对模板伸长率进行逐点监测，在侧模上增加多个测量点。测量点在轴线方向上呈阶梯形布置，在纵向上成分层布置（共计3层），需兼顾监测精度与现场操作的可行性。项目监理机构随时掌握监测数据，避免模板变形引起沉管预制质量问题。

维护模板验收体系。模板验收其他内容包括模板的机电、零部件等。得益于模板的严格检查和细心维护，预制沉管的模板经受住了4年高强度使用的考验，每套模板平均周转100次以上，工程完工后模板依然如新，至今保存在珠海桂山岛沉管预制厂，充分证明了该质量管控体系的有效性。

4.6.2 沉管混凝土质量管控

港珠澳大桥超大断面预制沉管对混凝土质量提出极高要求。高强度的混凝土、巨大的结构尺寸、炎热的气候环境、恶劣的腐蚀环境，控制混凝土裂缝和耐久性面临严峻的挑战。为确保工程质量，项目监理机构对沉管预制过程大体积混凝土质量管控实施了全过程、全方位监督管理，重点监控混凝土配合比设计、混凝土生产（特别是落实温控措施）、混凝土振捣（特别是加强特殊部位振捣）等关键环节。

混凝土配合比监控。为满足混凝土强度及防水等级、耐久性等要求，项目监理机构协同施工单位和科研机构，试配不同配合比的混凝土，并实地进行混凝土性能测试，确定满足本工程要求的最佳配合比。在方案审核阶段，项目监理机构要求进行小模型试验、特殊部位模型以及足尺模型试验等现场验证工作，确保配合比设计的可靠性。

混凝土生产控制。项目监理机构重点控制混凝土配合比执行情况、混凝土性能以及出机温度。项目监理机构根据实际检测的砂石料含水率，复核混凝土施工配合比调整，确保配合比的准确性；对混凝土坍落度加强检测，出现异常时加密检测频率；对混凝土性能和出机温度进行不定时抽检，保证混凝土质量符合设计要求。

混凝土振捣监控。项目监理机构安排专人对混凝土振捣过程进行全程旁站监督，重点监控特殊部位振捣情况；监督混凝土分层浇筑方案的落实情况和钢筋密集部位的混凝土密实情况；安排专人检查模板、钢筋和预埋件等结构在混凝土浇筑时的稳定情况，要求及时处理松动、变形和移位等问题。

足尺模型试验。项目监理机构通过深度参与试验室试拌、大小模型试验、足尺模型试验、破坏性切割试验等环节，帮助制定了港珠澳大桥特有作业标准，同时为后期的“智能浇筑”打下基础。例如：沉管预制初期，采用皮带传送方式运输混凝土。通过足尺模型试验，项目监理机构指出，该传送方式工效低，不能满足连续浇筑3200m^{3}混凝土的要求，且混凝土输送过程中失水多，坍落度变化大。经技术改进，开发专属混凝土泵送布料系统，满足了混凝土质量指标稳定和全断面大体积混凝土连续浇筑要求。

4.6.3 沉管防水构件质量管控

沉管标准管节由8个节段组成。为确保水密性，节段之间采用中埋式可注浆止水带作为第一道止水，节段OMEGA止水带作为第二道止水。其中OMEGA止水带安装质量直接影响管节的水密性。同时，节段间预应力张拉质量、装配式端封门质量、装配式水箱的水密性也是项目监理机构控制的重点。

控制端封门焊接质量。严控焊接方法和防腐措施，对使用的间断、对称焊接技术，控制焊接变形和控制除锈、防腐涂层质量，确保水密性通过0.5MPa水压喷淋试验。

控制OMEGA止水带安装位置。控制OMEGA止水带的安装位置正确，抽查划线定位和螺栓扭矩，按设计要求检查水密性试验。

控制管节预应力施工过程。对预应力钢绞线、锚具、夹具、波纹管等原材料，除检查出厂合格证外，要求按规定进行抽验和复试检测。采用双控法张拉预应力钢绞线时，项目监理机构校核预应力伸长计算值（通过油压表计算）与实测值的偏差，做好旁站监理。

4.6.4 沉管耐久性质量管控

沉管耐久性质量控制点众多，包括混凝土自防水、止水构件以及外海结构物阳极保护等，项目监理机构将此设为质量控制点，重点管控。此外，还将质量控制点延伸到更细微的环节。例如，一般混凝土结构中钢筋保护层垫块为常见“小物件”，本工程中，项目监理机构则视其为关乎沉管耐久性的“大构件”。从垫块的制作到安装，项目监理机构将质量控制都做到了极致。

重视保护层垫块质量要求。①保护层垫块耐久性，在外海40m深海洋环境下，其关乎沉管120年使用寿命；②保护层垫块强度，必须足够支撑8万t沉管重量；③保护层垫块精度，关系到钢筋笼与大型液压专用模板在体系转换中能否“完美匹配”；④保护层垫块验收标准，要求达到（0，+5mm）的精度要求。

做好保护层垫块试验。沉管预制前，通过足尺模型试验，项目监理机构发现底板下层保护层垫块破损率高达50%；侧墙保护层垫块不牢固，脱空率达30%以上。模型成型后不仅局部混凝土外观质量差，而且保护层厚度不足，将直接影响到隧道沉管的耐久性。总结足尺模型试验经验，项目监理机构与施工单位共同研究探讨，确定不同尺寸和部位的保护层垫块，以适应全断面沉管施工要求。沉管预制期间，项目监理机构广泛与同行交流达成共识：小小垫块质量，关乎百年大计。本工程使用的大型液压模板经高强度使用后依然如新，从侧面佐证了垫块的设计形状、强度对模板损伤最小。

采用先进仪器检测保护层。每一沉管节段的验收，项目监理机构均采用先进的雷达扫测仪（保护层厚度7cm，普通扫测仪达不到测量精度要求）进行混凝土保护层厚度专项检测验收。

建成后的沉管隧道创造了百万方混凝土浇筑过程中无一结构裂缝、2203天施工作业无一人员伤亡的成就，赢得90多个国家、6000多个来访团体高度评价。

4.7 沉管安装风险高，实时监控助决策

沉管浮运安装前精心准备。沉管浮运安装前，需要掌握海事局、国家海洋预报中心的相关信息和拖轮公司等协作部门的准备情况，并根据沉管基槽检测结果对比分析，科学确定浮运安装最佳窗口。以E20沉管安装前为例，项目监理机构主持或参加的会议9次之多，包括：E19沉管安装总结会、E19沉管安装作业窗口预报保障系统及运动姿态实时监测系统总结会、E20沉管安装窗口及泥沙回淤分析预判决策会、E20沉管浮运安装第一次决策会、第二十次沉管安装风险评估专家咨询会、E20沉管浮运安装气象窗口、安装窗口会商会、E20沉管安装前确认会、E20沉管浮运安

装水上交通安全保障汇报会、E20沉管浮运安装第二次总决策会等。会议汇集了全国权威专家，对作业风险极高的沉管安装风险预测、排查和应对提出建设性意见。会议上，项目监理机构基于掌握的沉管制作、安装和环境等严格详实的监理工作数据资料：沉管舾装设备验收、舾装件标定和浮运安装条件检查；船舶安全检查；海水密度监测；基床碎石垫层验收（包括回淤量检测）；已安装完成的管节位移监测；待安装管节的GINA止水带、钢端壳水下探摸等，提出专业科学的决策意见。项目监理机构的专业报告，真实、准确、独立的检测数据，为各方总决策提供重要依据。

沉管安装过程的检测控制。沉管安装过程充满不确定性，项目监理机构实时进行沉管姿态监测，实时掌握沉管各种安装技术参数，并生成三维立体图（图4.4）。项目监理机构潜水人员通过水下探摸生成的水下检测报告，记录相关数据和观察结果；沉管安装完成后，复核安装轴线偏差和高程偏差，对安装精度检查验收，并生成测量报告。

图4.4　沉管安装深水测控系统生成图

安装到位后的锁定回填控制。安装满足设计要求后，进行沉管锁定回填。项目监理机构重点控制回填材料和回填工艺，重点控制管节两边对称回填。回填不对称将对管节产生侧压力，导致已安装好的管节发生侧移。回填完成后，项目监理机构对回填区进行扫测，回填满足设计要求的，形成监理检测扫测报告和验收报告。管节安装后拆除管内舾装件和浇筑压重混凝土，会对已安装和回填的隧道沉管产生影响，项目监理机构实时进行隧道沉降和变形监测，形成监测报告，根据监测结果分析、判断管内施工管理状况和沉管稳定状态，针对影响隧道沉管姿态的施工方案提出合理化建议。同时，要求施工单位根据监测结果，提交下一节沉管安装的针对性措施和工作计划，并监督实施。

沉管安装技术的先进性。本工程首次实现了40m水深精准安装，成功攻克深水深槽沉管安装世界难题，发展了沉管安装技术，使我国外海沉管安装技术走在国际前列。项目监理机构在应对基槽回淤、复杂洋流、台风等不可抗力等险情方面发挥了巨大的作用，为本工程的高质量顺利完成保驾护航。

5 启示

回顾港珠澳大桥监理实践，我们惊叹这项超级工程的复杂性和它所带来的挑战。尤其是岛隧工程，更是被外界媒体誉为“新的世界第八大奇迹”，充分彰显了中国工程技术在极端环境下取得的卓越成就。面对台风频发、高温高盐及复杂海底地质等不利条件，项目监理机构更是如同铜墙铁壁，为工程顺利建成奠定了坚实的基础，确保工程实施的每一个环节质量都经得起考验。

正因面对“第一次”，项目监理机构必须与时俱进，创新监管模式；正因“求精品”，项目监理机构始终保持全神贯注、精益求精，在港珠澳大桥舞台上不断展示自身的高水平与专业性。

5.1 验收创新，管控增效

5.1.1 全新验收模式

由于国内没有类似工程经验可供借鉴，项目监理机构在验收分部分项工程时如同摸着石头过河。岛隧工程沉管隧道首次采用全断面浇筑工艺，工艺流程包括：钢筋绑扎采取移动式台车分区流水绑扎，分别绑扎底板、侧（中隔）墙和顶板钢筋；顶板钢筋在台座上整体成型后，将其连同移动台车及绑扎托架一起滑移至浇筑坑底模上，通过体系转换，完成钢筋入模，混凝土浇筑，随后移动台车进入下一道循环。由于全断面钢筋笼体量大且钢筋密集，存在检查困难、工期压力大、质量风险高等难点。项目监理机构创新了“分段检查，整体验收”模式，核心是质量控制前置，通过分段细化检查，确保最终整体质量。同时，项目监理机构设计一套完整的工程验收表格，并在实践中进行持续优化与版本升级，确保关键质量控制点设置合理，为沉管预制顺利验收奠定了坚实基础。

5.1.2 沉管安装决策机制

为确保沉管安装精准无误，项目监理机构建立全面决策机制。全面决策机制涵盖了沉管出坞到沉管压接的各个关键环节，通过详细清单明确人员、设备、环境及技术要求，确保安装过程可控性、数据准确性和责任明晰性。早期沉管安装时，由于项目监理机构对外海沉管决策机制缺乏经验，参与决策深度不足，曾导致沉管安装精度偏差超出设计要求。尽管后续整改调整达标，但这一经历让项目监理机构深刻认识到必须更加主动地参与决策过程。总结经验教训后，项目监理机构积极审定详细决策清单，加强对安装过程实施严格控制。例如，沉管最终接头安装时，尽管首次对接已满足水密性要求，但由于影响管内安装线形，项目监理机构在决策会上并未接受现有施工结果，要求施工单位整改，经过56小时的第二次安装调整，达到了毫米级精准对接，也刷新了工程纪录。

5.1.3　关键质量严格控制

对管节水密及耐久性等关键质量要求制定严格的检查和验收程序。沉管的原材料控制、混凝土性能、保护层厚度、橡胶止水产品、钢结构防腐厚度等指标除了项目监理机构正常抽检外，还定期组织质量顾问、咨询顾问、试验中心、检测中心等团队对沉管预制开展质量巡查，借助“智囊”团队的力量发现并解决问题。

5.1.4　“首件制”和“典型施工”推广

为了使沉管质量达到世界级水准，项目监理机构推广“首件制”和“典型施工”制度。针对沉管预制外观和管内装饰工程质量，项目监理机构要求施工单位进行材料选型和施工工艺样板引路，主导工序验收，确保沉管内在、外观质量一流。

面对挑战和复杂的技术问题，项目监理机构不能仅作为被动的执行者。如果总是躲在施工单位或建设单位后面，势必会失去“存在感”。应主动作为，在实践中制定切合工程实际的监管程序，通过不断学习和总结，提升自己在复杂环境下的判断力和决策能力，从而增强在工程中的影响力与权威性。在港珠澳大桥完工总结会上，时任领导对项目监理机构给予高度评价，称其“功不可没”。

5.2　工艺优化，品质领航

在港珠澳大桥建设中，创新工法和优化工艺对确保工程质量，尤其是沉管水密性至关重要。项目监理机构围绕该核心技术，积极推动多项优化和改进措施，包括端封门外侧牛腿止水优化、振捣施工优化、中埋式止水带注浆管优化、OMEGA止水带预埋件盖形螺母防护、J型拉钩筋优化、侧墙水密优化、水密试验优化、预应力水密优化等，确保了沉管预制质量及水密性达到设计要求。

港珠澳大桥岛隧工程中，项目监理机构与施工单位密切合作，优化案例不胜枚举。小到研究预埋注浆管的成活率（由原70%提高到98%），大到自防水及结构防水混凝土配合比与参数优化，都有创新突破。各项优化措施确保了该超级工程的品质处于世界领先地位。大型、工艺复杂的工程催生大量的创新工法，这不仅得益于项目监理机构在方案评审、现场监督、验收各个环节的付出，更重要的是项目监理机构善于总结和提炼，将实践转化为成果，从而提升自身价值，并为整个监理行业树立标杆。

5.3 技术破局，严控赋能

本工程首次采用整体式主动止水钢壳混凝土最终接头，有效解决了深水沉管隧道快速贯通难题，取得沉管隧道合拢技术的重大突破。该巨型钢壳混凝土结构系国内首创，高流动性混凝土品质管理要求高，且其内部浇筑质量难以有效检测，给工程建设带来了新的挑战。面对挑战，通过试验得到控制参数，运用标准化过程管理保证最终成品质量，“过程决定品质”等管理理念被项目监理机构在工程实践中成功运用。

“过程决定品质”的核心在于提前预设每道工序质量控制目标，分解出质量关键控制点，设计详细的工艺检测流程，逐步监控工艺参数，确保每项参数的稳定性及符合标准要求。这种“沉浸式”管理手段在每一个环节中都强调严格过程管控，从而保障最终成果高质量。正是通过这样的细致过程控制，港珠澳大桥岛隧工程才得以保持卓越品质，为行业树立了一个精细化管理的榜样。

2018年10月23日，习近平总书记在港珠澳大桥通车仪式上对工程建设给予高度评价：“港珠澳大桥的建设创下多项世界之最，非常了不起，体现了一个国家逢山开路、遇水架桥的奋斗精神，体现了我国综合国力、自主创新能力，体现了勇创世界一流的民族志气。这是一座圆梦桥、同心桥、自信桥、复兴桥。大桥建成通车，进一步坚定了我们对中国特色社会主义的道路自信、理论自信、制度自信、文化自信，充分说明社会主义是干出来的，新时代也是干出来的！”习近平总书记的这番话，无疑是对大桥建设者的肯定。

在工程监理行业转型浪潮中，力求以信息化科学化管理手段，领航时代之先。我们不仅精益求精，将基础工作打磨至“精细入微”，更重视自我素质的提升；更难能可贵的是，我们勇于主动担当，积极护航超级工程，筑梦伶仃洋。愿这些宝贵经验，成为工程监理同行的重要启示和珍贵借鉴，为我国更多的世界级工程贡献智慧与力量！

（主要编写人员：周玉峰　严红志　徐昌远　何　涛　陈雄敏）

大国筑梦展形象　匠心护航铸臻品
——G20主会场杭州国际博览中心工程监理实践

2016年9月，全球瞩目的第十一次G20峰会在杭州召开。作为峰会主会场的杭州国际博览中心，以其恢宏、现代、平和的建筑风貌，向全世界展示了大国风范、江南特色、杭州元素。杭州国际博览中心是杭州市从“西湖时代”向“钱塘江时代”迈进的标志性工程，工程建设规模之大、质量标准之高、施工技术之难、工期要求之紧，实属罕见。

1　工程概况

1.1　工程规模及功能分布

杭州国际博览中心项目位于钱塘江南岸，地处杭州奥体博览城核心区，东北临博奥路，东南临奔竞大道，西北毗邻体育馆游泳馆，西南衔接七甲河景观带。工程总占地面积约19.7公顷，总建筑面积851991m^2，是一个集会议、展览、餐饮、旅游、酒店、商业、写字楼等多元业态于一体的超大型会展综合体，也是迄今国内最大、最先进的单体建筑。工程地下2层，地上裙房3层，裙房上盖三栋塔楼分别为10层、14层和17层，最大建筑高度99.80m。工程设计新颖，庄重宏伟，大气磅礴，屋面上空灵动的“城市飘带”，尽显钱江意蕴。建筑鸟瞰图如图1.1所示。

工程于2011年9月开工，原计划于2015年7月竣工，工程总投资为56.1亿元。2015年2月杭州获得G20峰会举办权，为满足峰会要求，对会议部分和会展部分进行改建和品质提升，增加工程投资约38亿元，累计工程总投资约94.1亿元。改建后的G20杭州峰会主会场如图1.2所示，改建后的主要建筑功能分布见表1.1。

图1.1　建筑鸟瞰图

图1.2　G20杭州峰会主会场

工程主要建筑功能分布一览表　　　　表 1.1

<table>
<tr><th>序号</th><th>功能区名称</th><th>建筑面积</th><th>建筑高度</th><th>建筑层数或所在位置</th><th>备注</th></tr>
<tr><td>1</td><td rowspan="3">会议会展</td><td rowspan="3">399087m²</td><td rowspan="3">46.65m</td><td>会议区</td><td>G20改造区</td></tr>
<tr><td>2</td><td>城市客厅</td><td>G20改造区</td></tr>
<tr><td>3</td><td>展厅3层，辅助用房6层</td><td>原12个展厅，改造后为10个展厅</td></tr>
<tr><td>4</td><td rowspan="3">上盖物业</td><td rowspan="3">90066m²</td><td>72m</td><td>A栋10层</td><td>办公</td></tr>
<tr><td>5</td><td>84m</td><td>B栋14层</td><td>办公</td></tr>
<tr><td>6</td><td>99.8m</td><td>C栋17层</td><td>酒店</td></tr>
<tr><td>7</td><td>车库及机房</td><td>310620m²</td><td>—</td><td>地下2层</td><td>地下二层为人防</td></tr>
<tr><td>8</td><td>屋顶花园</td><td>585m²</td><td>—</td><td>会议及展厅顶部</td><td>约6万m²</td></tr>
<tr><td>9</td><td>室外平台</td><td>51633m²</td><td>8m</td><td>单层</td><td>—</td></tr>
</table>

1.2 实施时间及里程碑事件

（1）2011年9月19日，工程开工；

（2）2012年10月10日，完成工程桩施工；

（3）2013年7月16日，完成地下结构施工；

（4）2014年10月17日，完成主体结构施工；

（5）2015年7月20日，完成外立面幕墙和室内装饰装修施工；

（6）2016年4月30日，完成场馆G20杭州峰会功能性改造，并通过竣工验收。

1.3 建设单位及主要参建单位

本工程建设单位及主要参建单位见表1.2。

建设单位及主要参建单位一览表　　表 1.2

序号	单位职能	单位名称
1	建设单位	杭州奥体博览中心萧山建设投资有限公司
2	设计单位	杭州市建筑设计研究院有限公司（总体设计） 北京市建筑设计研究院有限公司（装修设计）
3	勘察单位	浙江省工程勘察设计院集团有限公司
4	监理单位	浙江工程建设管理有限公司
5	质量监督单位	杭州市萧山区建设工程质量监督站
6	施工总承包单位	中国建筑和中建八局联合体

1.4 工程获奖情况

工程主要获奖情况见表1.3。

工程主要获奖情况一览表　　表 1.3

序号	奖项名称
1	2016～2017年度鲁班奖
2	2018～2019年度国家优质工程金奖
3	第十六届中国土木工程詹天佑奖
4	2014年度中国建筑金属结构协会中国钢结构金奖
5	2017年度浙江省建设工程“钱江杯”优质工程奖
6	全国“AAA级安全文明标准化工地”

2　工程监理单位及项目监理机构

2.1　工程监理单位

浙江工程建设管理有限公司（以下简称“公司”），其前身为浙江工程建设监理公司，成立于1992年，是浙江省建筑科学设计研究院有限公司（以下简称“母公司”）的全资国有子公司。母公司创建于1955年，是浙江省内建设领域专业齐全、技术权威、影响力大的科学研究和技术服务单位，原为浙江省住房和城乡建设厅直属企业，现为浙江省国有资本运营有限公司所属子公司。

目前公司拥有员工逾千人，其中正高级职称15人，高级职称112人，各类国家执业资格395人。公司为国家高新技术企业，具有建设工程监理综合资质，综合实力位居浙江头排、全国前列。

2011年9月，公司凭借其国企担当的政治优势、党建引领的文化优势、拼搏创新的技术优势，深耕浙江的经验优势，通过公开招标方式承接了杭州国际博览中心工程的建设监理任务，经历了为G20峰会展现大国工匠的高光时刻。

2.2　项目监理机构

针对工程特点和工程建设目标，公司集聚优秀管理力量组建项目监理机构，实行总监理工程师负责制，建立了多层次直线制管理架构，如图2.1所示。

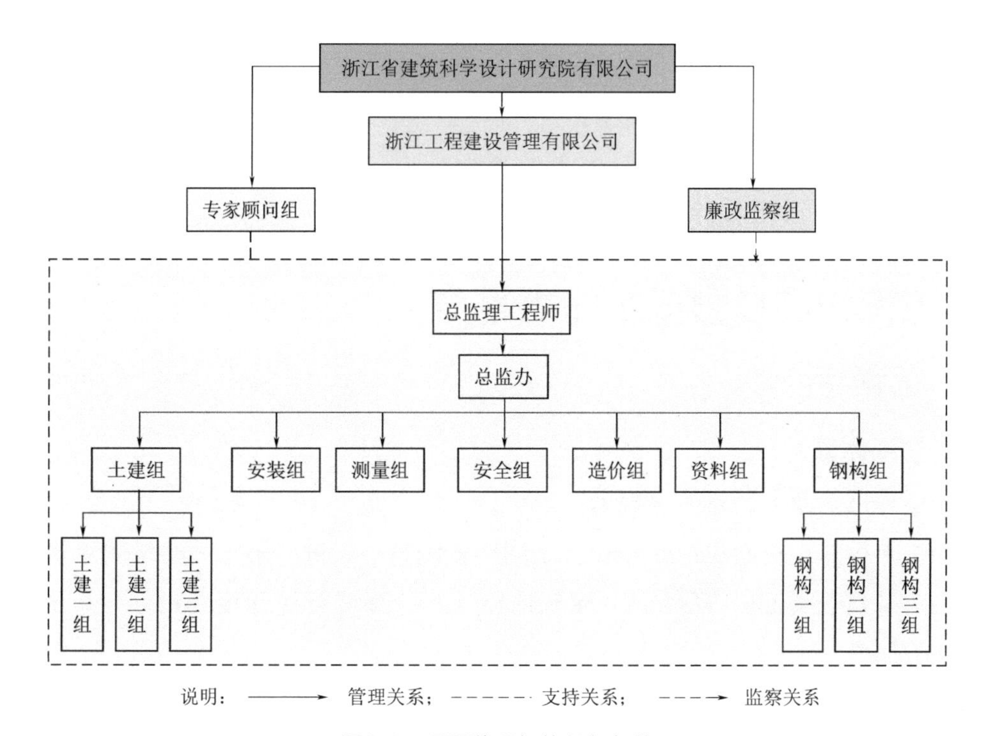

图2.1　项目监理机构组织架构

在G20杭州峰会适应性改造提升期间，驻场机构改为项目管理部，增设项目管理组，实行管监一体化工作模式。项目管理部负责人由总监理工程师兼任，下设项目管理组及项目监理组。项目管理组下设土建组、装饰组、强电组、弱电组、市政组等专业组，行使改造提升期间的建设单位项目管理部分职能，项目监理组维持原组架构和职能不变。项目管理部组织架构如图2.2所示。

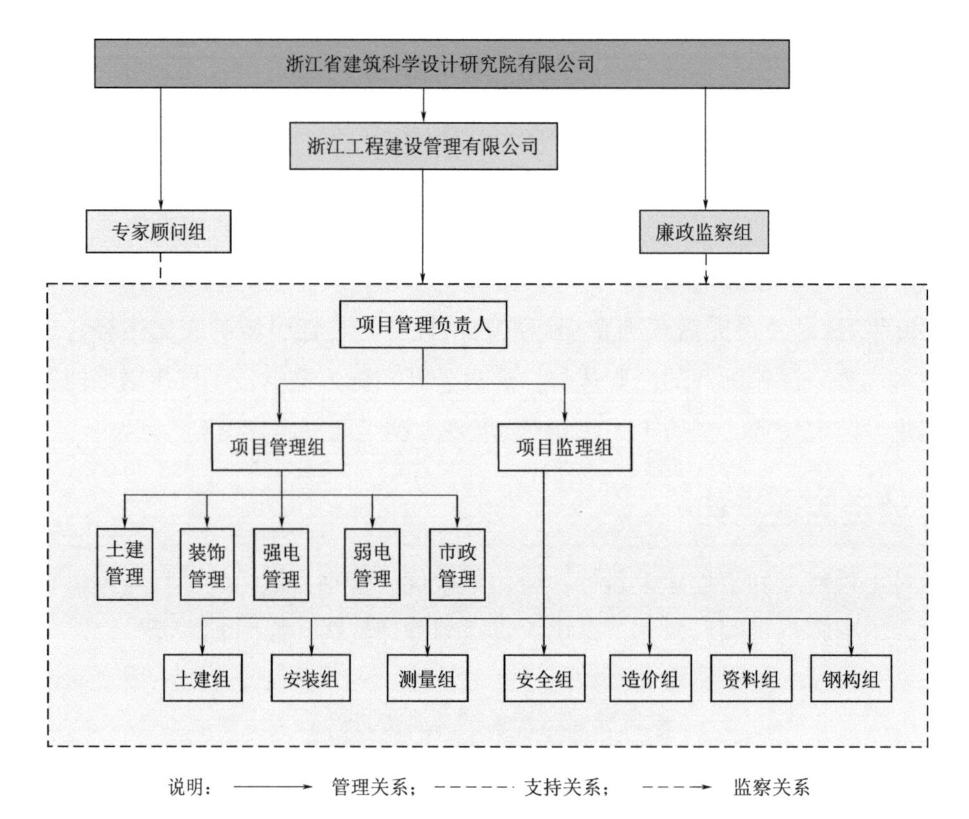

图2.2 项目管理部组织架构

3 工程特点及监理工作重难点

3.1 工程特点

1. 工程体量大

本工程体量超大，具体表现为：

（1）工程总建筑面积约85万m^2，是同期亚洲第一、世界第三大的单体建筑。

（2）基坑长560m，宽330m，面积约17万m^2，基坑开挖深度约12m，土方开挖量约260万m^3。

（3）基础底板平均厚度800mm，承台共1851个，地下室混凝土约38万m^3。

（4）钢结构总量达14.5万t，相当于3.5个鸟巢。钢构类型有空间管桁架、劲性钢管柱、钢管混凝土柱、曲面球壳、飘带网架等多种型式，几乎囊括了钢结构所有的技术形态；超大、超重构件多，梭形管桁架跨度达72m，单榀构件最大重量达184t。

（5）暖通工程及给水排水工程超规格构件尺寸多，最大风管直径达4.5m，最大排水管直径为0.6m，排布要求高。

（6）屋顶花园的屋面形式，面积约6万m^2，是目前国内面积最大、功能齐全、中国特色浓厚、生态环境优美的空中花园。

2. 建设标准高

（1）工程设计新颖、结构复杂、功能齐全、科技含量高。立项阶段，即提出了“高标准、高质量、高效率”的要求，确立了创建“中国建设工程鲁班奖”的质量目标。高标准的工程建设主要体现为：

（2）地下防水要求高：地下室防水等级为一级，地下室平面尺寸为560m×330m，超大面积混凝土底板结构不设后浇带，要求不得渗漏。

（3）装饰装修要求高：需满足G20杭州峰会高规格迎宾、高水平会议、高标准宴会、高格调展示需要。迎宾大厅的“四水归堂”、接待大厅的“四方和合”、主会议厅的“四梁八柱”、午宴厅的“宇宙苍穹”，要求充分展现中国梦想、中国精神、中国气派。

（4）机电安装要求高：变配电室要求绝对无尘；空调系统室内温度设定值的温差不大于±0.5℃；重要区域采用双UPS备用电源；消防近5万个报警点，要求无故障、无误报；安保系统要求严。

（5）屋面防水要求高：人工水池、人工溪流等超大种植屋面水系布局多而复杂，防水等级为一级，防漏防渗为关键。

3. 装修特种材料多

室内装修大量采用白铜、紫铜、不锈钢仿铜、铜花格4D打印仿木纹铝板、珍贵红木、膜系统、玉石灯及墙面、草编背景、花草纹石刻、砖雕、木雕等常规建筑中很少采用的特种材料，现场加工制作和装修拼装复杂，必须精细化作业。

4. 技术难度大

本工程施工中面临着一系列施工技术难题，如：超大面积混凝土结构施工、屋面大跨度单层球面网壳结构施工、超大城市客厅球形型玻璃幕墙施工、大跨度钢结构球壳内音视频系统施工、超大面积种植屋面防渗漏施工等。

5. 任务重工期紧

工程施工期间，杭州正式获准为G20峰会举办地。为满足举办峰会要求，需要对原有设计与建设的主会场、午宴厅、接见厅、落客平台、新闻中心、新闻发布厅、南连廊、听会室、安保室、多功能厅等约20个功能区域进行升级改造。为确保G20峰会如期举行，必须在不足270天的时间里完成面积约13.8万m^2，包含设计、采购、施工、安装、装修、室外配套等改造工程的工作，责任重大。

3.2 监理工作重难点

1. 工程定位高，监理责任重

本工程属于浙江省重点建设工程，是杭州市实现“构筑大都市、建设新天堂”宏伟目标的重要组成部分，是杭州新一轮城市发展的引擎。建设之初就明确了达标“鲁班奖”，管理“高标准、高质量、高效率”的要求。

作为G20杭州峰会的主会场，杭州市委市政府认真贯彻习近平总书记关于G20杭州峰会的一系列重要指示精神，全面落实中央各项决策部署，对照国际一流标准，提出“四最”工作指标：以最高标准确保实现质量目标，以最快速度确保筹备工作按时就绪，以最实作风确保每项工作不留遗憾，以最佳效果确保城市国际化水平明显提升。

政治影响力大、单体规模大、建筑功能先进、建设目标清晰、监理责任重大、监理使命光荣。

2. 建设标准高，质量控制难

（1）基础底板超大，结构裂缝控制难：本工程地下室为二层，地下室最大长度约560m，最大宽度约330m，面积约18.15万m^2，属于超长混凝土结构，极易产生结构裂缝，质量控制难度较大。现行混凝土结构设计规范通常要求设计采用后浇带分割，将超长的现浇混凝土结构分成若干区段。实践证明，采用后浇带并不是解决混凝土裂缝的最佳方案，存在一系列质量控制难题。例如：后浇带不易清理，施工质量难以保证；后浇带填充前，地下室始终处于漏水状态，必须长时间抽水，严重影响施工；后浇带影响机电设备和二次结构施工的提前进入，无法进行立体交叉作业，对进度不利；后浇带混凝土在封闭后的养护极为困难，混凝土中通常都掺加了膨胀剂，如果养护不到位，两侧新旧混凝土接槎处往往变成了两条裂缝。

（2）钢构类型众多，安装质量控制难：本工程钢构件主要分布于会议中心和会展中心，构件多而散，加工制作质量控制难度大。工程构件总数超6.2万件，月制作构件工程量超过1.1万t，需要多个制作厂进行加工，且超常规构件多，要将构件分为多段或散件制作，增加了构件制作质量控制难度。涉及多专业交叉配合，组织协调难度大。需与土建、幕墙、机电、消防、装饰装修等多个专业进行配合，施工前的技术配合，施工过程中的工作配合及作业面的衔接等，必须综合协调。焊接质量要求精，焊缝质量控制难度大。焊接构件主要是H型钢、钢管柱、钢桁架，焊接控制的难点，一是焊接残余应力大，焊接构件变形可能性较大；二是厚板较多，焊接时约束度大，节点工艺复杂，焊缝单面施焊熔敷金属量大，易产生热裂纹与冷裂纹；三是层状撕裂缺陷最易产生在钢板厚度方向的“十字角接和T形角接”接头上，由于此类接头在本工程中占比较多，产生层状撕裂的可能性较大。结构造型复杂，拼装、吊装精度控制难度大。部分结构体系因构件的重量、跨度、体积等因素影响，拼装、焊接、吊装的难度较大。如钢管柱最大截面$\phi 2200 \times 34$，最大单重41.9t；箱形柱最大截面1600mm × 1600mm，最大单重43.7t；钢梁最大高度3200mm，最大跨度36m，最大单重44.5t；梭形管桁架，跨度72m，单榀最重46t；平面桁架最大高度9.5m，最大跨度54m，单榀最重184t。

（3）机电系统复杂，工序质量控制难：本工程机电安装工程涵盖建筑电气、通风空调、给水排水与采暖、智能建筑、电梯五大分部工程，系统复杂且极具特色，例如，展厅展位模块化机电施工、超大规模管线综合、超大规模火灾自动报警系统、复杂的场馆温控系统、万无一失的音频、视频运行系统、超大规模复杂结构下的大体量机电工程拆除改造等。

（4）种植屋面超大，防水质量控制难：本工程屋面设计为屋顶空中花园，总建筑面积60000m^2，是目前世界上面积最大的屋顶花园。屋面水系布局多，除人工水池外，还设计有人工溪流，因此，屋面防水要求高。超大面积钢筋混凝土屋面板，容易产生裂缝，屋面结构自防水施工质量控制是屋面防水工程的重点之一。屋顶花园覆土厚度为0.8～1.2m，有各类苗木1万多株，种植面积约5万m^2，除需要做好结构自防水外，还需考虑苗木生长，增设耐根穿刺防水卷材。卷材防水层施工质量控制，必须做到无渗漏。屋面结构复杂，出屋面管道多、风井多、设备多且结构复杂，这些都大大增加了屋面防渗漏控制的难度。

（5）环保要求极高，室内环境控制难：G20杭州峰会主会场的室内空气质量好坏直接影响我国的国际形象，必须确保装修完成后的室内环境达到“高环保、无异味”的目标。我国现有的装修用材环保检测标准体系大多是对材料中污染物的含量进行控制，不对材料进行气味控制，不能反映材料在实际使用环境中的释放量水平，这就容易导致装修施工中的叠加污染。装修材料的环保性能控制涉及材料的选用、环保评估、工艺控制、采购控制、施工过程控制、空气质量监测等多个环节，技术要求高，控制难度大。

3. 改造工期紧，进度控制难

G20杭州峰会场馆改造任务工期短，设计要求高，设计审批周期时间长；大量使用进口材料，招采周期长；参建单位多，交叉作业多；安保要求高，资源进场难度大；实施改造的关键阶段正值春节，加班管理难度大。

4. 超危工程多，安全生产管理难

本工程施工中涉及的超过一定规模的危险性较大的分部分项工程包括：

（1）深基坑工程：基坑平均开挖深度约11.0m，含土方开挖、支护、降水工程；

（2）模板工程及支撑体系：观光平台、会议厅、观光电梯厅等混凝土支模架搭设高度均在8m以上；屋面钢结构飘带网架及屋面球壳钢结构网架安装采用满堂支撑体系，承受单点集中荷载约9kN；

（3）起重吊装及起重机械安装拆卸工程：钢结构桁架单体重170t，采用非常规起重设备和方法吊装；1100t·m行走式动臂塔式起重机的安装和拆卸；

（4）脚手架工程：分段架体搭设高度20m以上的悬挑脚手架；

（5）施工高度99.95m建筑幕墙安装工程；

（6）无柱展厅跨度72m钢结构梭形管桁架（单榀重量46t）安装工程；跨度72m屋顶抽空四角锥飘带网架安装工程；平面桁架（最大高度9.5m，最大跨度54m，单榀重量184t）安装工程。

本工程由于体量大、工期紧，超危工程给工程安全生产管理工作带来巨大的压力，安全生产管理工作是本工程监理工作的重中之重。

5. 参建单位多，组织协调难

本工程涉及参建单位众多，除工程总承包单位外，还有设计单位7家，专业分包单位140家，材料供应单位68家。涉及专业广、工序穿插频繁，组织协调工作繁杂。以钢结构工程质量和进度控制为例，基于钢构件吨位大和数量多的特点，如何做好现场平面规划、构件的加工制作组织、工厂与现场的有机协调、现场的安装组织、大型机械设备的有效利用和协调、钢结构与土建的交叉施工组织、安全管控、质量管控、工期管控等，是较大的难题。

4　工程监理工作特色及成效

4.1　组织落实，统筹到位

4.1.1　结合工程特点，健全组织机构

结合本工程特点，形成有针对性的工程管理模式，公司建立了多层次直线制项目监理组织机构，特别增强了造价控制和合同管理人员配置。项目监理机构由总监理工程师统筹指挥，保障项目监理工作高效运行。在G20杭州峰会工程适应性改造期间，增设了项目管理组，协助建设单位履行建设管理职能。

4.1.2 纲要先行，职责到位

在工程开工之前，项目监理机构全面收集了项目可行性研究、方案设计、初步设计等资料，充分了解项目的建设背景、建设意图、周边环境、功能定位、建设规模、建造标准、进度安排、运营模式等信息，从全局性、系统性、整体性视角谋划工程项目运作全过程。主导编写《杭州国际博览中心项目管理纲要》，明确建设单位及各参建单位的项目管理职责，规定各项管理制度，确定沟通协作机制，规范审批流程、落实质量安全目标任务及风险预控要求。获得了建设单位认可，成为建设单位及各参建单位项目管理工作的纲领性文件，使组织协调工作有章可循。

明确目标，责任到人。在进度控制上，以2016年4月30日为最终目标，项目监理机构制定提前一个月的内控目标，倒排计划，明确各里程碑节点，据此编制了施工总进度控制计划。根据编制的总进度控制计划，对进度目标进行分解，明确项目各个参建单位的进度控制目标。指派专人负责对应层次的进度控制工作，并负责根据周进度计划分解到每日工作计划。以关键线路上的关键工作为主线，以里程碑节点为控制重点，确定不同施工阶段对应的进度控制重点对象，以确保控制节点顺利完成。

统一管理，分区组织。积极协调各方关系，督促施工单位充分发挥总承包管理作用，将各关键节点划分等级，科学安排前后工序的接入，合理组织工序穿插。针对工程超大的单体面积特点，将施工平面分块分区管理，各个区、块均由对应专业负责人统筹协调。

4.1.3 廉洁自律，检查到位

项目监理机构全员签订廉政协议书，在工程现场醒目位置公开廉洁自律要求，并公布举报电话和举报邮箱。把廉洁自律贯穿于工程建设的全过程，在布置监理任务的同时，布置廉洁自律要求；在检查监理工作的同时，检查廉洁自律的执行情况；在考核监理服务质量的同时，考核廉洁协议执行情况。项目监理机构设置廉政文化建设宣传栏，定期组织监理人员进行廉政教育学习。母公司人力廉政监察组负责监督检查项目监理机构的廉洁自律实施情况，做到领导重视，组织到位；教育领先，思想到位；举报必查，纠正到位；职责明确，责任到位；制定方案，措施到位；列入目标，考核到位。

4.1.4 保障充分，奖罚分明

项目监理机构组织设计单位、材料供应商、质量监督机构、消防验收、造价审计等部门驻场联合办公，挂图作战，及时解决工程施工过程中遇到的影响工程进度的问题。在技术保障方面，项目监理机构审查进度计划的技术可行性，确保能在经济合理、技术可行的状态下施工。例如本工程南北通道大面积吊顶，原设计为石膏板，项目监理机构建议改为蜂窝铝板，实现工厂化预制、模数化生产，保证质量的同时加快了工程进度。在材料保障方面，要求专业厂家进行驻场办公，高峰时共计68家驻场，第一时间反馈及沟通解决问题，充分保证材料供应环节的畅通。在资金保障方面，根据合同约定的付款要求制定资金计划，确保按时或适度提前支付工程进度款。同时，对工期提前的单位给予奖励，对工期延误的单位做出惩罚，严重延误者根据合同建议合同单位终止与其合作。

4.1.5 鲁班课堂，传经送宝

为提升监理服务能力，公司邀请行业专家开设鲁班课堂，对“鲁班奖工程”的质量控制要求、信息资料管理要求等方面进行授课，传授创优经验做法，推动总承包单位推广应用《建筑业十项新技术》。讲授内容包括超大面积混凝土结构跳仓组合流水递推施工技术、屋面大跨度单层球面网壳结构施工技术、超高超重多曲率波浪形屋面钢彩带施工关键技术、水泥渗透结晶型防水涂料施工技术等。

4.2 总监首检，样板引领

4.2.1 实施总监首检制度

对施工现场主要材料、构配件、设备进场验收，关键工序质量检查验收，实行总监首检制度。主要材料、构配件、设备首次进场验收前，或关键工序质量首次检查验收前，由总监就验收要求，对相关专业监理工程师和监理员进行交底。首次检查验收时，由总监负责实施，亲自示范，并要求施工单位项目负责人及相关人员现场配合，必要时请建设单位相关人员共同验收。验收完毕，填写总监首检记录表，留存相关影像资料。对非首次检查验收，由专业监理工程师按总监首检示范的要求实施，总监每月至少抽查一次，形成抽查记录。执行总监首检制的项目清单见表4.1。

执行总监首检制项目清单　　表 4.1

施工阶段	类别	项目清单
地基与基础	主要材料、构配件、设备进场验收	水泥、钢筋、商品混凝土、焊接材料、边坡支护材料、防水卷材和涂料等
	关键工序施工质量检查验收	桩位坐标、基坑开挖及回填、预应力拉锚、支撑梁、验槽、垫层浇筑、结构浇筑、防水等

续表

施工阶段		类别	项目清单
主体结构	混凝土结构	主要材料、构配件、设备进场验收	钢筋、商品混凝土、预应力材料、焊接材料、装配式构件等
		关键工序施工质量检查验收	模板、混凝土浇筑、后浇带、拆模、装配式结构、预应力结构等
	钢结构	主要材料、构配件、设备进场验收	钢材、焊接材料、涂装材料、紧固件、螺栓球、钢构件等
		关键工序施工质量检查验收	钢结构焊接、紧固件连接、网架结构安装、钢结构涂装等
	砌体结构	主要材料、构配件、设备进场验收	水泥、砌块、预拌砂浆等
		关键工序施工质量检查验收	砌筑（砌体及砂浆）、构造柱、圈梁、植筋等
安装工程		主要材料、构配件、设备进场验收	钢管、塑料管、复合管、法兰、阀门、钢材、绝热材料、水泵、通风机、空调机、风机盘管、冷却塔、制冷机组、电线、电缆、电工管、桥架、灯具、开关、插座、变压器、配电箱、电梯等
		关键工序施工质量检查验收	管道预埋、管线安装铺设、设备安装、试验及调试、防雷接地等
装饰装修	装修	主要材料、构配件、设备进场验收	水泥、混凝土、门窗、石材、饰面砖、地板、轻钢龙骨、石膏板、木材、保温隔热防火材料、型材、玻璃、金属板、（结构、密封、耐候）胶、厨卫器材等
		关键工序施工质量检查验收	地面施工、抹灰施工、门窗安装、吊顶施工、饰面板施工等
	幕墙	主要材料、构配件、设备进场验收	钢龙骨、焊接材料、防腐涂料、（结构、密封、耐候）胶、连接扣件、玻璃、铝合金型材、铝板、石材、保温棉等
		关键工序施工质量检查验收	测量放线、龙骨安装、防腐涂刷、保温棉安装、面板安装、四性试验、防雷接地等

4.2.2 实施样板引路制度

工程施工前，项目监理机构根据工程概况，建筑结构特点及验收标准，制定施工样板实施范围及实施计划，依照施工方案和有关规范、标准，由施工单位先进行样板施工，施工完毕后，组织建设、设计、监理、总包联合验收。验收通过后，成为对照标准，方可依照样板展开大面积施工。

从精品样板工程入手，总结经验，进行全面推广。督促各承包单位精心组织，科学施工，把创建样板工程的活动自始至终贯穿于施工过程中，用样板引路，以点带面，打造精品工程。

4.3 强化协调，组织有序

4.3.1 设计管理，主动参与

依托母公司设计优势，项目监理机构组织并主动参与设计管理工作，对设计文件的功能适用性、经济性、安全性、合理性进行审核；对涉及新技术、工艺材料、产品的问题，组织公司相关技术专家论证，并向建设单位进行专项汇报；对设计图纸中的不合理、不经济、施工不够便捷的部分设计内容提出优化建议；利用BIM（建筑信息模型）技术对施工图进行审查，主要检查管线碰撞情况，提前发现并解决设计冲突；对重大设计变更，组织建设、设计、施工及运营单位共同参加变更洽商会，确保变更的合理性，结构安全性、功能的适用性及经济可行性。本工程改造施工阶段，要求设计单位驻场管理，对由于改造产生的变更及时予以确认。

4.3.2 协调沟通，及时有效

施工图深化设计组织协调：项目保密要求高，设计单位多致使沟通环节多，设计文件审批周期长，要高速、优质地完成工程建设，必须切实做好深化设计组织协调。项目监理机构安排专人跟踪设计进度，并要求设计院派人全程驻场办公，现场第一时间解决设计问题。建立设计例会制度，组织相关各方每周举行两次现场设计协调会，及时解决现场设计问题，并形成会议纪要，现场签字确认。成立BIM工作站，通过BIM技术应用，协调深化设计冲突，给深化设计决策提供支持。

超大面积单体地下室施工组织协调：本工程面积巨大，土方量及需水平运输的材料数量巨大，多工种交叉施工复杂，若采用传统施工方案，则工期延长，机械设备投入量大，操作面不易控制。在综合考虑安全、工期、成本的基础上，项目监理机构根据现场条件创新性地提出了通过在基坑周边建立双环形施工道路，在基坑内部构筑“两横三纵”施工道路体系，进行地下室施工平面布置、材料运输、流水施工组织的超大规模地下室综合施工技术。极大地减少了机械投入使用量，避免物料的二次倒运，实现超大规模地下室同时施工，相比常规施工组织方式，工期至少提前了一个月。

超大规模钢结构施工组织协调措施：项目监理机构每周组织召开土建与钢结构专业协调会，要求总包单位、构件制造厂、钢结构施工单位联合编制构件加工计划，经监理审核确认通过后落实执行。派驻人员驻厂监造，监造内容包括材料检验、加工质量、构件加工顺序安排、发货顺序、装卸车顺序、标牌标识、构件加工实时状态、问题反馈协调等。

超大规模机电安装施工组织协调措施：本工程施工面积大，机电专业多，系统全，组织协调采取“分区渐进流水施工，统筹兼顾突出重点”的总体思路。项目监理机构在设计院批准的初步深化施工图基础上，组织施工单位机电专业进行综合，结构、建筑、机电、装饰等专业分工协作，利用BIM技术绘制综合管线平、剖面图及重点部位详图，进行对比检查并协调各专业管线位置、标高。机电专业监理工程师参与各专业设计交底及技术论证。同时，主动地配合主管部门的工作，按有关规定及时办理水、电、消防以及环保等各方面的报装报建、验收手续，确保工程施工顺利进行。

4.4 重点突出，管控到位

4.4.1 质量控制，精准有方

超大面积混凝土底板结构裂缝控制：工程单层地下室面积约16万m^2，原设计用后浇带将地下室结构板划分为84个区块，考虑到后浇带较多以及设置后浇带后带来的种种不利影响，项目监理机构建议取消后浇带，采用跳仓法施工技术组织施工。跳仓法施工技术的优点是施工方便、加快进度、减少施工成本，能避免后浇带难于清理及钢筋锈蚀等问题造成的质量通病。针对跳仓法施工工艺，项目监理机构要求施工单位组织参建各方对其施工方案合理性、适用性及可行性以及采取的综合措施进行讨论，并组织到监理公司在监的工程上考察学习，汲取考察的在监工程成功采用跳仓法施工经验。通过学习借鉴，促进施工单位完善了施工综合措施，实现了采用跳仓法施工的预期效果。

超大超重复杂钢结构施工质量控制：鉴于本工程钢结构工程的特点和难点，项目监理机构细化了钢结构施工全过程质量控制手段。强化进场前质量控制，派驻监理人员驻厂对构件加工全过程进行监督检查，构件发货前必须经驻厂监理签字认可，力求将钢构件加工制作中的质量问题消除在厂内。严格执行进场验收程序，要求进场的钢构件、焊接材料、螺栓等材料必须经监理单位验收合格后方可使用。由专业测量监理人员对钢结构测量放线成果进行复核，所有施工工序交接单必须经测量监理工程师确认同意，方可进入下一道工序。跟踪旁站吊装过程，要求施工单位吊装钢构件前必须通知项目监理机构，由监理人员对吊装构件的编号、类型、方向等进行检查，对吊装过程实施旁站监理如图4.1、图4.2所示。

严格控制焊接质量，焊接前要求施工单位编制焊接工艺评定报告，从事焊接和自检探伤的人员必须持证上岗，对使用的焊丝焊剂及试板抽样检测，施焊时必须采取有效的防护措施保障施焊环境安全。控制螺栓安装质量，对高强度螺栓的安

图4.1　屋面球壳和飘带吊装实况

图4.2　72m跨度梭形管桁架吊装实况

装质量、紧固的顺序进行检查，记录终拧时间，并要求对已终拧的进行标记，防止遗漏。

机电系统安装质量控制：充分掌握设计意图，确保施工图纸的完整性、合理性和可操作性。利用BIM技术开展机电管线深化设计工作，会同施工单位确定管线分层排布，确保坡度设置合理，后期维保操作空间充足，管道成型美观，零部件安装位置准确、支架配置合理。将改造区域的拆除及成品保护作为质量安全控制的重点。为了拆除施工高效有序地开展以及对非拆除区域的成品保护，项目监理机构确定“顺序施工、同时推进、突出重点”的总体思路，管线拆除采用由下至上、由整体到局部、先水平再垂直、先支管再主管的顺序进行拆除。同时项目监理机构重点跟踪施工单位对电缆、风机设备的保护措施是否落实到位。优质高效地完成了机电系统功能提升改造。

超大面积屋顶花园防水质量控制：提出设计优化建议，为控制结构裂缝，项目监理机构根据类似工程的监理经验从混凝土设计、原材料质量及配合比等方面提出优化调整建议并被采纳实施。首先，针对屋面桁架楼承板部位的混凝土进行单独设计，采用C40P8的微膨胀补偿收缩抗裂混凝土，在混凝中添加改性聚丙烯抗裂纤维及KL-Ⅱ抗裂防水剂；其次，选用质量稳定、活性较高、流变性能好的水泥，石子选用5～31.5mm连续粒级碎石；再次，要求胶凝材料总量不小于350kg/m^3，水胶比控制在0.5～0.55。控制混凝土浇筑过程，派监理人员到混凝土供应厂家蹲点，随机抽查混凝土原材料的质量及混凝土配合比；混凝土浇筑现场，控制混凝土的入泵坍落度在14～16cm，施工过程中全过程旁站并做好影像记录，做到连续浇筑，严禁中途加水；浇筑完成、混凝土终凝前要求施工单位二次抹压，最后拍抹压实、收光。控制混凝土养护过程，要求施工单位在混凝土浇筑完毕找平抹面后，立即用塑料薄膜加草毡覆盖，以减少水分的损失。浇水养护在混凝土浇筑完毕后的12小时内进行，多次少量，保持混凝土处于湿润状态，保温保湿养护不少于14天。施工完成后屋面如图4.3所示。蓄水试验，结构施工完成，要求施工单位对屋面分区域进行蓄水试验，检查渗漏点，对发现的渗漏点进行整改。整改完成后方可进行防水卷材找平层施工。

屋面耐穿刺防水卷材施工质量控制：建议采用SBS防水卷材Ⅱ型，为了有效防止根茎穿透并满足屋面一级防水等级要求，建议屋面防水卷材采用4mm厚SBSⅡ型改性沥青防水卷材和4mm厚复合铜胎基改性沥青耐根穿刺防水卷材各一道。控制卷材基层施工质量，做到无起壳、起砂、凸凹、裂缝等现象，表面光洁、坚实平整，无杂物，屋面排水沟、出屋面管井、设备基础的阴阳角需做成半径不小于50mm的圆弧或倒角。控制卷材铺设顺序，卷材按由低到高的顺序铺设，铺贴方向根据屋面坡度方向而定，在坡度<3%时，卷材平行于屋脊方向铺设，且卷材搭接缝顺流水方向；高低跨相毗邻时，先做高跨，后做低跨，同等高度的屋面先远后近。同一平面内先铺雨水口、管道、伸缩缝、女儿墙转角等细部，然后从屋面较低处开始铺贴大面。控制卷材搭接质量，卷材搭接部位必须100%烘烤，粘铺时用小滚筒滚压必须有熔融沥青从边端挤出，并形成匀质的沥青条，沿边端封严，搭接不小于100mm。卷材施工完毕后要求施工单位进行蓄水试验，如未发现渗水点即可进行保温层工序施工，如发现渗水点，要及时进行处理，如图4.4所示。

图4.3 屋面混凝土收光

图4.4 屋面蓄水试验

工程自2016年5月投入使用至今，屋面未发生任何渗漏。

高环保无异味室内空气质量控制：为确保室内装饰装修工程的室内空气质量，确保最终实现室内环境“高环保、无异味”的目标，项目监理机构从设计、招标、施工、运营保障全过程实施全流程控制。明确环保材料控制流程，具体控制流程如图4.5所示。设计控制，在建筑方案设计和装修方案设计阶段，项目监理机构要求设计单位根据G20杭州峰会运营保障要求，明确环保选材要求，并组织设计单位、总承包单位、装修分包单位和建设单位委托的环保顾问单位协商一致后，由设计单位在设计方案中明确装修材料环保技术要求，从设计源头降低环保和异味风险。明确了应用于本工程的所有与环保有关的材料/物品必须符合本工程限定的有害物质限量指标要求见表4.2。招标控制，项目监理机构参与总包单位的主要材料/物品的品牌遴选工作，建议优先选用国内外著名品牌，行业口碑较好，供货能力强，质量有保证的供应商。工艺控制，在确定中标企业后，项目监理机构参与环保顾问单位组织的生产厂家考察。考察过程中，环保顾问单位要对生产用原材料和生产工艺进行环保评估，对关键工序进行监督，安排抽样检验。期间，项目监理机构考察了环保风险高、使用面积大的厂家10余家，共抽检样品236批次，发现并处理不合格品38批次。

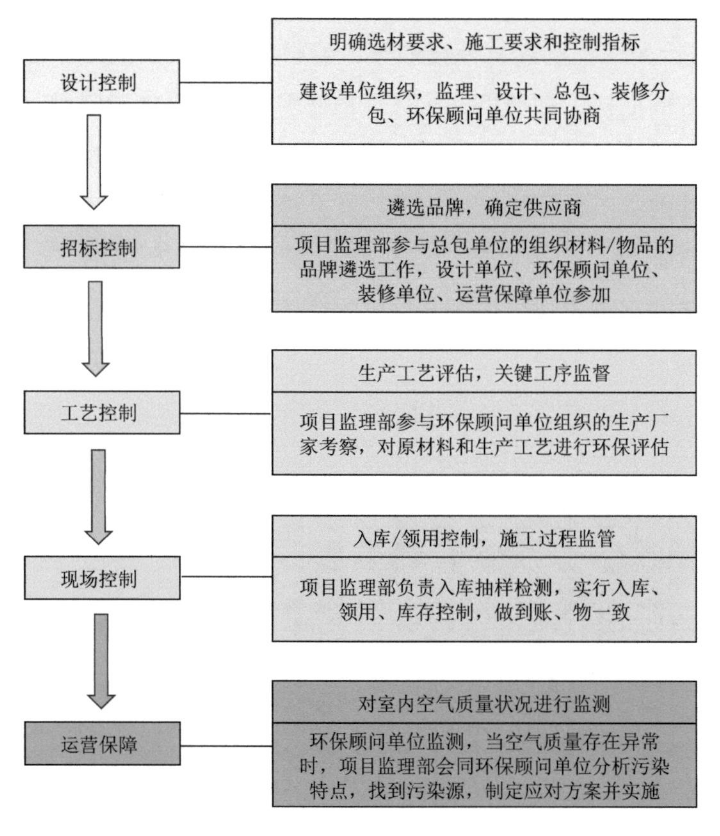

图4.5 环保材料控制流程

部分室内装修用材有害物质限量指标　　表 4.2

序号	产品名称	检测项目	检验依据	限量指标	
				国家标准指标	重点区域指标
1	密度板、刨花板	甲醛释放	《室内装饰装修材料　人造板及其制品中甲醛释放限量》GB 18580—2001	≤9.0mg/100g	≤3.0mg/100g
2	胶合板、细木工板	甲醛释放		≤1.5mg/L	0.2mg/L
3	饰面人造板	甲醛释放		≤1.5mg/L	≤0.2mg/L

续表

序号	产品名称	检测项目	检验依据	限量指标	
				国家标准指标	重点区域指标
4	溶剂型木器涂料	挥发性有机化合物	《室内装饰装修材料 溶剂型木器涂料中有害物质限量》GB 18581—2009	聚氨酯类≤580g/L	≤420g/L
				硝基类≤720g/L	≤420g/L
				醇酸类≤550g/L	≤350g/L
		苯		≤0.3%	不得检出
		卤代烃		硝基类≤0.3%	不得检出
5	水性木器涂料	挥发性有机化合物	《室内装饰装修材料 水性木器涂料中有害物质限量》GB 24410—2009	<300g/L	≤50g/L
		游离甲醛		≤100mg/kg	≤30mg/kg
6	水性墙面涂料	挥发性有机化合物	《室内装饰装修材料 内墙涂料中有害物质限量》GB 18582—2008	≤120g/L	≤35g/L
		游离甲醛	《室内装饰装修材料 内墙涂料中有害物质限量》GB 18582—2008	≤100mg/kg	≤30mg/kg
7	水基型胶粘剂	挥发性有机化合物	《室内装饰装修材料 胶粘剂中有害物质限量》GB 18583—2008	聚氨酯类≤100g/L	≤30g/L
		游离甲醛		其他≤350g/L	
8	溶剂型胶粘剂	游离甲醛	《室内装饰装修材料 胶粘剂中有害物质限量》GB 18583—2008	氯丁橡胶、SBS≤0.5g/kg	≤0.5g/kg
		苯		≤5g/kg	不得检出
		甲苯+二甲苯		SBS≤150g/kg	≤100g/kg
		挥发性有机化合物		SBS≤650g/kg	≤500g/kg

注：表中的检验依据为工程在建时的现行标准。

4.4.2 驻厂监造，控制源头

委派人员对钢结构制作驻厂监造，重点做好以下几方面工作：组织设计交底，使一线操作者真正了解构件加工制造的技术、规程要求和时间进度安排，真正做到从原材料出库到构件出厂层层落实责任；检查钢材、焊接材料、螺栓、栓钉等材料的质量证明材料；检查外观质量是否有分层、夹渣、表面锈蚀、麻点或划痕等缺陷；检查钢板厚度，型钢规格尺寸允许偏差是否符合国家标准要求；按规范要求进行见证取样、送检，并由试验单位出具试验报告；检查焊工是否持证上岗，在正式焊接前，验证焊工技术水平能否达到工艺标准的要求；对首次采用的钢材、焊接材料、焊接方法、焊接热处理等，督促施工单位进行焊接工艺评定，并根据评定报告确定焊接工艺。同时，与施工现场保持沟通，使工厂钢结构构件生产加工与施工现场钢结构安装无缝衔接。

4.4.3 健全制度，管理有据

在进度控制方面，建立工程进度报告制度、进度信息沟通制度、进度计划审核制度、进度计划实施过程中的检查分析制度、进度协调会议制度等。全天候不间断巡视，紧盯工作面是否安排饱满，要求工作面不得无故闲置。各区域每日组织各专业进行现场碰头会，对每日工作计划实施情况进行跟踪检查，梳理现场问题，及时排除影响进度的堵点、卡点和断点，做到计划任务逐日销项。

在安全生产管理方面，建立安全生产管理体系，设置了安全生产管理的监理工作组，建立以项目总监为安全生产管理生产首要责任人、总监代表分管、指定专业监理工程师具体实施、指定监理员协助及各专业组配合的安全生产管理的监理工作体系。制定了危大工程专项施工方案审查制度、监理实施细则编制制度、专项安全巡视制度、危大工程验收制度和安全档案管理制度。危大工程开工前，根据工序作业特点、环境条件、施工组织等，预判施工过程中可能存在的安全风险，制定安全管控对策，编制危大工程检查验收清单，指导现场危大工程的监理检查验收实施。

4.4.4 方案审查，专项巡视

充分了解危大工程施工的周围环境，熟悉设计图纸和地质勘查文件，了解危大工程所处区域的水文和地质条件，实地核对周围管道、管线、建筑物、构筑物等技术参数。总监组织各专业监理人员对危大工程专项施工方案内容完整性、针对性和程序性进行审查。重点审查专项施工方案在质量安全生产管理体系的建立、工程施工危险源分析、专项施工方案计算书和验算依据是否与图纸一致、是否违反强制性标准、方案审批流程是否符合程序性要求等。对于超过一定规模的危大工程，由总承包单位组织专家论证，论证前由总监经公司专家顾问组进行审查，通过后方可报送专家组进行论证。

委派专职人员进行专项巡视，按照实施细则制定的巡视频次、巡视要点和工作方法进行全面巡视，要求巡视记录位置明确、内容全面、结果具体、签字及日期完整。通过安全专项巡视，安全组共下发了93份安全整改告知单，及时指出施工现场存在的安全隐患，及时要求整改消除，制止了施工单位在施工中的冒险性、盲目性和随意性。

4.4.5 服务保障，政府认可

G20杭州峰会期间，项目监理机构全身心、全天候、全协同、高质量地完成了G20杭州峰会服务保障工作，做到了安全可靠，万无一失。包括：

与投入峰会服务保障的各单位建立有效的沟通协调机制，确保信息流通顺畅，信息反馈及时准确；参与各相关保障单位针对场馆运行可能出现的各类问题编制问题清单及应急预案，提前演练，做到万无一失；安排原班监理人员参与场馆机电系统24小时运行的监控、巡查，做到信息第一时间到达相关保障单位；熟悉场馆空气效果监控及调控设备的运行状况，配备专业检测设备对场馆内常规有毒有害气体及空气中异味进行24小时定时监测与及时处置。

公司因此荣获杭州市人民政府授予的“G20杭州峰会服务保障突出贡献奖”奖牌。

4.5 科技引领，创新提升

在监理实施过程中，以母公司的科技创新力量为依托，会同总承包单位或独立研发多项实用新型专利，主要有：弧形水泥砂浆专用抹具、现浇楼板混凝土厚度控制测量器、室内便携式电焊条筒、钢筋直径专用测量工具、圈梁钢筋辅助绑扎工具等。这些实用新型专利均获得国家知识产权局颁布的实用新型专利证书，在质量控制过程中得到了应用，效果良好。例如，使用现浇楼板混凝土厚度控制测量器，有效地控制了大面积混凝土楼板浇筑厚度和表面平整度；使用弧形水泥砂浆专用抹具，有效地控制了防水卷材基层的阴阳角圆弧度，保证了阴阳角处防水卷材的铺贴质量。同时，本工程的监理实践，为公司牵头进行浙江省工程建设标准《建设工程监理工作标准》2014版的修订，提供了重要的素材。

4.6 功成有我，不负匠心

项目监理机构严格执行国家及地方相关质量标准和规范，采用先进的工程质量控制技术和管理手段，确保工程质量达到高标准要求，工程最终荣获了2015年中国钢结构金奖、2016～2017年度中国建设工程鲁班奖、2018～2019年度国家优质工程金奖、第十六届中国土木工程詹天佑奖等奖项。

项目监理机构始终坚持“安全第一、预防为主”的方针，对施工现场的安全生产与文明施工进行常态化、精细化管理，有效预防了各类安全事故的发生。工程先后荣获2013年“第三批全国建筑业绿色施工示范工程”、2014年“贯彻实施建筑施工安全标准示范单位”及2015年“AAA级安全文明标准化工地”称号。

5 启示

5.1 运用系统思维拓展监理工作思路

本工程监理服务团队自始至终将系统思维作为开展监理服务的工作原则，以工程建设目标为核心，以更大的格局，拓展监理工作思路，赢得了建设单位的信任和支持。

监理工作的系统思维，是以全生命周期项目管理的视角关注项目建设全过程，从全局考虑如何使项目的价值最大、质量最优、效益最佳。在工程建设项目的全生命周期中，投资决策、建设实施和运营维护三个阶段之间存在着紧密的关联和承接关系，是一个有机整体。这就表明，做好施工阶段的工程监理服务需要立足项目全生命周期，从项目管理的整体出发来研究组成系统整体的各项管理活动的相互关系，将各项管理活动作为相互关联、相互制约、功能协同的过程组成的系统来理解和管理。基于系统思维提供的监理服务，与传统的“碎片化”咨询服务有本质区别。它以实现项目整体价值为最终目标，来思考监理服务的运作；它要突破施工阶段监理的业务边界，并系统考虑局部与整体的有机联系，来实现与其他咨询服务要素的融合；它以协同一致的工作标准，并统筹考虑与其他咨询服务的联系，来完成监理服务成果的交付。系统思维是做好当前市场高质量监理服务的必要前提。

5.2 延伸设计管理增加监理工作价值

项目监理机构依托公司及其母公司的人才、技术、管理优势，将原本局限于施工阶段的监理服务向前延伸，主动开展设计管理工作。设计工作是投资决策阶段工程建设的桥梁和纽带，承前启后，前端承接投资决策成果，体现投资意图，后端决定营造标准，控制工程施工，是工程建设目标能否有效落地的关键环节。本工程监理团队充分认识到设计管理的重要性，尽管本工程的施工图设计在监理进场前已经完成，仍然主动延伸服务，积极协助建设单位开展监理委托合同之外设计管理工作。通过设计管理实践，公司建立了以设计管理为支撑的监理服务模式，培养了一批懂设计的监理骨干和懂监理的设计骨干，为公司后续开展全过程工程咨询业务和代建业务储备了一批复合型技能人才。

5.3 拓展管理模式提升监理工作成效

在本工程监理过程中，项目监理机构得到了建设单位的充分信任，深度参与了项目管理工作。在工程开工之前，项目监理机构主导编写了《杭州国际博览中心项目管理纲要》，为工程建设管理各项工作的顺利实施奠定了坚实基础。在工程实施过程中，项目监理机构代表建设单位负责协调设计单位在工程实施阶段的配合工作，协助建设单位开展甲供材料、设备的采购招标。通过实施管监一体化管理机制，集成建设单位的项目管理和监理单位的项目监理管理资源，在工作上形成互补，充分融合，沟通顺畅，决策迅速，提高了工作效率。监理人员由乙方思维转变为甲方思维，主观能动性得以充分发挥，使监理活动真正成为建设单位的项目管理活动，提高了监理工作的权威性和执行力。

（主要编写人员：黄啸蔚　杨新宇　叶丽宏　丁继财　李英军）

匠心监理　筑国之“尊”

——CBD核心区Z15地块项目（中国尊）工程监理实践

1　工程概况

1.1　工程规模

CBD核心区Z15地块项目（简称“中国尊”）是中国中信集团总部大楼，位于北京市中央商务区（CBD）核心区Z15地块，占地面积11478m²，总建筑面积43.7万m²，其中地上35万m²，地下8.7万m²，建筑总高528m，建筑层数地上108层、地下7层（不含夹层），集甲级写字楼、会议、商业以及多种配套服务功能于一体。总投资约260亿元，其中建安工程投资约60亿元。建筑外形仿照古代礼器“尊”进行设计，是8度抗震设防烈度区首座高度超500m建筑，无论是“中国尊”的外形，还是竹编的机理，抑或“孔明灯”及CBD核心之门户整体城市设计的空间意向，无一不在说明这是一座源于中国文化、立足于中国首都、体现北京未来的新建筑。工程实景图如图1.1所示。

图1.1　工程实景图（从北向南看）

1.2 实施时间及里程碑事件

中国尊工程2013年7月29日正式开工；2018年12月完工，建设单位颁发初步接收证书；2019年11月22日完成竣工备案。主要里程碑事件见表1.1。

项目主要里程碑事件表 表1.1

序号	日期	项目内容
1	2013年7月29日	工程正式开工
2	2013年12月31日	工程桩施工完成
3	2014年4月27日	基础底板混凝土浇筑完成
4	2014年12月10日	地下结构施工完成
5	2016年8月18日	主体混凝土结构高度成为北京第一高
6	2017年8月18日	主体结构全面封顶
7	2018年6月15日	主体结构验收完成
8	2018年9月19日	幕墙外立面全部封闭
9	2018年12月5日	工程竣工预验收完成
10	2018年12月19日	消防验收完成
11	2018年12月27日	五方验收完成
12	2019年11月22日	竣工备案完成

1.3 建设单位及主要参建单位

中国尊工程建设单位为中信和业投资有限公司，设计单位为北京市建筑设计研究院有限公司，勘察单位为北京市勘察设计研究院有限公司，监理单位为北京远达国际工程管理咨询有限公司，施工总包单位为中国建筑股份有限公司–中建三局集团有限公司（联合体），机电总包单位为中建安装工程有限公司。主要参建单位如图1.2所示。

1.4 工程获奖情况

中国尊工程相继获得北京市结构长城杯金奖、建筑长城杯金奖、中国钢结构金奖2018年度杰出大奖、中国安装工程优质奖（中国安装之星）、鲁班奖、国家优质工程奖金奖、中国土木工程詹天佑奖，斩获国家级工程奖项大满贯。主要获奖

建设单位：中信和业
设计总包：北京市建筑设计研究院
KPF
中信建筑设计研究院
奥雅纳
柏诚（亚洲）
23家专业设计顾问
监理单位：远达国际
施工总承包：中国建筑—中建三局（联合体）
土建自施
桩基专业分包
钢结构专业分包（制作、安装）
幕墙专业分包
装饰专业分包
景观专业分包
交通、标识专业分包
公共资源专业分包
（塔式起重机、施工电梯、脚手架）
机电总承包：中建安装
给排水专业分包
强电专业分包
暖通专业分包
室内照明专业分包
冷源工程专业分包
智能化工程专业分包
消防专业分包
外电源专业分包
夜景照明专业分包
热力专业分包
甲指分包
电梯专业分包
擦窗机专业分包
勘察单位：北京市勘察设计研究院

图1.2 主要参建单位

情况见表1.2。

主要获奖情况表　　表 1.2

序号	获奖名称	年度
1	第二十届第一批中国土木工程詹天佑奖	2023
2	国家优质工程金奖	2022～2023
3	中国建设工程鲁班奖	2020～2021
4	中国安装工程优质奖（中国安装之星）	2021～2022
5	北京市建筑长城杯工程金质奖	2019～2020
6	中国钢结构金奖杰出工程大奖	2019
7	北京市结构长城杯工程金质奖	2017～2018
8	建设工程项目施工安全生产标准化建设工地	2017

2　工程监理单位及项目监理机构

2.1　工程监理单位

北京远达国际工程管理咨询有限公司成立于1995年，是中国五矿下属的全资工程咨询企业。国家高新技术企业，具有工程监理综合资质、工程咨询甲级资信。远达国际以承揽“高、大、精、尖”的工程咨询服务闻名于业界，服务的众多项目荣获中国建设工程鲁班奖、中国土木工程詹天佑奖、国家优质工程奖、中国建筑工程钢结构金奖数十项，省市级优质工程等百余项，多年来，连续被行业及协会评为“诚信监理企业”“优秀监理企业”“全国建设监理工作先进单位”“中国建设监理创新发展20年工程监理先进企业”等。

2.2　项目监理机构

公司组建了“决策层和实施层”项目监理机构两级管理体系，按照“总经理负责，指挥部督战，项目监理机构主战”的原则，分层级设置，精心挑选，构建以指挥长领导、总监为核心、总监代表为关键、专业监理工程师为主要人员的监理组织体系。项目监理机构组织图如图2.1所示。

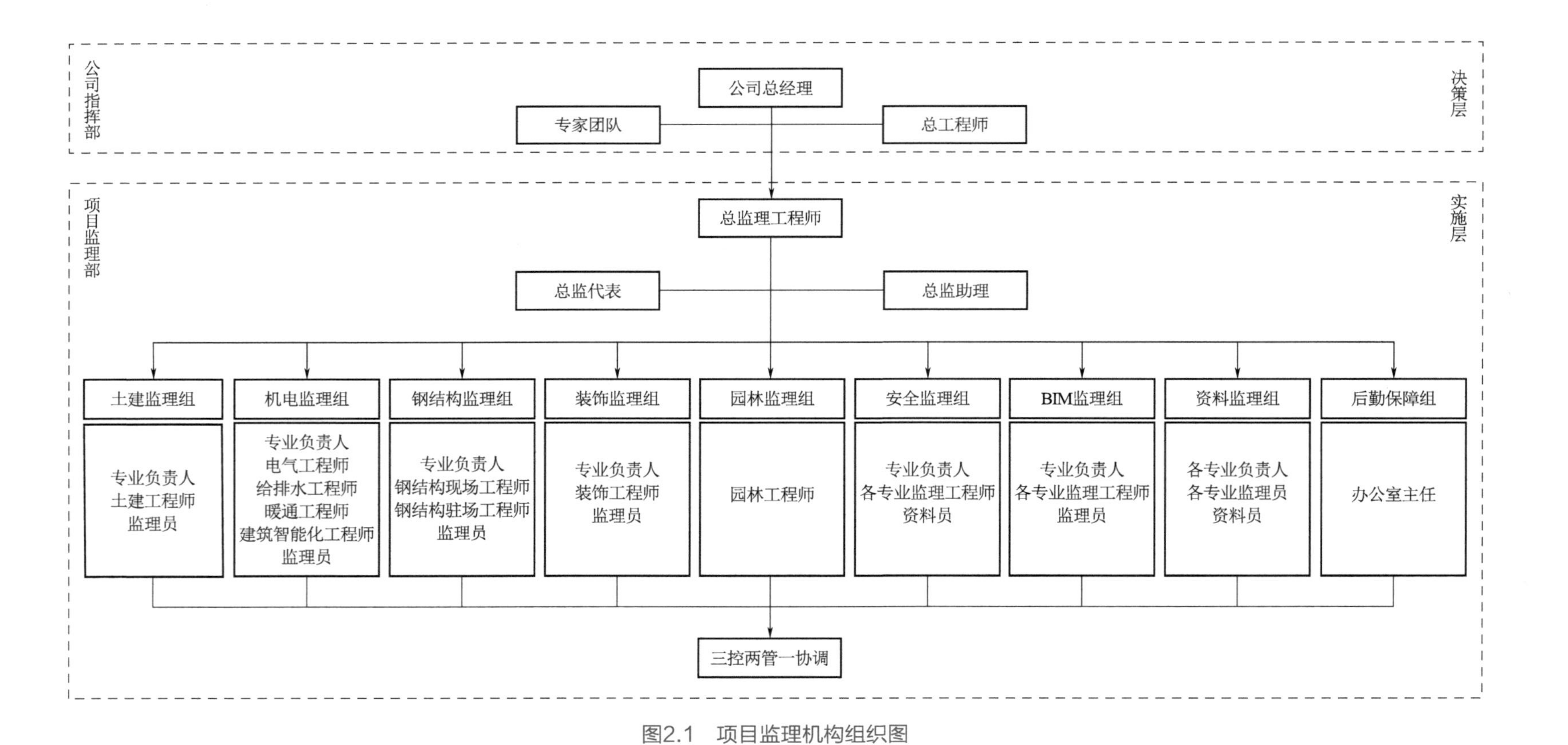

图2.1　项目监理机构组织图

3 工程特点及监理工作重难点

3.1 工程特点

中国尊作为北京第一高楼，不仅刷新了北京城市的天际线，是一座极富特色的现代化建筑。中国尊工程具有建设区位特殊（零场地）、建筑超高、基坑超深、底板超厚、外形特殊（上下双曲面）、工期紧（合同工期62个月）、工程质量目标要求高（鲁班奖）、工程规模大、机电系统复杂等诸多特点，在建设过程中创造了多项世界之最及国内之最。

特殊区域建造标准高：作为全球第一座在地震烈度八度设防区建造的超过500m的摩天大楼，中国尊单体钢结构巨柱最重达47t，构件截面最大超过60m^2，每个结构层用钢量相比同类超高层项目高出30%以上，总量超过13.5万t。大厦底板钢筋用量超过2万t。

特色施工技术应用广：项目使用了超高层建筑智能化施工装备集成平台系统，平台操作面积超过1800m^2，最大顶推力达4800t。充分利用平台封闭的立体空间同步进行钢结构吊装、焊接、钢筋绑扎、混凝土浇筑、预留预埋等工序。平台创造性地实现了两台M900D塔式起重机与钢平台的高效融合，是技术国际领先，世界房建施工领域面积最大、承载能力最强的顶升模架体系。在全球首创服务高度超500m的跃层电梯，运行速度由普通施工电梯的每秒1m提升至4m。运载效率是常规施工电梯的十二倍，安全高效地解决了超高层建筑垂直运输瓶颈问题。首次将正式消防系统在结构施工阶段临时使用，使部分正式消防提前施工，实现临时消防系统和正式消防系统的无缝转换，避免临时消防拆除期间消防保护的空白期，确保了全周期的消防安全。机电工程中破解建造摩天大楼的关键技术，创造性使用了中国制造的永磁同步变频双工况冷水机组、采用装配式预制立管、超高层高压垂吊式电缆、新型窗台一体化风机盘管、变风量空调等先进技术。BIM技术深入应用于建设全过程，通过超精度的深化设计、超难度的施工模拟、超体量的预制加工、全方位的三维扫描等深度应用，实现了工程的全关联单位共构、全专业协同、全过程模拟、全生命期应用。

3.2 监理工作重难点

3.2.1 建设工期短，进度控制要求高

中国尊工程工期短，合同工期仅为62个月，比同类工程快1～2年。如何在如此短的时间内实现工程建设目标，不仅对施工单位的施工组织及保障提出了巨大的考

验，也对监理单位在工程协调、进度管控方面提出了极高的要求。

3.2.2 大体积混凝土施工，管控有难度

超深超厚大体积混凝土底板：项目深基坑东西长约136.1m、南北宽84.2m，局部集水坑最深达40m，底板施工总面积约1.1万m^2。基础筏板中塔楼底板厚度6500mm，纯地下室部分底板厚度2500mm，两者间过渡区底板厚度4500mm。混凝土底板混凝土量共计约62000m^3，混凝土强度等级C50，抗渗等级P12。

钢筋特殊且密集：项目基础筏板钢筋在国内设计首次采用HRB500级直径40mm钢筋，其中上铁钢筋8层、下铁钢筋20层，中间采用型钢支撑架。现场“零”场地，筏板钢筋实施场外批量加工场内同步安装的方法，最终用时50天就完成了钢筋绑扎工作。

大量钢结构地脚锚栓预埋：巨柱及翼墙底部的M70高强锚栓、翼墙及核心筒钢板墙底部的M50高强锚栓及核心筒与巨柱之间立柱底部的M30普通锚栓组成，为保证2138根锚栓能够准确、安全地安装施工，采用了“可拆装整体式锚栓套架安装技术”，历时10天即顺利完成165个锚栓套架的安装，总计起吊次数253次，仅为逐根安装法起吊次数的11.8%。

底板混凝土浇筑难度大：工程现场“零”场地却要浇筑62000m^3混凝土，必需全面协调。为保证顺利浇筑，基础筏板分三段浇筑，其中第三段为塔楼区6500mm厚区域及过渡区4500mm厚区域的56000m^3的筏板基础也是施工难度最大、社会影响复杂的一段。

3.2.3 钢结构量大，制安监管有难度

中国尊工程钢结构总用钢量约13.5万t，其中地下室用钢量1.5万t，地上结构用钢量12万t。结构复杂，构件制作、安装难度大，项目结构形式为巨型框架支撑+型钢混凝土核心筒，复杂的多腔体巨型柱+超长、超厚钢板剪力墙构件。构件加工难度大、高空原位拼装精度要求高、运输变形管控要求严及现场焊接变形控制难。构件制造厂家多，标段衔接复杂，构件制作按区段加工，共有4家制作厂，每家单位的构件制造和发货运输需紧随工程进度，否则将严重影响现场流水施工进度，极大地考验着项目监理机构对各制作厂家的生产加工、运输的综合协调。深化设计和制造加工环环相扣且专业交叉内容多，为保证现场进度，加工厂环节的深化设计和制造加工必须充分考虑构件分段分节尺寸、分段位置、混凝土流淌孔位置、顶升钢平台承力件设置、巨柱下人孔尺寸等施工因素，还需考虑机电、幕墙等专业的预留洞口和预埋件的小件样式多、安装精度高的特殊要求。

3.2.4 异形幕墙安装高要求，精准控制有难度

中国尊外立面并非一个等截面的筒体，纵向从底部到中部截面收缩再扩展的变化过程，幕墙装饰面随主体结构造型相应变化，外幕墙从图纸深化到施工安装幕墙空间定位复杂、安装难度较高。中国尊幕墙采用单元体形式进行加工及安装，标准层由64块铝板幕墙单元体及128块玻璃幕墙单元体组成，由于外立面整体呈曲面收缩形式，造型独特，每种规格单元体仅4块相同，为确保每块单元体安装精度符合设计要求，对下料、加工、组装精度要求极高。

3.2.5 机电、空调系统复杂，选型、安调有难度

超高层机电设备系统选型难度大，现行技术标准、规范、技术规格书只是机电设备选型的重要参考，还必须从总体工艺、总体布局对设备进行工艺材料选择、加工工艺选择、各系统的匹配程度复核、结构合理性复核、电气及控制设计适用性、可靠性复核才能选择出适合中国尊的最好的机电设备。通过对不同供应商的设备进行综合评比并结合投资、工期、费用、维保等多方面经济对比，并经专家论证才能确保机电设备满足工程安装要求。满足费用合理、工期合适、运行费用相对较低的工程总体目标是监理工作的重点。

机电系统复杂，成品保护难度大，中国尊机电工程需安装设备21000余套、水管34万m、风管27万m^2、桥架13万m、型钢1200t，施工过程长、二次搬运、安装量大。项目从机电预留预埋到竣工验收历时4年半，地下环境潮湿，大量施工成品及半成品存在于潮湿及露天环境下；是国内超高层建筑地下室层数最多的项目，8层（7层和一个夹层），最低标高-35m，B4～B7层是防腐施工重点，需要进行防腐质量控制的材料、设备品种多、种类多，没有完全适用的防腐工程标准。

设备众多，调试难度大，2018年机电工程进入全面调试阶段时，正式供电40900kVA容量无法接入，只能采用临时供电，临时供电容量能否同时保证钢结构施工、精装施工、跃层电梯运行、临永消防运行及设备调试用电，必须保证24小时供电，超高层建筑临永供电方案没有先例可查。

空调系统综合技术复杂，系统冷源采用制冷主机上游+蓄冰槽下游串联内融冰形的冰蓄冷系统，空调热源由市政热网提供。空调末端系统主要有循环通风空调系统、不带末端的区域变风量系统、普通全空气系统、风机盘管+新风系统、排风余热回水系统、多联机空调系统、地板辐射采暖系统等常规空调系统；地上标准层、办公层、会议室、餐厅的幕墙周边区为风机盘管空调系统，内区为带末端装置的变风量空调系统，涉及多个针对项目特点与要求的关键技术的突破，专业监理工程师现场巡视与检查验收工作量大，技术与协调水平要求高。

4 监理工作特色及成效

4.1 监理工作标准化

中国尊品质要求高，监理范围广，工作内容复杂，项目监理人员众多，能力水平参差不齐，如果没有一个统一的监理工作标准，监理工作完成的质量将会大打折扣，由此，项目监理机构开展了系列监理工作标准化建设。

工程管理制度化：项目监理机构根据中国尊工程特点及工程实际，会同建设单位、施工单位制定了项目质量、安全方面20项管理制度，保证工程管理有据可依。

制度标准化：通过完善的制度体系来明确项目的工作标准，项目监理机构形成日报、周报，按时发给建设单位，以便建设单位随时了解掌握监理的工作情况。

标准流程化：通过梳理标准，形成监理工作流程化，公司为项目上配备了监理文件工具包，包括各种监理工作范例，满足项目需要，提高了项目工作效率。监理文件工具包内容如图4.1所示。

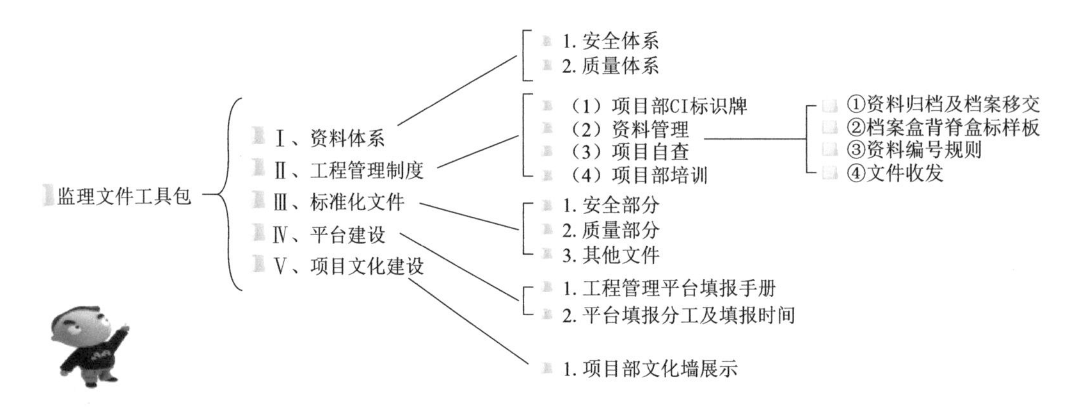

图4.1 监理文件工具包内容

流程清单化：将监理工作表单化，采用表单规范项目监理工作，更有针对性，大大提高监理工作水平和效率。

清单可视化：将监理工作行为可视化，指导项目不断改进监理工作行为，提高监理工作的标准和质量。监理工作行为可视化如图4.2所示。

4.2 监理工作精细化

4.2.1 动态管理，把控工期

进度–投资双控制：工程建设过程中，项目监理机构对施工进度计划的实施一直采用时间–投资累计曲线双控制措施，施工形象进度与投资总体成正比关系，通过对两者的完成情况进行对比分析，可以很快地发现进度计划实施过程中存在的问

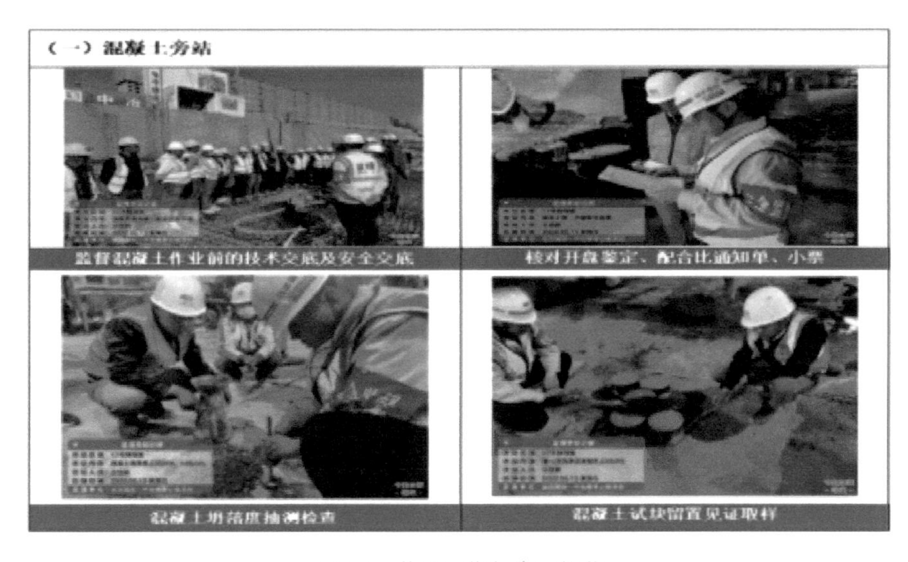

图4.2　监理工作行为可视化

题，及时采取纠偏措施，确保总体进度按计划的推进。以图4.3、图4.4为例，2015年中国尊工程在地上主体结构初期，因顶升钢平台组装、钢平台使用不熟练等影响因素，造成施工进度放缓。通过表格中1～3月份的统计数据与折线图走向进行对比，发现投资比例较工期完成比例偏低，发现问题后及时在监理例会提出等方式做出预警，要求针对后期施工采取如增加熟练工人、缩短工序间隔时间等措施，周、月进度逐步加快，随着工程量的产值增加，投资逐渐上升，施工总体进度得以按时推进。

“交安交装”保障项目如期交付：“交安交装”的监理工作，是指项目在装饰-机电施工阶段，为加强各专业分包之间的协调配合，由建设单位牵头组织总包单位及各专业分包单位编制阶段性施工进度计划，并进一步细化至每日应完成的工序交接活动，经由项目监理机构对该进度计划安排审批通过后，报送建设单位备案，形成《交安交装工作计划》，以确保编排的工序交接时间和进度计划目标实现。

月份	产值（万元）	产值完成比例	工期	工期完成比例
1	2493.53	0.66%	43	3.11%
2	3671.61	0.97%	71	5.14%
3	5533.45	1.47%	102	7.39%
4	13769.66	3.65%	132	9.56%
5	16967.70	4.50%	163	11.80%
6	19941.69	5.29%	193	13.98%
7	31151.89	8.26%	224	16.22%
8	35747.08	9.48%	255	18.46%
9	45347.08	12.03%	285	20.64%

图4.3　2015年项目投资完成表

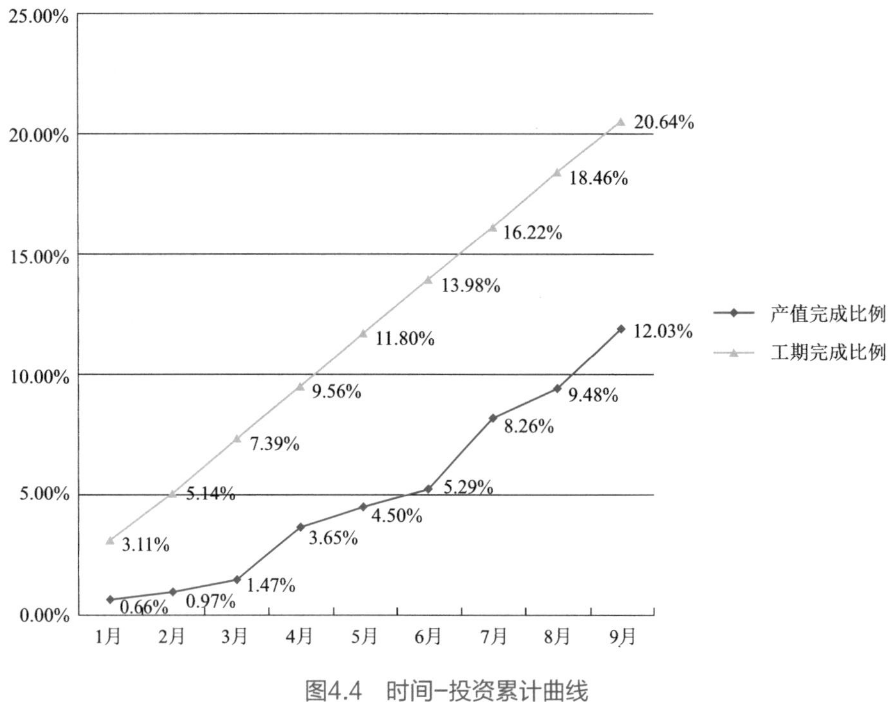

图4.4　时间–投资累计曲线

创新性地建立交安交装管理工作制度，一是在开发建设后期，项目每天的财务成本超过400万元，因此在确保安全和品质前提下，建设单位对总工期目标的实现不容有误；二是针对以土建结构和装修工程施工为核心业务的“施工总包”难以有效协调、管理机电工程的分包，建设单位实施施工总承包和机电总承包的“双总包”施工并行推进管理模式。

自2017年9月至2018年8月期间，项目监理机构安排专人组建专项管理小组，检查“交”和“安”过程质量，并负责《交安交装工作计划》执行过程中的监理复核、统计、汇报工作，每月形成《交安交装工作月报》上报建设单位，在参建各方的月度调度会上予以通报，并按照《交安交装计划奖罚管理办法》对“双总包”单位提出建议性奖惩措施。

通过上述措施，项目监理机构协同各参建单位一起稳步推进项目实施进度，从项目开工到竣工实际用时65个月，实现了合同工期62个月的进度目标（2014年APEC峰会、2015年阅兵、2019年阅兵各影响1个月，不计入合同工期）。

4.2.2　大体积混凝土施工，严把质量关

强化施工方案：为解决在CBD核心区狭小场地深基坑浇筑混凝土的难题，联合4家混凝土搅拌站对基础底板施工进行详细规划，充分利用周边管廊布置泵管及场内交通线路，使用“溜槽+串管”的施工方法。现场共计布置了4套溜槽、2套串管，

结合16台车载泵和2台汽车泵，同时划分2个阶段进行混凝土浇筑，连续93小时完成了56000m³混凝土浇筑量，平均每小时浇筑混凝土602m³，在当时创造了北京市一次连续性浇筑混凝土的新纪录。混凝土浇筑前现场准备工作如图4.5所示。

图4.5 混凝土浇筑前现场准备照片

提前介入大体积混凝土施工前期工作：本工程基础筏板一次性混凝土浇筑量巨大，混凝土供应单位多，混凝土内外温差大，造成质量控制难度增大。对此，项目监理机构结合中央电视台、北京电视台新台址、国贸三期等周边项目的超高层基础底板的监理工作经验，提前6个月介入大体积混凝土的试验试配工作，通过对6组不同混凝土试配的持续跟踪试验结果，根据相关规范及技术规程对原材料选择、最优配合比试验、相容性试验，以及混凝土强度试验、绝热温升及收缩试验等内容，提出混凝土性能要求。

制定大体积混凝土浇筑准备工作联合检查内容一览表：从专业验收、安全文明措施、物资准备、成品保护、技术交底5大项52小类的内容逐一销项检查，分别明确施工单位和监理单位职责分工精确到人，确保浇筑工作万无一失。

旁站监理扎实到位：根据不同阶段的混凝土浇筑施工，强化监理人员工作纪律，针对旁站记录的正确书写，混凝土坍落度、车辆进出场时间，见证试块频次等工作内容，细致地开展监理内部交底工作，规范监理人员工作水平。对于连续浇筑93小时，总量达56000m³的混凝土施工旁站，集全公司力量，组建了57次的专项监理旁站团队，监理人员标准统一、每车必测、人不离岗、严把质量、如实记录、严格把控。

4.2.3 钢结构工程，现场、驻厂监理严把控

在钢结构监理组的基础上成立专项驻厂监理工作小组，根据现场施工进度实际

开展情况，选派多名钢结构监理工程师开展驻厂监造工作，以制作厂的生产加工作为钢构件的质量控制重点，除开展常规质量监造工作外，展开具有中国尊工程监理特色的工作。钢结构专业负责人定期参加深化设计及加工制造协调会，对各制造厂的原材料采购数量、材料复试统计、构件加工进度、构件加工质量进行阶段性总结与点评。同时将各专业隐蔽验收过程中发现的问题反馈给图纸深化设计单位，并根据结合以往监理工作经验提出设计优化意见，强化施工质量管控。例如建议将钢构件上的钢筋连接套筒优化为钢筋搭接焊板，保证结构受力要求的同时，提高施工效率。

驻厂监造规范化：每日记录监理监造工作日志，详细汇报构件加工的质量控制和进度计划，并通过QQ传至钢结构专业负责人，使加工厂与施工现场保持信息畅通。定期提交构件制造厂的加工过程质量控制资料，并对驻厂监造过程中发现的质量通病问题向钢结构专业负责人说明，反馈至总包单位并要求其加强对加工厂的质量管理。钢结构专业监理负责人协调建设单位、总包单位、安装单位定期赴制造厂共同检查，抽查构件加工质量、实际加工进度，并检查较为复杂的钢构件加工质量交底记录，充分做好质量监督职责。定期召开钢构件加工质量分析会，统一驻厂监理的钢构件出厂检验标准，同时项目监理机构要求驻厂监理每三个月在不同加工厂之间轮岗，通过对加工质量的横向对比，确保不同加工厂制作的钢构件能够做到开孔一致、坡口一致，满足现场施工要求。规范钢构件出厂验收流程，提出“四方会签验收制度”。每件钢构件在出厂前需经驻厂监理工程师、总包单位驻厂人员、厂家质检员、第三方检测机构组成的联合验收，合格并经四方人员签字后方可出厂运至现场。签字手续齐全的钢构件进场后由现场监理工程师在运输车辆上进行钢构件检查，检查是否有因运输因素导致钢构件变形、损坏，发现不合格者立刻要求退场返修，减少装卸环节。

编审专项预拼装方案：对于较为复杂结构或关键桁架节点等部位，项目监理机构要求制造厂编制专项预拼装方案报审，并通过模拟预拼装和实体预拼装确认构件加工质量和加工精度。当构件进行实体预拼装时，建设单位、监理单位、总包单位、安装单位还要共赴制作厂开展验收工作。

4.2.4 异形幕墙施工，协同、检查双控并举

建立深化设计协同机制：通过深化设计例会制度，加强对幕墙深化设计的审核，要求幕墙设计与钢结构深化设计采用BIM技术同步协作进行。通过协同设计工作的不断推进，在BIM模型中幕墙与主体钢结构的每一个连接点均预先进行精确定位，为后期现场测量定位、高精度单元体板块加工奠定基础。

检查前移到幕墙单元板块加工厂：单元式幕墙现场仅仅是安装，所有的材料

组装都在幕墙加工厂进行，为确保幕墙单元体板块及相关材料的品牌、规格、型号、质量符合设计图纸、技术规格书及合同要求，同时提高进场验收合格率，节约材料占用场地时间，配合施工总包单位合理运用有限施工场地，紧抓进场材料质量的同时，加强预控，坚持每周2次前往幕墙加工厂进行过程检查。每次检查均据实编制巡检报告，上报建设单位并督促施工单位整改。通过加强对幕墙物资进场的监督预控监督管理，确保了幕墙到现场的单元板块所使用材料100%符合技术规格书要求。

实施销项管理，做好验收前销项：在幕墙施工后期，为了全面、科学、合理地开展工程质量验收，确保施工质量符合设计标准和要求，项目监理机构在幕墙整体施工进度完成约80%时对幕墙质量开展整体销项工作，梳理幕墙系统因交叉作业、成品保护不到位及施工单位自身等原因导致的质量缺陷。现场8个区段巡查出质量缺陷问题主要集中在钢件表面损伤、胶缝损伤、焊接防腐措施不到位、不锈钢损伤、石材损伤、玻璃损伤、防雷接地措施不到位、型材铝板损伤等12类问题。项目监理机构结合各楼层幕墙平面图准确标注各问题位置，分区段编制《幕墙遗留问题检查报告》，总结项目幕墙质量缺陷问题共3307条，以此为依据要求幕墙施工单位逐条落实整改，整改后项目监理机构逐个复查，通过后进行销项，并每月向建设单位汇报销项进展。

4.2.5 机电、空调设备系统施工，抓重点、细检查

强化机电选型论证：先后组织18次重要机电设备的专家论证，对冷冻机组、柴发机组、变频器、高压电缆、火灾自动报警系统进行了工厂验证。通过厂验核对技术规格书、论证意见完成了相关设备的工厂见证报告，对机电工程所采用的设备设施提出监理意见。

制订防腐验收标准：组织施工单位根据不利因素对项目机电工程防腐施工的影响程度进行防腐等级划分，制定全面覆盖项目防腐要求的防腐参考标准，再审查施工单位编制的防腐施工方案，组织制订防腐验收标准；全程检查、验收材料、设备防腐执行标准的情况。防腐要求如表4.1所示。

中国尊重防腐区域机电工程镀锌材料 / 设备的防腐要求　　表 4.1

序号	名称	技术要求	施工图要求	加强措施	监理检验方法
1	热浸镀锌管道	760g/m²	无	760g/m²	镀锌测厚检测
2	热浸镀锌桥架	760g/m²	无	760g/m²	镀锌测厚检测
3	热浸镀锌风管	120g/m²	无	275g/m²	镀锌测厚检测

续表

序号	名称	技术要求	施工图要求	加强措施	监理检验方法
4	热浸镀锌螺栓件等	无	无	45μm	称量法、送检
5	热浸镀锌扁钢	无	无	55μm	镀锌测厚检测
6	热浸镀锌圆钢及通丝	无	无	45μm	称量法、送检

强化临永供电管理：与施工单位共同精确统计、计算各类用电设备功率，进行均衡分区、分配；针对供电安排，提前验收的供电设备涉及3个高压和19个低压配电室，电气高压、低压柜、变压器、电气二级柜3093台；落实安排各类机电设备的单机调试时间，协调各类施工用电时间；组织施工单位根据需求编制临永供电方案、监督施工单位对供电管理人员进行场内培训，场内考试，臂证上岗；采取“检查三结合”的办法，即巡查、综合检查、专项检查三结合，总包、分包、监理三结合，协调各项供电切换及供电安全检查；项目机电安装工程使用临时供电2254kW加5台正式供电柴油发电机9500kW，顺利完成了全部机电安装工程的单机调试、区域联动调试和重要设备机组的负荷调试。

抓参数、抓方案、抓调试，确保空调系统质量：全过程参与空调系统工作各项环节，无论前期设计、设备采购、还是过程施工以及后期调试，针对每个环节从监理角度提出相应意见，达成一致后坚决予以落实，保证各环节无问题。暖通系统关键在节能，落实暖通体系各个子项目时，梳理系统和技术参数这两个重要因素，以保证符合设计要求及节能系统的完整性。把设备选型作为监理工作的重要管理内容，按照中国尊工程设备品牌管理办法，按要求对A、B、C三类，用专业和负责的态度将品牌排名推荐给建设单位。重视施工方案的实施，加强过程的跟踪检查，做到落实基本工艺、发现过程问题、督促解决难点环节。项目每项创新技术的研发，汇聚着所有参战人员的心血，实施落地依赖于施工方案不打折扣地完成，监理的全程跟踪与检查至关重要。以样板段为尺度跟踪调试过程，调试是检验工程设计质量和施工质量的重要环节，项目监理机构根据中国尊工程10层和11层样板层施工段，跟踪单机调试、风水系统平衡调试、BA系统调试、联动调试等多个环节经验，形成样板层调试报告，从而督促施工单位层层分解调试目标，最终达到总体调试目标和效果，为项目最终全面调试提供有力保障。

强化预制立管安装管控：针对预制立管安装施工，成立预制立管安装专项管理小组，各专业协同合作，加强对预制立管安装的质量、安全生产管理工作；加大过程管理力度，预制立管加工厂内质量检查形成管道焊接及支架探伤记录220份，装配质量检查记录220份，转立试验记录220份，组合立管进场交接检查记录220份。

4.3 安全生产管理多样化

中国尊工程由于其超高层的特点，安全风险源多，管理难度大，特别是超高层具有“火、坠、飘”等突出的安全风险。“火”即是火灾，超高层一旦发生火灾基本只能靠自救，外部救援很难到达；“坠”及高坠，超高层高空坠物、坠人在所有安全隐患统计中出现频次最高；“飘”即飘洒，超高层的混凝土浇筑、钢结构防火涂料施工极易发生高空飘洒问题，往往会造成不良的社会影响及较大的经济损失。针对中国尊工程安全生产管理的特点，项目监理机构在安全生产管理方面打破常规，采取多样化的管理手段开展现场安全生产管理。

安全生产管理，全员参与：安全工作仅靠项目监理机构安全组人员是远远不够的，所以必须坚持全员参与。所有监理人员每天到现场在自己的巡视路线上要做到“五个必查”，即动火作业必查、消防设施必查、安全防护必查、工人安全行为必查、文明施工必查，及时发现并消除安全隐患。

识别风险，精准管控：针对中国尊工程超高层的项目特点，项目监理机构全面梳理识别出危险性较大的分部分项工程，严格审核专项方案，编制专项细则，做好专项巡视，用好专用表单，进行专项治理来管理危大工程。项目监理机构还编制了危大工程细则的模板和范例指导编制细则，同时还编制了危大工程专项巡视检查记录标准化手册，一共13册，涵盖了所有常见的危大工程，巡视记录表中巡视项均已列明，项目监理人员针对现场危大工程的巡视只要按照表内列项开展就能确保不遗漏。而且填写简单方便，涉及项打钩即可，发现问题在下方进行记录，督促整改形成闭环。并针对一些本项目特有的安全设施，如智能顶升钢平台、行车吊等，国家和地方均没有统一的验收标准和验收表格，项目监理机构通过研究施工方案，结合专家论证意见，制定了详细的验收标准和验收表格，确保安全设施验收合格方可投入使用，很好地保障了现场施工安全。

多管齐下，综合治理：安全生产管理工作也需要讲究方式和方法，一味地强压施工单位有时候可能会适得其反，中国尊项目监理机构在安全生产管理的过程中采取了多种多样的工作方法和手段，如每周专项治理、流动红旗评比、不合格安全设施贴条、不合格器具暂扣并由项目经理认领等，在安全生产管理方面都取得了很好的效果。

4.4 数据统计常态化

中国尊作为北京市地标性建筑，社会影响巨大。项目监理机构自组建以来，便不断思考如何让监理工作的成效具体化，真实化，以提升项目监理机构在项目建设过程中的话语权，起到积极主动的管理作用，尽职尽责地履行监理合同赋予的权利和义务。通过项目监理机构持续摸索，工作创新，总结出监理工作核心“坚持问题导向，坚持数据说话”，不断完善、提高监理工作的数据化统计，并作为一种常态工作。

在进度控制方面：项目监理机构以不同阶段的《施工进度计划》为基础，充分搜集、分析施工中的其它影响因素，将其数据化，以此为依据找出影响工程施工的重点和关键所在，以确保进度计划的实施性。例如，在基础施工阶段，通过将施工人数、施工机械的使用率、桩基日工程量、桩头剔凿数量等施工内容的量化数据进行统计，分析工程进度状况，找出影响进度的主要因素，提醒施工单位采取纠偏措施。在结构主体施工阶段，随着智能顶升平台的使用、钢结构构件的安装、劲性混凝土的成型等施工内容的增多，如果仅统计工序的施工时间，而忽略了智能平台的顶升耗时，钢构件的吊运耗时，对施工进度计划实施的分析、判断也是不完整的。项目监理机构不断丰富数据统计种类，在监理例会上为建设单位提供及时、详细的分析数据，通过各类数据的模拟推演工程实施效率，做到进度计划实施的预控管理。自2014年12月地上主体结构开始施工至2018年8月主体结构封顶，中国尊工程平均7.3天完成一个结构楼层施工。

在质量控制方面：项目进入到装饰–机电施工后，随着各专业分包的施工内容不断展开，为有效控制土建、装饰、机电、幕墙等施工过程中暴露的质量隐患，制定了一系列的“验收、奖惩、检查、约谈”等工作制度，确保工程建设过程的质量受控，离不开数据统计工作的支持。在每次监理例会上，项目监理机构都会通报本周的各专业分包的质量验收合格率、专项质量问题整改、施工进度与工序验收关系，并与上周同类数据进行对比，找准问题薄弱点并分析原因，针对性地向施工单位提出整改意见。

在安全生产管理方面：对每周组织的安全生产检查过程中发现的问题进行分类统计，一方面供施工单位销项整改，另一方面通过数据分析，找出现场安全控制重点，组织施工单位开展专项治理，集中力量督促责任单位进行整改。同时对安全设施的一次验收合格率进行分类统计，对验收合格率偏低的项目加强安全生产管理力度。

在项目交付方面：项目监理机构在竣工收尾期间组织各专业监理人员利用了2个月的时间，分区域、分楼层对现场施工质量和施工内容进行有组织、系统性的全面检查，在项目总监理工程师的指挥下，形成了监理初步验收检查材料。同时，监理人员对初步接收检查发现的3万多条问题及1万多处未完成项进行逐一销项，定期形成销项检查报告，动态跟踪施工单位对质量问题的整改情况，按时向建设单位进行汇报，保障了本项目的如期交付、投入使用。竣工收尾阶段销项统计如图4.6所示。

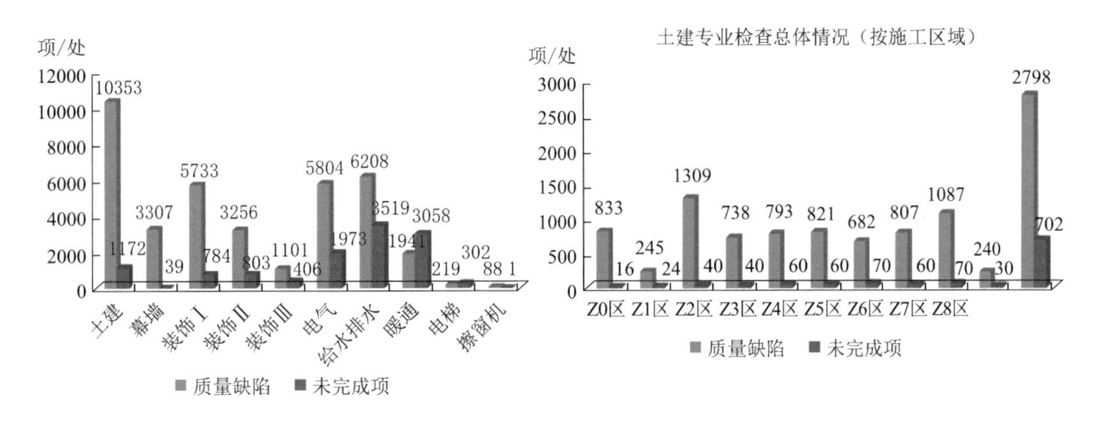

图4.6　竣工收尾阶段销项统计

4.5　监理方法信息化

中国尊工程把BIM技术深入应用于建设全过程，通过超精度的深化设计、超难度的施工模拟、超体量的预制加工、全方位的三维扫描等深度应用，实现了工程的全关联单位共构、全专业协同、全过程模拟、全生命期应用。项目监理机构在中国尊工程监理的过程中借助BIM技术，创新监理工作方法，取得了良好的效果。

4.5.1　BIM应用策划

应用BIM模型可以解决大量的碰撞问题，也解决了交叉作业中出现的问题，减少现场施工的错误，大大减少了工期的延误，对造价、质量、安全等都有着重要的意义。项目监理机构要求监理人员在技术能力上不仅要做到“知设计、会建模、懂深化、能协调”，还要求BIM监理工程师带动、指导全员会看、会用，真正把BIM应用落实。同时为了达成全员应用BIM的目标，在软硬件方面进行全面配置，配置两台工作站，每个专业一台同级别电脑，同时采购适用于项目BIM版本的正版软件，每个工程师一台iPad作为移动终端，为开展监理BIM创新应用，采购三维激光扫描仪一台。针对现场管理工作，项目BIM工程师将所有模型进行轻量化，并定期更新，各专业监理工程师可以方便导入配备的移动终端，进行模型现场使用。而模型中的信息，也会根据最新的现场需要进行新增和更新，确保模型使用的时效性和准确性。

项目监理机构根据项目特点及总体施工计划，结合建设单位要求的各阶段BIM模型质量要求，协助建设单位明确设计单位与总包单位BIM模型交接流程及模型质量审核原则、流转原则。确保总包单位顺利承接设计BIM模型开展后续工作，避免由于模型审核修改时间过长导致后续总包单位BIM深化工作的滞后及双方纠纷的产生。

4.5.2 BIM技术在项目监理中的应用

进度控制：根据总包单位提供的进度计划及里程碑时间节点，项目监理机构及时审查计划的可实施性。结合日常巡视检查、旁站监督等工作，统计、汇总现场施工实际进度情况，通过Navisworks软件进行进度模拟分析。以幕墙为例，通过将计划施工、实际施工、已加工构件、已进场构件分别赋予不同颜色进行区分，可以直观地展示进度计划与项目实际进展情况的对比，分析进度偏差与现场施工进度滞后原因，督促责任单位加强协调并落实整改，避免后续作业工期延误。幕墙实施进度BIM对比如图4.7所示。

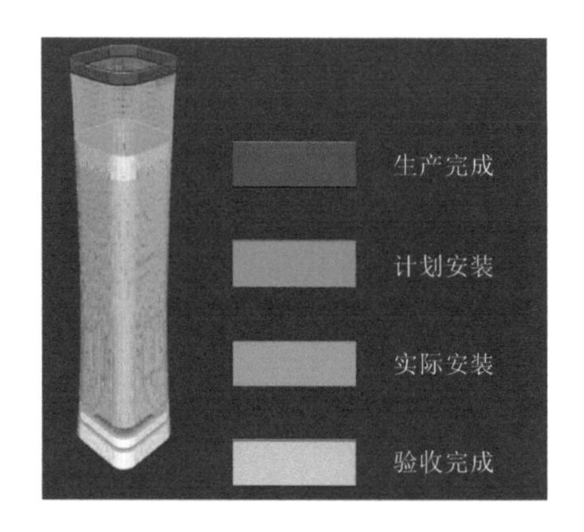

图4.7　幕墙实施进度BIM对比

质量控制：在结构质量控制方面，钢结构所有构件均采用三维设计，并且精度达到加工级别。同时将钢结构与钢筋的复杂交叉节点进行了完整模拟，在现场施工前，将节点优化方案表达在图纸中。同时深化成果直接用三维形式表现在图纸会审中，并用于三维可视化施工交底，监理人员结合BIM模型与施工图纸提前理解复杂工艺和节点，对现场质量把控及隐蔽验收起到辅助作用。在机电质量控制方面，在设计单位提供的机电模型基础上进行深化设计，利用BIM可视化的优势，在三维环境中对机电不同系统展开综合排布。深化设计过程中，制作大量的BIM构件。监理人员根据导则要求，对设备构件的命名及详细信息进行审核，在实现机电设备合理排布的基础上，还为中国尊工程后期的智慧运维提供数据基础。在装饰装修质量控制方面，针对所有楼层的地面、墙面、吊顶均制作了BIM模型构件。过程中对于吊顶吊杆、石膏板墙分缝、地板板块排布等进行统一的三维设计，并且可以直接输出综合排布图。在大堂等精装修区域，采用Rhino进行造型参数化设计，并辅助方案选型。大量异形构件可通过BIM模型直接进行工厂预制化加工。监理人员针对机电管线与吊顶吊杆的施工工序及安装间距要求施工单位提前做好碰撞分析，避免施工过程中因管线安装偏差导致吊杆无法安装的情况。在幕墙质量控制方面，由于中国尊工程幕墙独特的曲面造型，单元体加工精度要求极高，为保证幕墙异形型曲面的加工精度，幕墙构件加工直接采用BIM建模数据导入。利用Rhino软件结合钢结构节点坐标，生成幕墙曲面分隔模型和精确定位，并代入Revit软件建立幕墙加工BIM模型，同时生成施工节点详图。监理人员审核施工图纸的同时，结合BIM模型直观查看单元体细部构造，为单元板块进场验收及幕墙加工厂巡视检查起到良好辅助作用。在终端设备的使用方面，基于中国尊工程BIM模型高精细度且轻量化的特点，公司为项目各个专业配备2～3台全新的iPad，用于配合各参建方技术人员、现场质检人员对现场施工质量开展巡检工作。项目监理机构通过BIM模型对照施工图纸及现场实际情况进行核查，汇总分析问题所在，定期形成《监理BIM工作报告》并督促责任单位落实整改。项目监理机构BIM巡检及成果如图4.8所示。

北京市朝阳区CBD核心区Z15地块项目

监理BIM工作报告

（第9期）

编　制：覃庭勇

审　核：王春江

审　批：张金涛

北京远达国际工程管理咨询有限公司

北京市朝阳区CBD核心区Z15地块项目监理部

2017年7月31日

图4.8　项目监理机构BIM巡检

安全生产管理：为了规避安全隐患，要求总包单位在上报安全专项施工方案的同时，基于BIM技术制作方案模拟动画，根据上报的模拟动画审核印证方案的可实施性，并监督检查方案模拟交底情况，确保安全方案及安全意识落实到基层工人。项目监理机构监督施工方建立健全项目BIM安全族库，审核安全信息是否深入施工阶段BIM模型，在开展现场监理工作前对高危作业、临边洞口等危险位置在BIM模型中直观浏览、提前预知，对关键工序进行旁站监督，检查监督施工单位安全文明措施的落实情况，有效防止安全事故的发生，保证项目平稳进行。

深化设计：利用全专业的高精度BIM深化模型，并基于相同的标准格式，项目各专业之间的超细度综合协调可以真正做到深化设计的有效性、及时性和可实施性。在定期组织的协调例会上，针对模型中发现的问题，对比分析现场实况；针对结构专业与机电专业、机电专业与装饰专业的多轮综合协调，可以将设计图纸及模型中的错、碰、漏、缺发现并解决80%以上，有效提高深化图纸的设计质量，并保持专业间交叉部位的合理设计，减少现场拆改。基于协调专题会，监理人员针对模型碰撞发现的各类问题，督促总包单位落实各责任方按时按质整改，并对整改后的模型进行审核，确保模型的时效性及可操作性。

平行检验：项目监理机构针对BIM在监理平行检验方面进行创新应用研究，采购当时最为先进且精度最高的三维激光扫描仪，针对现场实体与BIM模型的偏差进行检测分析，运用三维激光扫描技术对施工现场实际情况进行全方位数字化采集，所得到的毫米级点云坐标数据通过软件进行后期拼接、过滤、坐标转换等处理，通过软件仅需带入4个大地坐标基准点就可与BIM模型进行拟合对比及数据测量，从而得到扫描区域的整体偏差，直观、清晰地得到现场实际与设计图纸之间的施工偏差。利用三维激光扫描仪具备全方位大面积数据采样，最高可达到每秒约1016027个点的扫描速度，数据精确性平均控制在0.5mm以内等特点，单人4小时即可完成一层平行检验工作，且得到的数据报告覆盖全部可视范围内混凝土墙地面偏差，大大提升了监理工作效率。结构实体激光三维扫描如图4.9所示。

图4.9　结构实体激光三维扫描

项目监理机构使用三维激光扫描仪辅助专业监理工程师开展现场工作，提升质量管理效率，提高项目施工质量，至项目竣工共计编制监理三维激光扫描复核报告30份。

5 启示

5.1 体系创新赢效率

超高层项目有别于一般项目，时间跨度长、技术要求高、管理难度大，项目监理机构的组织架构需适应超高层的管理特点，分阶段组织不同专业监理人员进场。在中国尊工程，项目监理机构的组织架构除常规的总监→总监代表→专业监理组架构外，还专门设置了总监助理、资料组等特殊岗位及部门。总监助理有别于总监代表，主要作为大项目总监的助手，协助总监对项目内业资料、后勤保障、人员考勤、对外联络宣传等方面开展工作，把总监从这些繁琐的行政事务中解放出来，更好地开展现场监理工作。

一般项目通常配备1、2名监理资料员即可，但在中国尊工程，仅资料员已无法满足项目繁重而高标准的资料管理需求。针对此问题，项目监理机构成立了资料组，在资料负责人的带领下，各专业抽调人员参与到项目资料管理工作中来，分专业收集整理资料，共同编制监理日志、监理周报、监理月报，各类专项报告等，极大地提高了项目监理机构工作效率。

除常设的监理部门外，在某一阶段，为应对某一项工作、工序的复杂性和多专业性，项目监理机构根据现场实际施工情况成立了一些专项小组，专项去督促、协调一些跨专业的施工管理，如电梯专项小组（土建、机电、安全派人参与）、样板层专项小组（土建、装饰、机电派人参与）、预制立管专项小组（钢结构、机电派人参与），这些临时性的专业小组打破专业界限，强化内部协同，丰富了交叉管理的延续性，对项目监理工作的开展起到了很好的促进作用。

5.2 技术创新赢尊重

监理单位工作的本质是为项目建设提供技术服务，工程的实体主要靠施工单位去完成，如果监理没有过硬的技术实力，施工单位对监理的指令可能会阳奉阴违甚至置若罔闻。打铁还需自身硬，在中国尊工程实施的过程中，项目监理机构不断学习总结，持续技术创新，对规范标准合理运用，给项目实施提出了诸多合理化建议，帮助施工单位解决了众多难题，以技术赢得施工单位的尊重。例如：在基础底板施工阶段，项目监理机构通过审核施工方案，对混凝土裂缝控制措施提出采用“蓄热保温法”的建议，较常规的“降温法”省去了预埋冷却水管，大大降低了施工难度，节省施工用时约5天，节约造价约60万元，取得了很好的效果；在主体结构施工阶段，当时钢板剪力墙施工无明确的技术规范标准，项目监理机构依托公司在钢结构领域丰富的工作经验，凭借钢结构技术规范参编单位的技术优势，对钢板剪力墙焊接工艺、钢构件与钢筋的结合、钢板墙的变形控制等提出了很多可行性非常强的建议，形成了当时在中国尊工程中应用的独特的钢板剪力墙“技术标准”，帮助施工单位提升了施工质量。

5.3 思维创新赢认可

随着时代的不断发展，建设单位对监理单位的服务水平、工作质量的要求也越来越高，如果仍秉持以往的监理思维，将很难得到建设单位的认可。在中国尊监理工作过程中，项目监理机构打破传统观念，以全过程咨询的思维开展监理工作，全方位多维度地参与到项目建设过程中去。主动提供报批咨询（协助消防报批报验、协助竣工验收及备案）、设计监理（施工图审核、深化图审核）、造价咨询（材料询价、招标文件审核）、BIM协同等多种增值服务，以创新的工作思维、扎实的专业水平、主动的服务意识、优异的服务成果，赢得建设单位高度认可，体现了新形势下的工程监理价值。

通过参与中国尊工程建设，收获良多、启示良多。在工程建设过程中，努力将难点变成亮点，用技术成就艺术，坚持创新实践、追求极致，超高层更显高品质，不但在超高层建造领域和工程监理行业持续塑造“远达”品牌的高技术形象和高质量口碑，带动、培育了一批技术能力过硬的监理人才，而且在协作中收获了众多建筑施工的前沿技术及先进管理理念。

（本章主要编写人：张金涛　王春江　覃庭勇　刘　杰　齐　康）

守正创新　卓越“平安”
——深圳平安金融中心工程监理实践

1　工程概况

1.1　工程规模

深圳平安金融中心是以甲级写字楼为主的综合性大型超高层建筑，包括办公、商业、观光娱乐、会议中心、餐饮、接待中心和交易中心等设施，是一幢国际一流、可持续发展、集智慧型办公、商业、观光等综合功能于一体的深圳城市新地标建筑。

深圳平安金融中心总用地面积18931.74m^2，总建筑面积459187m^2，总投资人民币约95.5亿元，其中建安投资约73亿元。

深圳平安金融中心工程包含塔楼和裙房。塔楼地上118层，地下5层，主体结构高度558.45m，建筑高度599m；裙房11层，高52m，是世界第三高楼、中国第二高楼。深圳平安金融中心实景如图1.1所示。

图1.1　深圳平安金融中心实景

1.2 实施时间及里程碑事件

深圳平安金融中心工程于2009年8月29日举行奠基典礼并正式开工，2016年11月30日通过竣工验收。工程建设主要里程碑事件如图1.2所示。

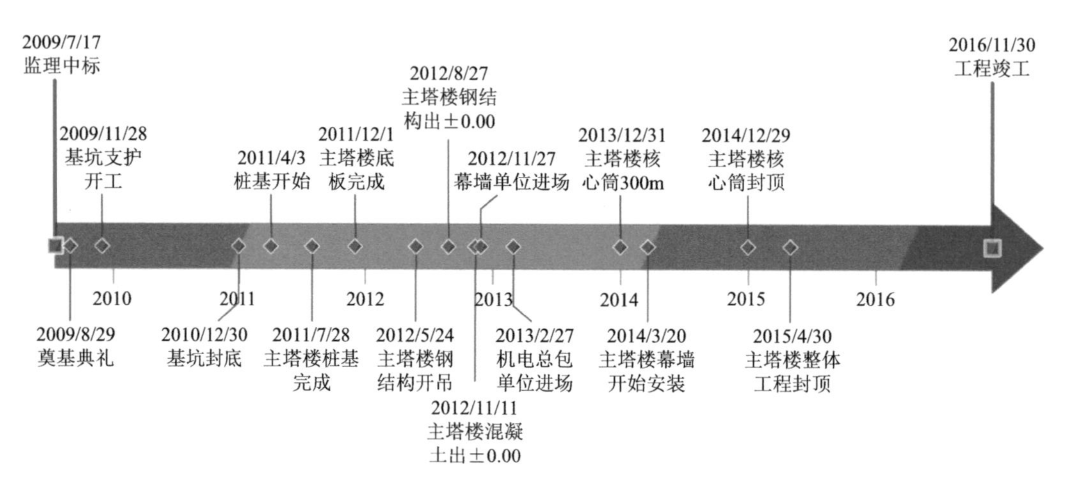

图1.2 主要里程碑事件

1.3 建设单位及主要参建单位

深圳平安金融中心由中国平安人寿保险股份有限公司（2013年后变更为深圳平安金融中心建设发展有限公司，平安人寿为该工程成立的项目公司）投资建设。项目设计团队由包括KPF建筑事务所、CCDI悉地国际、Thornton Tomasetti、JPR澧信等在内的数家知名设计公司组成。施工总承包单位为中国建筑一局（集团）有限公司，机电总承包单位为中建三局集团有限公司，监理单位为上海市建设工程监理咨询有限公司。建设单位及主要参建单位见表1.1。

建设单位及主要参建单位 表1.1

建设单位	深圳平安金融中心建设发展有限公司（中国平安人寿保险股份有限公司）		
方案设计	KPF建筑事务所	施工图设计	CCDI悉地国际
结构顾问	Thornton Tomasetti	机电顾问	JRP澧信
勘察单位	深圳长勘勘察设计	支护设计	深圳地质
装修设计	深圳杰恩创意设计	工程监理	上海市建设工程监理咨询有限公司
总承包	中国建筑一局（集团）有限公司	机电总包	中建三局集团有限公司
二次装饰	深圳安星装饰设计	第三方监测	深圳市勘察测绘院
工程桩	深圳市勘察测绘院	钢结构制作	宝钢钢构、沪宁钢机、中建钢构

续表

建设单位	深圳平安金融中心建设发展有限公司（中国平安人寿保险股份有限公司）		
钢结构安装	中建钢构	电气	中建安装
智能建筑	中程科技	制冷系统	同方股份
电梯	奥的斯、迅达、通力、日立	工料测量师	利比有限公司

1.4 工程获奖情况

深圳平安金融中心工程先后获得中国土木工程詹天佑奖、中国安装工程优质奖、中国建筑工程装饰奖、钢结构金奖、LEED认证铂金级、中国绿色建筑三星等奖项，同时在国际上获得了“世界最高办公建筑”“中国华南地区最高建筑”“2019年最佳高层建筑杰出奖”权威认证、“2019年度全球400米以上最佳建筑”等奖项；获得30项国家专利、2项国家级工法，有9项科技成果国际领先。所获主要奖项见表1.2。

所获主要奖项　　表 1.2

奖项名称	获奖时间	奖项名称	获奖时间
第十六届中国土木工程詹天佑奖	2018年12月	广东省建设工程金匠奖	2018年6月
广东省建设工程优质奖	2018年6月	中国安装工程优质奖	2019年1月
中国建筑工程装饰奖	2018年12月	第十二届第二批中国钢结构金奖	2017年5月
广东省建设工程优质结构奖	2016年12月	中国建筑业协会AAA级安全文明标准化工地	2014年11月
深圳市科技进步奖/技术开发类/二等奖/高强自密实混凝土在超高层的应用	2017年5月	LEED铂金级认证	2018年8月
LEED金级认证	2017年5月	三星级绿色建筑	2021年7月
三星级绿色建筑	2016年6月	全国工程建设优秀QC小组一等奖	2015年6月
广东省建筑业新技术应用示范工程	2017年5月	中建总公司科技推广示范工程	2017年1月
第三批全国建筑业绿色施工示范工程	2013年5月		

2 工程监理单位及项目监理机构

2.1 工程监理单位

上海市建设工程监理咨询有限公司成立于1993年6月，是国内最早成立的工程咨询企业之一，公司创始人丁士昭教授最早将国际上先进的工程项目管理理念、管理模式与管理技术引进中国，并运用于工程项目管理实践。经过30余年的发展，公司已成为集工程监理、项目管理、造价咨询、招标代理、BIM咨询、工程运维咨询、全过程工程咨询于一体的综合性大型现代工程咨询服务企业。

公司深耕超高层建筑工程监理和咨询领域，先后承接上海环球金融中心（492m）、深圳平安金融中心（599m）、深圳京基金融中心（439m）、华润春笋大厦（392m）、招商银行全球总部大厦（345m）、武汉绿地中心（475m）、天津117大厦（597m）等多项标志性超高层建筑的工程监理和咨询业务。在长期的工程管理实践中，公司整合各类技术与管理咨询，形成超高层建筑不同业态的数据库，为同类项目建设单位提供全方位的技术和管理咨询服务，服务内容包括工程监理、项目管理、工程咨询、BIM咨询、设计顾问和专业顾问等。

在深圳平安金融中心项目中，上海市建设工程监理咨询有限公司承担了工程监理、项目管理策划咨询等服务内容。

2.2 项目监理机构

2.2.1 工程监理

根据深圳平安金融中心工程监理合同和监理规范的要求，项目实行总监理工程师负责制，遵循“针对性强、覆盖面全、层次清晰、责任明确、管理畅通”原则，建立了现场监理组织机构，配备了各类专业监理工程师和监理员，并制定和实施了各专业、各级人员岗位责任制。现场监理组织机构分别考虑总体架构和阶段架构（按年度或施工阶段）进行设置，监理人员配备根据工程实际进展情况进行及时调整。工程建设先后主要经历基坑支护与土方开挖施工，桩基与基础工程施工，低区与裙房主体结构工程施工，低区与裙房装修、机电安装施工，高区主体结构施工，高区装修、机电安装施工等阶段，以及工程整体竣工后的保修期。在保证监理工作质量的前提下，根据监理工作需要，分阶段设置现场监理组织机构，按需求配备专业监理人员，并在调整之前书面报送建设单位审核。

2.2.2 项目管理策划咨询

深圳平安金融中心是在深圳市政府为加快发展金融业的背景下规划建设的，该工程自立项起，便按照世界级地标性超高层建筑、定制级顶配的高端办公场所标准而打造。建设单位作为一家金融企业，为组织建设好如此超高、超难、超复杂工程，于2010年9月底提出，由上海市建设工程监理咨询有限公司与同济大学工程管理研究所共同组织相关专家，开展项目管理策划咨询工作。项目管理策划咨询的主要服务内容包括进行本工程的项目管理整体策划，完成工程管理总纲、工程管理规划、工程管理制度与方法的编制工作，并在此基础上配合建设单位完成项目管理信息平台的优化、改造工作（协助建设单位贯彻落实工程管理总纲、工程管理规划、工程管理制度与方法等相关内容），以及提供本项目总承包工程（包括钢结构工程）招标技术咨询服务。

2010年10月11日，在上海市建设工程监理咨询有限公司本部正式召开了深圳平安金融中心项目管理策划咨询启动会。

根据委托服务要求，上海市建设工程监理咨询有限公司组建了以公司总经理、中国监理大师为总监的策划团队。策划总监负责调动公司内外资源为项目服务，同时负责与委托方保持沟通。

在策划总监的统一协调下，成立项目实施组与项目顾问组。项目实施组由项目经理负责，代表公司履行合同约定的项目管理策划咨询义务，组员由高级策划师、策划师、策划师助理以及内外专家组成。项目顾问组由上海市建设工程监理有限公司名誉董事长、同济大学资深教授丁士昭博士担任组长，由同济大学工程管理研究所有关教授、专家担任组员。

工程监理及项目管理策划咨询联合组织机构如图2.1所示。

3　工程特点及监理工作重难点

3.1　工程特点

3.1.1　地标建筑，环境共融：社会影响力大，建设条件复杂

（1）深圳新地标，华南第一高楼，社会影响力巨大

深圳平安金融中心工程作为深圳乃至全国的地标建筑，毫无疑问在城市整体开发中具有引领性的示范效果，其社会影响力巨大。提升工程质量高线、守好项目安全底线、应用绿色建造技术、实现工程与环境和谐友好是工程建设的任务。

（2）工程紧邻运营中的深圳地铁1号线和建设中的广深港高铁隧道，隧道保护要求高

工程北靠运营中的深圳地铁1号线，东邻建设中的广深港高铁隧道盾构区段，深基坑开挖扰动及降水导致地层沉降，存在引起周边隧道结构变形风险。施工过程中的不慎、不当很可能导致地铁结构的变形超标，从而引发渗漏水等结构病害，甚至直接影响到列车的正常运营。

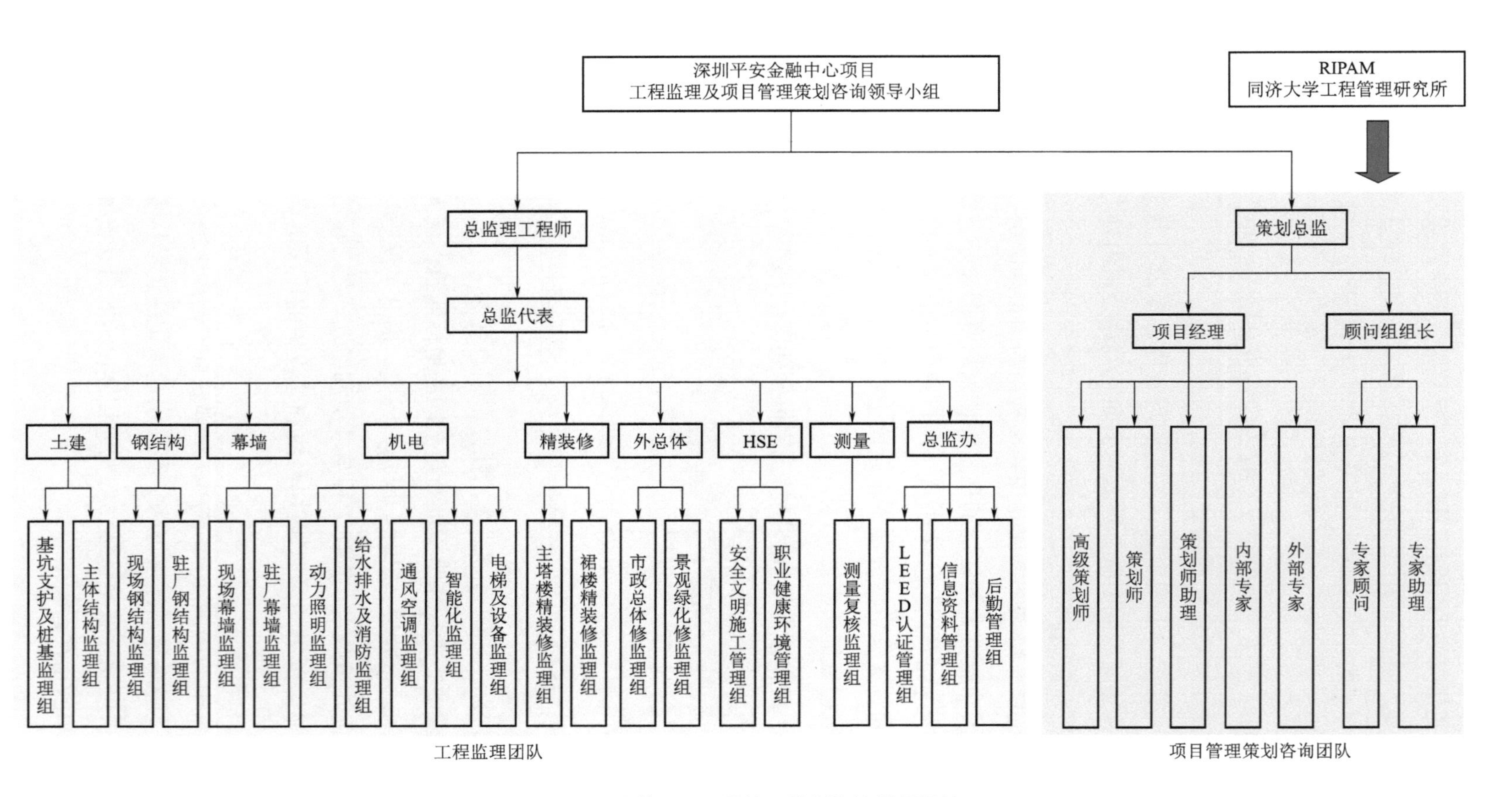

图2.1 工程监理及项目管理策划咨询组织机构

（3）施工场地狭小，周边区域协同施工工作多，平面交通组织难度大

工程地处福田中心区，施工场地狭小，周边环境复杂，存在大量需要协同施工的情形，且施工车辆及设备进出场受限，需要精心组织、周密筹划。

3.1.2 超高难度，技术巅峰：施工技术超难，专业系统复杂

深圳平安金融中心工程作为一座高度达600m，超越常规、技术难度极高的标志性建筑，在设计和施工中面临的挑战，不仅来自于建筑高度的极限，更源于复杂环境中对施工技术的精细要求。

（1）超大超深基坑

工程基坑深度为–33.3m，是当时国内超高层建筑中最深的大型基坑。且项目地处深圳市CBD，周边商业、办公高度集中，基坑离地铁1号线最近仅有20m。

（2）超大直径人工挖孔桩

工程人工挖孔桩为超高层领域中设计基础桩之最，最大桩径达8m，最大深度为30m，从地面算起开挖深度超60m，属国内外罕见巨型桩。巨型桩的开挖成孔难度高，单桩土方量大，并存在桩群开挖的相互影响，成孔过程自身的稳定问题及对支护体系、周边环境都会造成较大影响。

（3）底板大体积混凝土

工程主塔楼底板厚度为4.5m，呈正八边形，其底板之大、底板之厚，均为国内超高层建筑之最。底板混凝土强度设计为C40、抗渗等级为P12，总方量约为28285m^3，底板大体积混凝土一次性连续浇筑总时间约为98小时。

（4）核心筒和巨柱爬模施工

工程核心筒和巨柱施工均采用世界领先的液压爬模施工技术，液压爬模参考迪拜塔施工经验，结合本工程实际结构体系定制安装。爬模采用21厚芬兰进口Wisa板+木工字梁+双槽钢大模板体系。核心筒自B4层开始使用爬模，最大爬升高度约为545m。爬模首次安装即采用内架整体吊装的先进技术，一次吊装尺寸约9.4m×9.4m×6m，重量约为30t，尺寸及重量均为国内房建领域液压爬模吊装之最。巨柱自L3层开始使用爬模，最大爬升高度约为555m，开创了国内300m以上超高层巨柱外包混凝土结构爬模施工的先例。

（5）超高层混凝土泵送

工程核心筒、巨柱大量采用世界领先的“高强—自密实—高性能”混凝土技术。为满足超585m垂直高度混凝土泵送需求，混凝土泵送系统融合德国Putzmeister技术及迪拜塔施工经验定制投入3台世界最高压力的超高压拖泵，3趟超高压泵管并采用全球领先布管工艺进行布置，核心筒顶部安装两台全液压遥控式布料机，臂架

可任意角转动，保证核心筒无死角浇筑。

（6）超高层施工测量

超高层建筑结构高大、基础开挖深、各专业工程界面相互关联，使工程施工测量和轴线标高统一管控的难度极大。设计中包含多处变截面、异形转角结构以及复杂的空间几何特征，结构轴线和标高的精度要求远超常规建筑，对测量系统的稳定性、精准度以及动态调整能力提出了更高的要求。

（7）超高层安全防护

深圳平安金融中心工程作为一座600m的超高层建筑，其施工安全防护具有显著的特殊性和挑战性。这不仅源于建筑高度高、大量超高空作业和临边作业对施工安全提出的严苛要求，还包括超高层建筑复杂的分包协作体系、作业环境对高空气象条件的高度敏感性，以及施工区域位于城市中心，紧邻西侧中心二路酒吧街和北侧重要交通干道的复杂周边环境。这些特点使得危险作业和危险源数量多、分布广，安全防护难度显著提升。

（8）竖向变形预调与监控

工程采用了混凝土核心筒、钢管柱–超级巨柱框架、混凝土外伸臂墙及V形支撑的抗侧力体系，结构总重量约68万t，主要结构设计使用年限为100年，重力荷载长期作用下会产生较大的竖向变形，而结构形式、刚度不一样以及变截面造型及异形转角会导致建筑长期变形不一致，直观体现为建筑总高的变化，各楼层层高的压缩，长远影响是对结构的安全、非结构构件及设备的正常使用造成不利作用。设计施工阶段竖向变形预调和监控要求高。

（9）巨柱钢骨柱与大型钢结构桁架安装

工程外框设有8根贯通地下室至地上550m的巨型钢骨柱，总高度达580m，是国内超高层建筑中截面尺寸最大的构件（最大劲性混凝土截面尺寸为6525mm×3200mm），单节重量最高达115t，结构复杂、精度要求极高。此外，大楼外框均匀分布有7道大型钢结构桁架加强层，其中伸臂桁架作为连接外框与内筒的关键构件，对整体抗侧力体系至关重要。巨柱钢骨与桁架层的精确安装，不仅是本工程结构体系稳定性的核心保障，也是我国超高层建筑施工领域的一次重要技术突破。

（10）超厚铸钢件焊接

工程钢结构外框V形支撑相交节点采用超大超厚铸钢件，分别在L11层、L49层、L85层、L114层，材质为G20Mn5QT低合金高强度钢，通过调质热处理提高强度和塑形，改善焊接性能。因铸钢件晶粒粗大，组织不均匀，本身存在缩松和气孔，焊接难度大，无论从施工工艺上还是施工质量上都提出了极高的要求。

（11）超高层幕墙系统

工程幕墙面积174316m^2，由15876个板块，共12个幕墙系统组成，主要采用单元式玻璃幕墙、单元式不锈钢幕墙、单元式石材幕墙、半单元式玻璃幕墙、半单元式不锈钢板幕墙、钢构雨篷等形式，其中布纹不锈钢面积约83650m^2。塔楼幕墙1～35层为倾斜面，主立面向下倾斜；35～97层为垂直面，97～118层为倾斜面，主立面向上倾斜；118层为观光层，597m以上为塔尖部分。塔楼巨柱131.8m以下采用50mm海藻绿石材，设计增加石材防护网、石材防脱勾，以确保安全性。

（12）复杂的机电系统

工程机电系统设计充分考虑了超高层建筑的特殊需求，通过分区分压供能、智能化控制和节能措施，为大楼内不同区域提供稳定、可靠的电力、水力和空调支持。空调和通风系统采用分层控制与高效冷却技术，配合智能化建筑管理系统，实现了温湿度的精准调节，显著提升了整体能效并减少了能源消耗。消防和安全系统方面，机电系统集成了多层次的自动喷淋、气体灭火及应急疏散措施，并实现了与智能监控的联动，为人员安全提供了全面保障。

3.1.3 管理赋能，策划支持：项目管理难度大，项目管理策划咨询助力增效

（1）建筑高度、工程规模和复杂性带来巨大的建设管理挑战

深圳平安金融中心工程以600m的建筑高度和46万m^{2}的总建筑面积成为国内标志性的超高层建筑。项目功能业态多样，涵盖商务办公、商业零售和观光休闲，且定位于世界一流综合体。超高的建筑高度、庞大的规模和复杂的功能组合，对工程建设管理的技术方案、组织协调、资源统筹提出了前所未有的要求，项目管理的复杂性远超常规工程。

（2）工程建设组织架构设计及运行是一项系统工程

作为一座特超高层城市综合体建筑，项目参建单位多达数百家，包括总承包单位、专业分包、设备供应商、监理单位等，形成了纵横交错的组织体系。参建单位之间关系复杂，施工周期长，交叉作业多，对组织协调、任务分解和责任划分提出了极高要求。良好的组织运行不仅需要科学合理的架构设计，还需动态管理与实时协调，确保各方在时间节点和质量目标上的协同一致。

（3）总承包招标中有诸多重大管理问题需提前策划和设计

工程实施采用总承包管理模式，其复杂性体现在专业工程种类繁多、分包单位协调难度大，以及施工环境限制带来的诸多制约条件。在此背景下，针对总承包管理涉及的界面划分、分包协作机制和关键技术问题，需提前制定详细的管理方案，确保总承包单位具备统筹和协调能力。同时，通过前置策划，将管理要求细化为

"总承包管理要求"，并在招标文件和合同中明确，从源头确保工程管理的高效性和执行力。

3.2 监理工作重难点

3.2.1 多维度管控，精细管理筑牢质量基石

在深圳平安金融中心工程建设过程中，质量管理是整个项目的核心工作之一。作为一座超高层建筑，其复杂的结构和高精度施工要求对质量管理提出了严峻的挑战。项目监理机构通过对重点部位、关键环节的全面管控，从原材料质量到核心构件施工的质量控制，为实现高标准质量提供保障。

（1）复杂结构施工的全面质量控制

深圳平安金融中心工程外框采用了多项复杂的结构形式，其中巨型钢骨柱和双层钢结构桁架是施工中的核心构件。这些构件不仅具有不对称倾斜等复杂特点，还需承受极高荷载，对施工质量提出了严峻挑战。项目监理机构在复杂结构施工中面临的主要难点包括吊装过程的累积误差风险、高精度焊接的变形控制以及节点拼装的协调复杂性。

在吊装施工中，巨柱倾斜和不对称设计极易导致累积误差，影响整体结构性能。针对这一难题，项目监理机构在施工前多次组织技术交底与方案审核，评估吊装方案的可行性与安全性，并在实施阶段通过旁站监理和动态校核对吊点布置和就位精度进行实时把控，确保每个环节符合设计要求。项目监理机构通过全过程监督，有效规避了误差叠加对结构稳定性的影响。

焊接质量是巨型钢骨柱施工的另一重点和难点。超厚板材和超长焊缝在焊接过程中容易出现热输入过大导致的变形问题。项目监理机构严格核查焊接工艺评定和工序执行，对小坡口焊接、对称焊接及分段退焊等工艺的实施进行旁站监督，结合抽样探伤检测，确保焊接质量达到规范要求。同时，监理人员对焊接变形进行动态监控，优化焊接参数，有效保证了结构的精度与稳定性。

双层钢结构桁架作为内外筒连接的关键构件，其节点复杂、拼装精度要求高，是施工中的另一大挑战。项目监理机构在构件加工阶段便提前介入，通过驻厂监督散件加工精度和试拼装质量，确保节点符合现场安装要求。在高空拼装阶段，项目监理机构对胎架支撑搭设及预起拱值动态调整进行全程监控，确保施工安全与精度。在卸载环节，监理人员对应力分布进行严格核验，保障桁架系统的卸载安全可靠。

此外，超大超厚铸钢件的安装是外框结构施工的另一个难点。这些铸钢件用于V形支撑交汇节点，对焊接质量要求极高。项目监理机构在焊接工艺评定阶段组

织专项评审，验证焊接试验数据和参数设计的合理性。在实际施工中，通过全程旁站，监督焊接工序的执行，对焊缝进行无损探伤检测，确保零缺陷施工。针对异种材质对接焊的特殊性，项目监理机构严格把控过渡段的预接工艺，有效降低了现场施工风险。

（2）全过程材料质量管控与验收管理

材料质量是保障工程整体质量的基础，但在深圳平安金融中心工程中，材料管理面临多重挑战。项目所需材料种类繁多、供应商分布广泛，且部分关键材料如钢结构构件和幕墙单元板块需定制化生产，加大了质量管控难度。此外，机电设备等高精尖材料的采购和验收对监理工作提出了更高要求。

为应对这些挑战，项目监理机构从源头到使用全过程实施严格的质量监督。在源头阶段，重点核查供应商资质，深入考察生产设施及工艺流程，确保供应商具备交付合格材料的能力。针对关键材料，采用样品报批与留样制度，确保生产的材料与设计要求一致，降低后续施工环节的质量风险。

在生产环节，项目监理机构对钢结构构件、幕墙单元板块等重要材料实施驻厂监造，全程跟踪生产进度与质量，确保出厂材料符合标准要求。对于机电设备等高精度材料，采取飞行检查方式，随机抽查生产过程，及时纠正潜在问题。

材料进场后，项目监理机构严格执行外观检查和见证取样检测，并对封样样品进行比对验证。发现任何不符合标准的材料，均采取退场处理，杜绝不合格材料进入施工环节。此外，在材料使用环节，通过现场巡查和动态监督，杜绝材料调换或违规使用行为，确保施工全过程材料质量均可追溯和可控。

（3）多工序交叉作业中的质量协调与成品保护

超高层建筑施工中的多工序交叉作业对施工协调和成品保护提出了更高的要求。主体结构、机电安装、幕墙施工及装饰装修的同步进行，使施工风险和质量隐患显著增加。项目监理机构通过精细化计划和动态协调，有效解决了这一难题。

在质量协调方面，项目监理机构要求机电设备安装完成后采取全覆盖保护，专人巡查避免后续施工损坏。在幕墙施工与装修衔接阶段，推动玻璃面板的全封闭保护，防止磕碰问题。地面和墙面则采用分阶段保护机制，避免交替施工中的二次损坏。

针对深圳台风多发的特殊环境，项目监理机构制定了成品保护专项方案，包括分区断水设计和临时排水系统，以应对暴雨对施工现场的影响。在台风“山竹”等极端天气中，提前部署的应急措施有效保障了成品的完整性。

（4）阻尼器设备安装中的质量控制与精度保障

主动调谐式阻尼器是深圳平安金融中心工程抗风和抗震的核心设备，在113层安装的两台500t阻尼器，通过反向运行吸收建筑摆动能量，大幅减少晃动幅度，提高了大楼的舒适性和安全性。阻尼器安装过程对精度和质量要求极高，从设备制造到现场安装，项目监理机构全程严格把控，确保设备质量达到设计预期。

阻尼器为进口散件，在国内制造厂进行预拼装和调试，监理人员对设备生产全程驻厂监督，审核商检结果，核对技术资料，旁站监督预装和性能测试，并对设备运行状态进行记录确认。在模拟测试中，监理人员重点检查钢缆长度与阻尼周期的关系，验证各运行状态的控制性能，确保所有部件性能完好后拆解运输至现场。

在现场安装环节，项目监理机构将控制重点放在基座的测量定位和滑动底盘的组装质量上。基座安装的轴线偏差和标高偏差均需控制在毫米级，监理人员通过多次实测和数据校核，严格监督基座的定位过程，确保安装精度符合设计要求。在滑动底盘和外框架的组装中，项目监理机构强化节点精度控制，确保吊装和钢索连接安全，并对关键部位进行探伤检测和性能复核。

阻尼器安装完成后，项目监理机构组织多方协调进行调试。调试内容包括建筑物固有振动周期的确认、阻尼周期调整和阻尼效果验证。在调试过程中，大楼的电梯运行进行了统一调度，以保障设备运行安全。在台风“山竹”期间，阻尼器成功将大楼摆幅降低30%，其优越的减振性能顺利通过恶劣环境的“大考”，充分验证了设备的质量和监理工作的成效。

3.2.2 多层级统筹，高效协同推进施工进度

超高层建筑总进度安排需要在多层次、多方面进行统筹，以确保施工计划的全面协调和实施。“多层次”统筹主要体现在三个方面：一是全周期的计划统筹，涵盖从设计、采购、报批报建到施工验收的各个阶段；二是各专业的工序统筹，包括建筑、结构、机电、幕墙等多专业的交叉搭接施工；三是关键节点的资源统筹，合理配置劳动力、材料、设备和场地资源，确保施工计划顺利推进。

进度控制的首要工作是建立全面的进度计划体系，涵盖报批报建、投资支付、施工总进度以及各分包单位的具体进度安排。在计划编制过程中，项目监理机构与建设单位、总包单位及各分包单位协作，确保所有环节的计划能够无缝衔接，避免不同工序之间的冲突。其次，项目监理机构对潜在风险进行了前瞻性的识别和应对，在综合考虑台风、暴雨等天气因素以及供应链和劳动力问题基础上，组织制定了详细的应急预案，并加强了与施工单位的协调，确保材料供应及时，施工人员充足。在施工前期，项目监理机构通过多次组织沟通和协调，确保了每一阶段计划的可执行性。

在主体结构施工阶段，底板大体积混凝土浇筑作为项目的关键节点之一，体量大、浇筑时间长，对资源调度和施工组织提出了极高要求。项目监理机构制定了详尽的浇筑方案，并通过24小时轮班旁站监理对全过程进行动态跟踪，从混凝土运输

车辆调度、搅拌质量检测到浇筑层的温控监测，每个环节均有专人监督。在混凝土浇筑量达峰值的时段，项目监理机构组织专项协调会，对施工单位的资源调配进行实时优化，确保了混凝土供应和设备运行的连续性。通过严密的现场组织和实时的应急处理，主塔楼底板的连续浇筑任务最终在98小时内顺利完成，浇筑质量达标且工期未受影响。

类似的多层级统筹策略也被应用于其他施工环节。在核心筒爬模施工中，项目监理机构动态调整工序计划，保障钢筋绑扎、混凝土浇筑和模板提升的高效衔接；在超高层钢结构吊装环节，项目监理机构实时跟踪设备资源和高空作业安全，确保施工顺利推进；在幕墙施工中，项目监理机构加强界面管理，确保材料供应和安装进度同步，最大限度减少工序冲突。

3.2.3 信息管理规范，数字化平台支撑全程监督

在深圳平安金融中心工程中，信息管理面临多单位协作、资料种类繁多和实时性要求高等重难点。超高层建筑参建单位多，工程信息的流转效率直接影响施工进度和质量，而不规范的信息处理可能导致资源浪费或施工冲突。针对这些挑战，项目监理机构通过信息化手段和规范化管理，提升了监理工作的效率和质量。

针对多单位协作信息整合难的问题，项目监理机构建立了标准化的信息编码系统和流转程序，确保多方信息交互高效有序，避免因格式和提交不一致引发的滞后或冲突。对复杂工程资料，采用分类编码和数字化档案管理，实现收集、整理和存储的系统化处理。

资料种类多、更新频繁是信息管理的另一挑战。项目监理机构对工程进度、质量控制、设计变更和影像档案进行实时记录与动态管理，确保数据的真实性和可追溯性。影像档案不仅服务于过程管理，也为后期总结和评奖提供了详实依据。

项目中使用了PW平台、MS系统和智慧工程系统，实现了数据实时同步和精确追溯，但也对系统间的数据整合提出高要求。通过精细化数据标准和监控，有效避免了信息孤岛问题，确保多系统协同运行。

在项目实施中，项目监理机构共提交了84份监理月报、339份周报和105份专题报告，为全程精细化管理提供了有力支撑。这些信息化和规范化管理举措，为项目的顺利推进提供了坚实保障。

3.2.4 严控风险要素，体系化管理强化安全防线

深圳平安金融中心工程作为超高层地标项目，其规模庞大、施工环境复杂，安全风险因素多、等级高。高空作业、深基坑施工、塔式起重机安装及动火作业等高风险

工序贯穿全程，极端天气与多工序交叉施工进一步加剧了管理难度。项目监理机构结合工程特点与法规要求，构建了完善的安全生产管理体系，确保项目安全目标的实现。

深圳平安金融中心工程施工阶段仅分包单位便多达40余家，高峰时现场工人近3000人，作业面广且高度达500m以上，危险源和危险作业众多。面对这些挑战，项目监理机构主动作为，从组织机构、管理方法到技术手段，多层面落实安全生产管理职责。

项目监理机构建立了“总监负责、专职专管、一岗双责”的安全生产管理机制，明确各级监理人员职责，并结合施工阶段和特点编制了安全生产监理实施细则。同时，针对高空作业、深基坑等重大风险源进行详细识别和评估，制定针对性的控制措施，并通过应急预案有效应对极端天气和复杂施工环境带来的不利影响。

在高空作业和防物体坠落方面，项目监理机构强化防护设施的动态监督，确保临边洞口防护、悬挑防护网的安装质量达标。在靠近塔楼的酒吧街区域，项目监理机构重点监督“钢框架+钢丝网”防护体系的实施，既满足安全需求，又保障项目区域机构正常运营，成为项目安全生产管理亮点。现场安全防护体系如图3.1所示。针对塔式起重机、爬模等大型设备，项目监理机构全程跟踪安装、运行和维保，及时发现并排除隐患，杜绝设备故障引发的安全事故。

图3.1　现场安全防护体系

项目监理机构采用分级监控策略，根据危险作业的复杂程度和分包单位的管理水平，对现场安全生产状况进行动态调整。对于高风险工序如钢结构吊装和幕墙安装，实施一级监控，派驻专人实时旁站；对较低风险作业，则通过巡查和抽检确保安全要求的落实。交叉覆盖的管理模式（监理专职安全生产管理人员与各专业工程师的责任区划分交叉重叠）进一步消除了监控盲点，实现了全方位的安全覆盖。

针对施工中可能出现的突发状况，项目监理机构高度重视应急响应能力的提升。在塔式起重机设备安装过程中，曾因突发强风导致起重机运行中断，监理机构迅速协调总包单位对塔式起重机进行紧急加固，并暂停高空作业，待风速恢复至安全范围后重新组织施工，确保了操作人员的安全。监理机构通过专项巡检和实时记录，对每一处安全隐患及时跟踪并闭环处理，确保全过程管理无盲区、无疏漏。

项目监理机构在高风险作业中实行逐项验收制度，对区域防护、人员培训和应急物资核查到位后方可复工。对整改不到位的分包单位，通过奖惩机制督促改进。针对重点区域和复杂工序，采取专项巡检和闭环管理方式，确保全过程的安全无盲区。通过一系列严控风险、精细管理的安全措施，项目施工现场在高峰期复杂环境下实现了“零重大安全事故”的目标，充分证明了监理机构的专业能力。项目安全生产管理的先进做法成为超高层建筑领域的重要借鉴，为类似项目的安全生产管理提供了宝贵经验。监理机构以高效、严谨的安全生产管理工作筑牢了项目的安全屏障，为工程的顺利推进提供了强有力的保障。

3.2.5 多方协同联动，系统化统筹保障项目推进

深圳平安金融中心工程建设过程中，复杂的施工环境与多方参与为组织协调提出了巨大挑战。项目监理机构通过建立系统化会议机制，协调多方资源，聚焦关键施工环节，确保项目高效推进。

多层次会议体系是组织协调的核心支撑。项目监理机构联合建设单位、总包单位及分包单位建立例会、协调会和专题会议制度，针对整体进度与质量控制、跨专业问题对接及深基坑施工、底板混凝土浇筑等关键技术难题展开讨论。监理机构不仅组织会议，还负责跟踪决策的落实情况，确保各方目标一致、行动统一。

施工期间，项目监理机构在深基坑施工中牵头协调地铁运营方、施工单位及检测机构，实时监控沉降和振动数据。通过动态调整施工方案，既保障了地铁运营安全，也确保了基坑施工按计划进行。类似的协同策略在底板混凝土浇筑中同样取得成效，项目监理机构动态跟踪进度，监督材料供应与施工组织方案的执行，确保了浇筑任务的连续性与施工质量。

面对严格的政府监管，项目监理机构承担了动态协调职责。监理人员每日获取

并传达政府相关通知，督促参建单位及时整改并跟踪落实，确保施工全过程的合规性。在消防验收、LEED认证及竣工交档等环节，项目监理机构协调各专业单位整理技术资料并进行交接，保障项目顺利交付。

4 监理工作特色及成效

4.1 守正初心，践行监理职责使命

4.1.1 质量控制：严格把关，打造精品工程

（1）旁站监理在关键节点的实施

在深圳平安金融中心工程中，旁站监理是确保关键施工节点质量与安全的重要手段。项目监理机构通过动态跟踪与全程记录，在底板大体积混凝土浇筑和钢结构吊装等关键工序中，高效履行旁站职责，确保了施工的质量稳定性与安全可控性。

底板大体积混凝土浇筑是项目的重点施工环节之一，其体量大、连续浇筑时间长，对资源调度与温控管理提出了极高要求。项目监理机构通过详细的旁站监理方案，明确了分工与监督重点，浇筑期间实行24小时轮班旁站监理，对混凝土的运输、搅拌、浇筑和振捣的全过程进行动态监督。在温控管理方面，项目监理机构重点检查冷却水管布置和运行效果，确保浇筑层温差始终控制在设计范围内，避免裂缝问题。全程监控下，98小时内顺利完成浇筑任务，实现了高质量、高效率的施工目标。

钢结构吊装则对吊装精度与节点连接提出了更高要求。项目监理机构在施工前详细审查吊装方案和设备状态，确保实施的技术保障。在吊装过程中，监理人员动态跟踪构件的起吊与安装过程，通过实测数据与设计参数比对，确保构件的定位偏差控制在毫米级以内。针对焊接节点，项目监理机构通过随机抽样和无损探伤检测，验证焊接工艺的实施效果，确保抗风抗震性能达到设计要求。

通过严谨的旁站监理，项目在这些关键节点施工中成功规避了质量与安全风险，不仅满足了设计要求，还为超高层建筑的施工监理树立了高标准的实践样本。

（2）样板引路机制的精细化应用，确保材料与工艺标准化

样板引路机制是深圳平安金融中心工程中推进质量标准化的重要管理创新，通过细化材料性能和施工工艺的前期验证，为大规模施工提供了可复制的标准，显著提升了施工质量管理的规范性和效率。

幕墙样板墙作为样板引路的典型实践，在项目中为玻璃材料的选用和工艺控制提供了清晰依据。针对幕墙玻璃的色差、透光率和耐候性等关键指标，项目监理机

构在施工初期推动设置样板墙，通过严格的性能测试和设计比对，验证其效果达到设计要求。样板墙的成功实施为后续批量化生产和安装提供了可靠标准，避免了材料性能偏差和工艺偏误带来的质量隐患。

机电样板间则将材料性能与工艺验证结合，进一步提升施工质量的可控性。例如，在空调风管安装中，样板间明确了节点密封的处理方法，确保了风管气密性达标，并形成了标准化的施工工艺。监理机构通过联合验收样板间施工，与建设单位和施工单位共同完善技术标准，为全楼机电系统的安装奠定了基础。

通过样板引路机制的精细化应用，项目监理机构成功实现了材料性能与施工工艺的一致性，不仅显著减少了返工率和质量隐患，还加快了后续施工进程。在超高层建筑领域，这一管理方式为施工质量的样板化、标准化提供了创新实践。监理机构在整个过程中以精细化的监督和协调工作，推动了样板引路机制的成功落地，充分体现了其在高标准质量管理中的核心作用。

4.1.2 安全生产管理：精细监督，保障施工安全

（1）高空作业和塔式起重机运行的全程动态监督

高空作业和塔式起重机运行是施工安全生产管理的重点领域，项目监理机构通过全程动态监督和精细化管理，确保了施工现场的安全可控。

在高空作业方面，项目监理机构严格检查临边防护栏杆、水平防护网及高空作业平台的设置，确保安装质量符合规范，防护设施稳固可靠。针对高空坠物风险，监理人员重点监督施工区域的安全措施落实情况，尤其是在塔楼外部设置多层水平防护时，严格把控防护网和悬挑平台的材料质量及施工工艺，确保其防护效果达标。

塔式起重机运行则是另一高风险环节，项目监理机构全程参与塔式起重机的选型、安装、运行及维保管理。每次安装和加节过程均由监理人员旁站监督，确保严格执行施工规范。运行阶段，定期检查限位装置、防风措施及设备运行状态，特别是在极端天气条件下，实时监控风速并组织塔式起重机停止作业，降低事故风险。此外，对设备维保记录的详细审核帮助及时发现隐患并妥善处置。

通过全过程动态监督，监理机构有效降低了高空作业和塔式起重机运行的安全风险，为项目施工树立了安全生产管理标杆。

（2）酒吧街区域“钢框架+钢丝网”防护体系的全过程监督与成效

酒吧街区域邻近施工场地，因人流密集和商业活动频繁，对安全防护提出了更高要求。为防止高空坠物的影响，项目采用“钢框架+钢丝网”防护体系。监理机构从方案阶段即介入全过程监督，重点审核设计方案的稳定性和防护效果，确保满

足安全需求。

在安装过程中，监理人员旁站监督，对焊接节点的施工质量和钢丝网的固定方式逐一检查，通过实测数据验证关键连接点的可靠性，确保设施稳固运行。运行期间，定期检查钢框架的锚固、螺栓松动及钢丝网张紧情况，发现问题及时督促整改，确保防护体系的功能持续有效。

通过精细化管理，“钢框架+钢丝网”防护体系有效防止了高空坠物对酒吧街区域的影响，既保障了人流密集区域的安全运营，又兼顾采光与通风效果，成为复杂环境下安全生产管理的成功案例。

4.1.3 进度管控：动态跟踪，保障工期目标

（1）核心筒爬模提升周期的协调与监督

核心筒爬模施工是超高层建筑的重要环节，其提升周期直接影响整体施工进度和工序衔接。项目监理机构通过对核心筒爬模施工的动态监督和协调管理，确保了施工的顺利推进。在施工过程中，重点监督爬模系统的安装质量和运行安全，对模板的垂直度和定位精度进行实测，确保系统满足设计要求。提升期间，实时监控设备运行状态，检查动力系统和防坠装置的性能，发现异常情况立即协调处理。

此外，项目监理机构加强了对相关工序的协调，推动爬模施工与钢筋绑扎、混凝土浇筑等环节的紧密衔接，减少等待时间，优化施工效率。在全程监督与协调下，核心筒爬模施工按计划推进，为项目整体进度的达成提供了有力保障。

（2）多工序交叉作业的进度协调和问题反馈机制

多工序交叉作业是施工过程中的常态，其复杂性对进度管理提出了严峻挑战。项目监理机构通过精准的进度协调和高效的问题反馈机制，确保了多工序交叉作业的有序推进。定期组织协调会，梳理各工序的衔接关系，重点关注钢结构吊装、核心筒爬模和机电预埋等交叉作业环节，明确施工顺序和责任分工，避免工序冲突或资源浪费。施工中动态跟踪各工序的进展情况，对出现的延误或资源调配问题及时记录并反馈至相关单位，确保问题能迅速得到解决。

针对交叉作业中的突发问题，项目监理机构通过信息化平台对问题进行实时跟踪和闭环管理，减少信息传递的滞后性和误差。在项目监理机构的精细化协调下，各工序之间实现了高效衔接，为项目整体进度按计划推进提供了强有力的支持。

4.1.4 精细化管理：过程追溯，闭环控制

项目监理机构通过数据化记录和动态监督，构建了高效的可追溯性和闭环管理体系，确保施工质量、安全与进度的全面受控。借助信息化平台，项目监理机构对

施工过程中的关键环节进行数据化记录，包括混凝土浇筑温控、塔式起重机运行状态、高空作业安全检查等。每项数据通过实时采集上传至平台，形成清晰的工作日志，为后续分析和问题追溯提供了详实依据。通过现场巡查与平台数据联动，实时监控施工进展与质量状况，实现动态监督，对发现的问题及时记录、反馈并督促整改。整改完成后，项目监理机构对相关环节进行复查，确保闭环管理的落实。对于重大问题，由总监理工程师组织专题协调会，通过数据分析明确问题根源并优化施工方案。通过数据化和动态化的管理方式，项目实现了全过程的透明化和精细化管理，为工程的高质量建设和安全推进提供了坚实保障。

4.1.5 信息化应用：赋能监理效率与透明度

项目监理机构充分利用信息化平台（如PW平台和智慧工程系统），通过数据驱动的创新管理方式，大幅提升了质量控制和安全生产管理的效率与透明度。

信息化平台实现了从材料验收到施工节点的全过程数据化管理。项目监理机构利用平台记录并追踪关键施工环节的数据，如混凝土浇筑的实时温控、钢结构焊缝的检测结果以及幕墙玻璃的材料验收情况，确保每一环节的质量标准可查可控。针对质量问题，通过平台及时记录并分发整改任务，整改完成后进行复查和闭环处理，确保问题得以彻底解决。信息化平台帮助项目监理机构实时掌握施工现场的安全状况，如高空作业设备运行状态、塔式起重机限位装置的监测数据等。平台实时更新的动态信息让监理人员能够快速响应突发安全问题，并对整改过程进行全程监督和记录。此外，平台的多方协同功能支持项目监理机构与建设单位、施工单位等之间的高效沟通，大幅缩短了问题反馈与处理的时间。

通过信息化平台的应用，项目监理机构实现了质量和安全生产管理的精准化、实时化，不仅提升了信息同步效率，也强化了施工过程的精细化监督，为超高层建筑项目的高效推进提供了有力支撑。

4.1.6 综合成效：助力超高层建筑标杆建设

在深圳平安金融中心工程中，项目监理机构以严格的安全监督和精细化管理，成功实现了施工期间“零重大安全事故”的目标。这一成果不仅彰显了项目监理机构在高风险、复杂环境中的履职成效，也为超高层建筑的安全生产管理树立了标杆。

项目的优秀安全生产管理得到了行业的高度认可，荣获“广东省安全生产文明施工示范工地”“国家AAA级安全文明标准化工地”等多项荣誉，这些奖项充分肯定了项目监理机构在安全监督、风险控制和创新管理中的专业能力与贡献。项目监理机构的卓越表现为超高层建筑领域提供了宝贵经验，展示了高水平监理工作对工程成功的重要作用。

4.2 创新实践，开创项目管理策划咨询服务

4.2.1 采用开放式专家咨询平台和复杂工程综合集成管理方法论为复杂问题提供解决方案

工程监理单位内部的专家资源总是有限的，大型监理企业通过一系列品牌项目的实施可以积累行业专家资源，成为工程管理专家资源的组织平台，为工程监理及咨询提供支持。上海市建设工程监理咨询有限公司通过大量超高层建筑的监理及相关服务，构建了超高层建筑领域一支强大的外部合作专家团队。通过开放式专家咨询平台，为深圳平安金融中心工程建设提供支持，确保施工过程中的问题能够得到快速响应和专业指导，从而有效促进了知识共享与高效协作。来自国内外超高层建筑领域的管理专家和高校工程管理领域的教授等组成的专家团队通过多场专题研讨会的形式，为项目提供了重要的管理策略和技术指导，包括目标确定、组织架构设计、总控管理、合同划分等关键环节。

复杂工程综合集成管理方法论强调各系统之间的高度整合和协同，采用系统化管理方式，应对多专业交叉、复杂度高的超高层建筑工程管理需求。深圳平安金融中心工程运用复杂工程综合集成管理方法，进行系统集成与跨专业协同、多层次动态管理、关键节点与风险控制、信息化管理工具与数据支持等，结合数字化管理工具，实现了对项目进度、质量和风险的精细化控制，全面满足了超高层建筑的管理需求。通过开放专家平台和综合集成管理方法论的结合应用，深圳平安金融中心项目在多层次协同、质量保障和高效管理方面实现了显著的提升，为超高层建筑管理提供了宝贵的实践经验和参考范例。

4.2.2 强化论证协调工程质量、进度目标，为项目建设设定科学合理的方向

深圳平安金融中心工程具有显著的社会影响力，项目启动背景复杂，面临的市场环境、社会环境也在持续变化。在前期阶段，质量、进度等目标仍不够明确，且参与各方对此存在一定的分歧，在推进过程中又受到多重因素的影响，使得工程建设初期阶段存在“边推进边明确”的特征。项目管理策划咨询团队介入后，对工程建设的质量与进度目标进行了深入论证，组织了多场专家研讨会和跨部门沟通，在质量标准、进度安排等方面达成共识，并将共识形成文字，纳入总包的招标文件中。通过将关键质量和进度目标写入招标文件，确保了各参建单位在后续工作中严

格依照既定目标执行。科学合理的目标论证和协调设定了工程建设清晰的方向，有助于确保各参建方在关键节点和核心任务上保持一致的步调，为工程实施奠定了稳固的基础。

针对工程进度总目标，项目管理策划咨询团队在工程总进度目标的论证时，引入工期调整系数Z的概念：

$$工期调整系数Z=0.4\times规模系数X+0.6\times难度系数Y$$

规模系数X和难度系数Y由相关行业专家结合上海环球金融中心、深圳京基金融中心、上海中心及深圳平安金融中心等超高层项目的实际情况，以上海环球金融中心为基准，从工程规模（包括建筑高度、建筑面积、楼层数等指标）和建设难度（包括结构体系、施工场地、周边环境特殊性、特殊工艺、建设目标等指标）进行横向对比打分，最终确定深圳平安金融中心项目工期调整系数$Z=1.30$，对应参考工期约为60个月。在此基础上，项目管理策划咨询团队编制了工期计划并明确了里程碑节点，确定以2016年5月竣工为项目的进度控制总目标并写入施工合同。项目最终于2016年4月底实现竣工验收，从实际执行效果来看，目标是科学合理的。

4.2.3 策划构建项目组织体系与合同体系，为项目奠定组织基础

深圳平安金融中心工程建设涉及专业和参建单位众多，设计单位及各专业设计顾问达到几十家，总承包及各专业分包、供货单位合计超过百家，另外还有项目管理、工程监理、造价咨询、招标代理等方面的专业顾问单位，以及政府主管部门和众多公共事业单位。因此，如何通过组织策划、合同策划与制度建设把各参建单位有机整合起来，确保各项项目管理工作沟通顺畅、条线清晰、执行高效，是项目管理策划咨询的重要工作。

（1）策划、确定项目整体的合同结构

项目的合同结构与项目的管理组织结构存在较大的关联和对应关系。

通过合同结构策划，整理出合同列表，根据初步明确的每个合同的承包范围和要约方式，结合标段划分、承发包模式策划和项目总进度控制计划，各个部门可以相应地安排各自相对应的设计及招标工作计划，分头准备设计图纸、技术标准、功能标准、招标文件、招标手续、单位考察等。同时，根据合同列表可以相应完成项目成本表，每个合同对应一个成本目标，项目成本表将作为后续成本管理的控制性文件。

（2）梳理、划分项目各合同的工程界面及管理界面

在合同结构策划上，进一步编制了详尽的“工程界面划分表”和“管理界面划

分表”。“工程界面划分表”主要针对工程实体和工程实施内容的界面进行划分和界定，而“管理界面划分表”主要针对项目实施过程中的各项管理工作——特别是涉及总包与分包之间的总承包管理及协调服务、管理要求等——进行划分和界定。通过“工程界面划分表”和“管理界面划分表”，彻底、细致地对各单位的工作界面进行明确和划分，并将其纳入各施工单位招标文件、合同文件，能够从源头上有效地避免、减少扯皮和争议，为项目的顺利、有序推进打下良好的基础。

（3）确定项目管理模式和项目整体组织架构

通过对项目整体管理模式的研究，结合建设单位组织架构设计、项目合同结构策划（工程总分包管理组织结构策划），最终确定了本项目整体的工程管理组织结构，如图4.1和图4.2所示。

4.2.4　策划构建工程管理制度体系，为项目设定运行轨道

（1）支持建设单位优化项目管理体系，强化决策效率

在项目管理策划咨询服务中，利用对工程全周期的深度参与优势，为建设单位项目管理架构的优化提供了有力支持。结合工程特点和建设单位实际需求，协助成立了BLM（全寿命周期管理）项目公司，完善项目管理的决策与授权体系。

通过提出直线制管理架构和多层级组织设计建议，项目管理策划咨询团队确保了复杂项目在快速变化环境中的响应效率。同时，通过协助明确部门职责分工和主协办机制，进一步优化了建设单位内部的协作效率。项目管理策划咨询团队作为策划参与方，为BLM项目公司运行中的关键制度提供了参考，助力其实现高效决策与执行。

为了适应项目的复杂性，项目管理策划咨询团队在管理层次和管理跨度上对BLM项目公司提出了优化建议，设立3～5个层次的组织结构，并控制在合理的管理跨度内，以提高管理效率。

最后，通过制定项目级和公司级的管理制度，确保了项目管理的规范性和高效性。决策与授权管理机制的确立，使得各级管理人员在权限范围内能够高效决策，保证了项目的顺利推进。

（2）双重管理制度设计，实现项目与公司管理互联互通

为规范参建各方的工程建设、管理行为，提高项目工程建设、管理水平，确保项目建设目标的实现，项目管理策划咨询团队依据有关法律、法规、标准以及建设单位相关制度，结合项目的实际情况，制定项目专用的《深圳平安金融中心工程管理制度体系》。同时，为了确保建设单位内部的项目管理业务的高效运转，同步制定了《平安金融中心建设发展有限公司业务管理制度体系》。项目级的《深圳平安

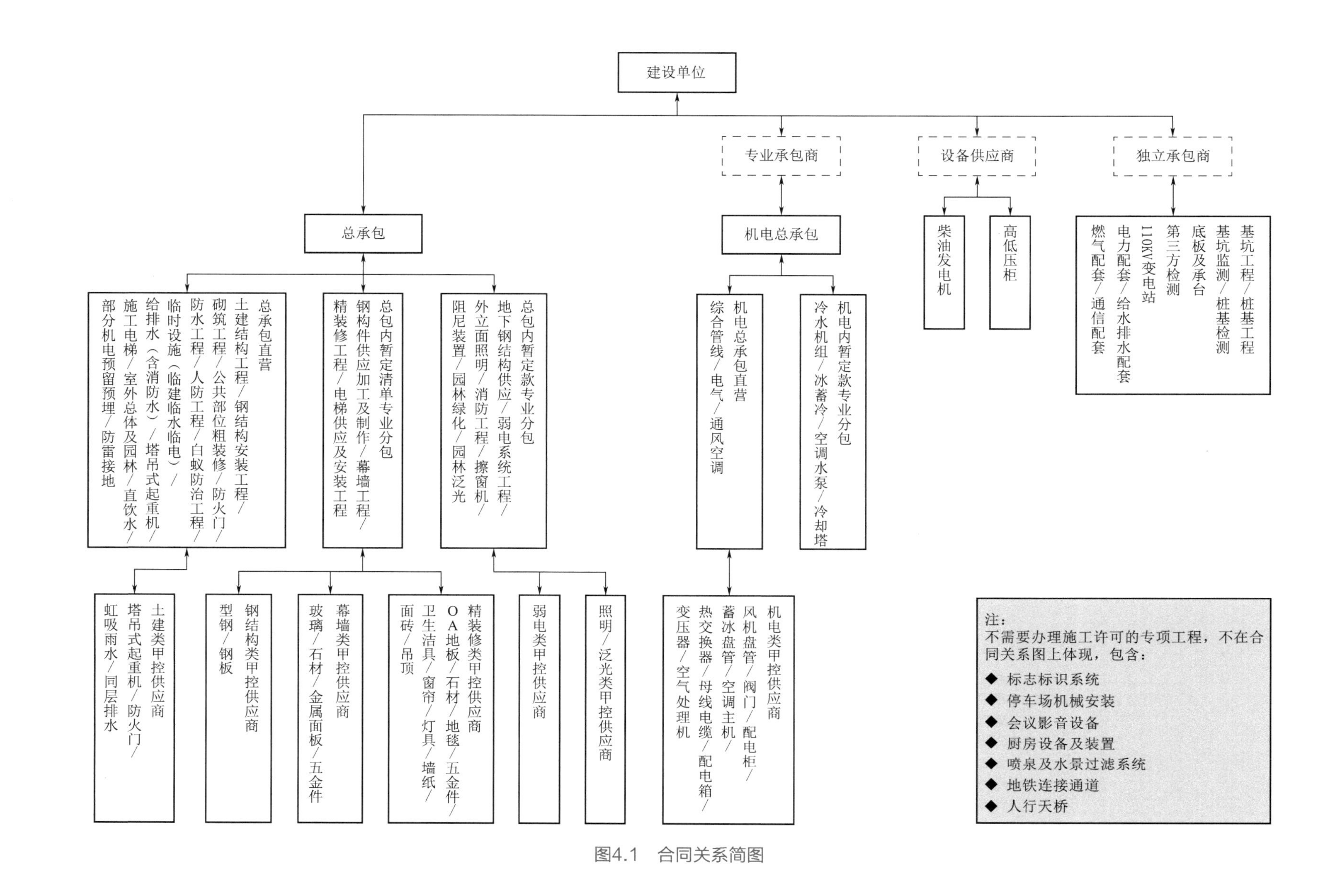

建设单位
总承包
专业承包商
设备供应商
独立承包商
机电总承包
柴油发电机
高低压柜
基坑工程/桩基工程
基坑监测/桩基检测
底板及承台
第三方检测
110KV变电站
电力配套/给水排水配套
燃气配套/通信配套
总承包直营
土建结构工程/钢结构安装工程/
砌筑工程/公共部位粗装修/防火门/
防水工程/人防工程/白蚁防治工程/
临时设施（临建临水临电）/
给排水（含消防水）/塔吊式起重机/
施工电梯/室外总体及园林/直饮水/
部分机电预留预埋/防雷接地
总包内暂定清单专业分包
钢构件供应加工及制作/幕墙工程/
精装修工程/电梯供应及安装工程
总包内暂定款专业分包
地下钢结构供应/弱电系统工程/
外立面照明/消防工程/擦窗机/
阻尼装置/园林绿化/园林泛光
机电总承包直营
综合管线/电气/通风空调
机电内暂定款专业分包
冷水机组/冰蓄冷/空调水泵/冷却塔
土建类甲控供应商
塔吊式起重机/防火门/
虹吸雨水/同层排水
钢结构类甲控供应商
型钢/钢板
幕墙类甲控供应商
玻璃/石材/金属面板/五金件
精装修类甲控供应商
OA地板/石材/地毯/五金件/
卫生洁具/窗帘/灯具/墙纸/
面砖/吊顶
弱电类甲控供应商
照明/泛光类甲控供应商
机电类甲控供应商
风机盘管/阀门/配电柜/
蓄冰盘管/空调主机/
热交换器/母线电缆/配电箱/
变压器/空气处理机
注：
不需要办理施工许可的专项工程，不在合同关系图上体现，包含：
◆ 标志标识系统
◆ 停车场机械安装
◆ 会议影音设备
◆ 厨房设备及装置
◆ 喷泉及水景过滤系统
◆ 地铁连接通道
◆ 人行天桥

图4.1　合同关系简图

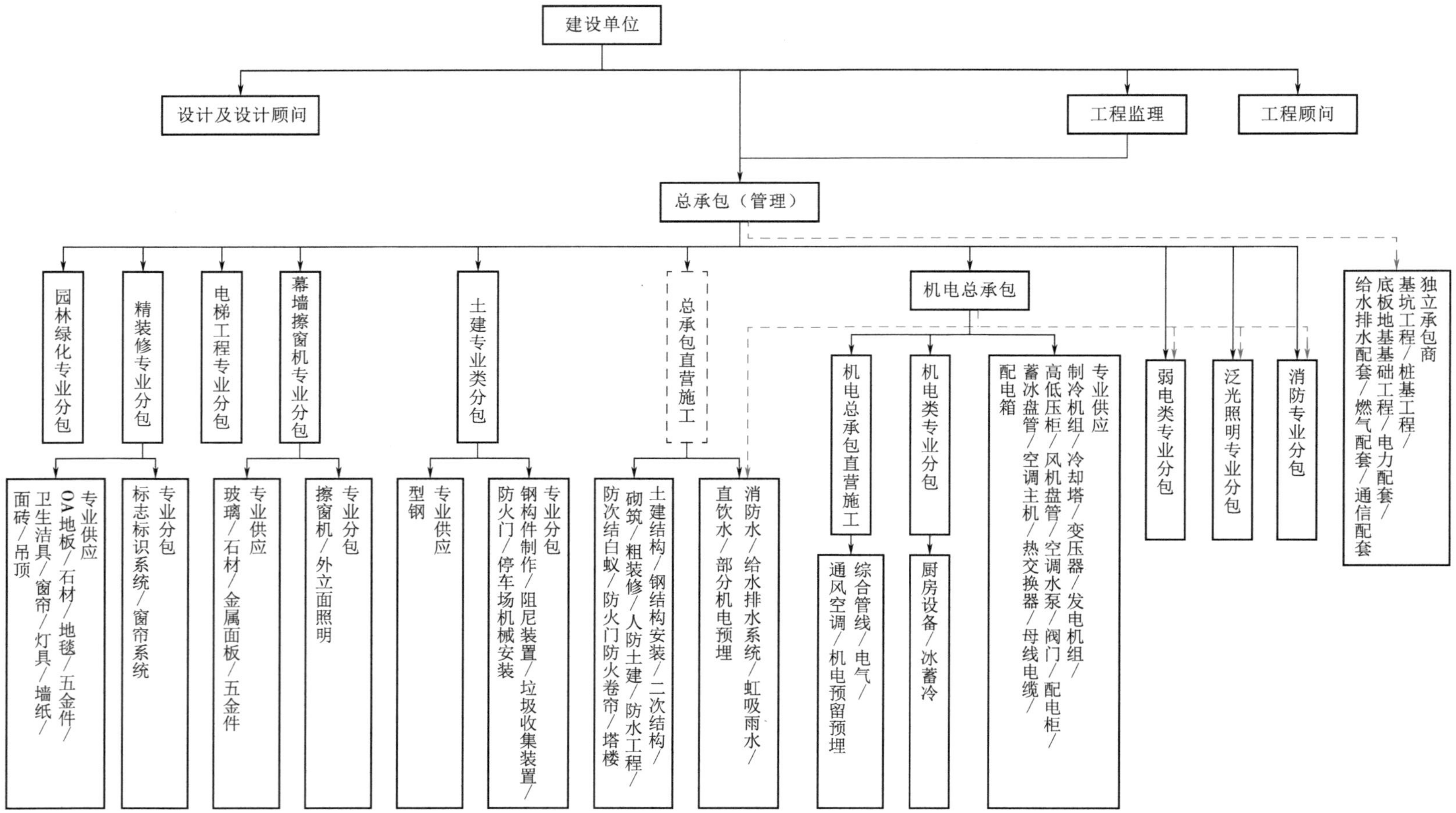

- 建设单位
  - 设计及设计顾问
  - 工程监理
  - 工程顾问
  - 总承包（管理）
    - 园林绿化专业分包
    - 精装修专业分包
      - 专业供应：OA地板/石材/地毯/五金件/卫生洁具/窗帘/灯具/墙纸/面砖/吊顶
      - 专业分包：标志标识系统/窗帘系统
    - 电梯工程专业分包
    - 幕墙擦窗机专业分包
      - 专业供应：玻璃/石材/金属面板/五金件
      - 专业分包：擦窗机/外立面照明
    - 土建专业类分包
      - 专业供应：型钢
      - 专业分包：钢构件制作/阻尼装置/垃圾收集装置/防火门/停车场机械安装
    - 总承包直营施工
      - 土建结构/钢结构安装/二次结构/砌筑/粗装修/人防土建/防水工程/防次结白蚁/防火门防火卷帘/塔楼
      - 消防水/给水排水系统/虹吸雨水/直饮水/部分机电预埋
    - 机电总承包
      - 机电总承包直营施工：综合管线/电气/通风空调/机电预留预埋
      - 机电类专业分包：厨房设备/冰蓄冷
      - 专业供应：制冷机组/冷却塔/变压器/发电机组/高低压柜/风机盘管/空调水泵/阀门/配电柜/蓄冰盘管/空调主机/热交换器/母线电缆/配电箱
    - 弱电类专业分包
    - 泛光照明专业分包
    - 消防专业分包
    - 独立承包商：基坑工程/桩基工程/底板地基基础工程/电力配套/给水排水配套/燃气配套/通信配套

图4.2　指令关系简图

金融中心工程管理制度体系》与公司级的《平安金融中心建设发展有限公司业务管理制度体系》无缝衔接、环环相扣、互相协调。

（3）决策与授权机制优化，提升制度执行力

在项目管理策划咨询中，项目管理策划咨询团队协助建设单位梳理决策与执行环节中的关键瓶颈，建议建立分级授权管理模式，简化流程、提升效率。通过明确各级管理权限，赋能各岗位高效决策，同时优化决策链条以确保制度执行力。

为支撑分级授权的高效运转，咨询团队协助建设单位完善部门职能与职责分工，确保各岗位职责清晰、协作顺畅。在此基础上，确立了“主管负责制与主协办机制”，作为项目公司最核心的业务协作模式。主管负责制要求各部门对其主办业务全权负责，而在业务处理过程中，可根据需要请求其他部门提供协办支持。这一机制有效理顺了跨部门协作流程，提升了项目管理的执行效率。

此外，咨询团队针对设计管理、招标管理、造价管理、工程管理、综合管理等项目管理关键领域，协助制定了系统化的管理制度。这些制度相互配套、协调运行，为各专业工作的规范化管理提供了有力支撑，同时为复杂项目的精细化管理奠定了坚实基础。

（4）优化文件流转与会议机制，提升沟通协作效率

深圳平安金融中心工程参建单位众多，组织协调工作难度巨大，过程中会产生海量的工程文件，各层级各类型会议众多。为此，在制度体系中专门制定了《深圳平安金融中心工程文件往来及档案信息管理办法》《深圳平安金融中心工程会议管理办法》等，对项目的工程文件往来、会议管理进行了规范，确保沟通和协调的效率。

（5）通过多方宣贯与动态监督，确保制度落地与执行

为使制度在建设过程中切实落地，项目管理咨询团队建议将项目级管理制度纳入招标文件与合同条款，明确参建各方的制度执行责任。同时，进一步针对各部门各岗位编制实施细则与作业指导书，协助建设单位在项目公司内部进行了多轮的宣导，帮助项目公司形成长期的规范化管理模式。

4.2.5 实现从“追随”到“引领”的跨越，工程监理为项目目标实现发挥核心关键作用

在深圳平安金融中心工程建设中，工程监理单位不仅仅是传统意义上的“追随”角色，而是通过主动策划、积极参与和前瞻性管理，实现了对项目进程的“引领”。通过引入系统化的项目管理策划咨询服务，项目监理机构在项目管理中发挥了关键作用，不再局限于跟随施工进度，而是站在项目整体目标的高度上，对质

量、进度和风险控制进行引导和预判。

这种角色的跨越使得项目监理机构能够在关键节点上主动提供支持、推动决策，为项目的顺利推进提供了强有力的保障。在工程实施的各个阶段，项目监理机构的引领作用不仅提升了项目管理的系统性和效率，还为最终实现项目目标发挥了核心和关键作用，为项目管理模式创新提供了重要的示范价值。

深圳平安金融中心工程监理和项目管理策划咨询融合的成功经验，对于我们如何做好工程监理，统筹推进全过程咨询工作，确保项目有序高效建设，创造专业价值，也具有非常重要的参考意义。

5 启示

5.1 复杂工程项目管理成败的关键在于设定合理的目标和构建科学的组织体系、管理体系

深圳平安金融中心工程建设的成功管理经验表明，在复杂工程项目中，科学合理的目标设定和科学的组织、管理体系是项目成败的关键所在。超高层建筑、功能复杂、环境条件限制等因素使得复杂项目在初期阶段容易因目标模糊、职责不清而产生协作难题。设定明确、合理的目标不仅为各方提供了清晰的方向，也为资源配置、风险管控和进度安排打下了基础。此外，科学的组织体系能有效整合各参建方的资源和力量，为项目的高效推进提供保障。

科学的管理体系也是项目成功的核心因素。通过构建系统化的管理流程和多层次的沟通机制，管理团队能够在动态环境中保持灵活应对的能力。组织架构、职责分工、进度和质量管理等关键要素的科学化布局，有助于提高信息传递效率和资源调度效果，确保各系统间的紧密协作。

因此，平安金融中心工程建设的管理启示首先在于，前期需注重目标的合理设定，并以此为基础构建高效、科学的组织和管理体系。这一策略不仅提升了项目的管理效能，也为复杂工程项目的管理模式提供了有力的参考和借鉴。

5.2 工程监理+项目管理策划咨询的全过程工程咨询模式是监理企业从项目追随者走向项目引领者的可行途径

深圳平安金融中心工程建设的经验表明，“工程监理+项目管理策划咨询”的全过程工程咨询模式，有助于监理企业从传统的项目追随者转变为项目引领者。常规监理模式下，工程监理服务主要在施工阶段参与，控制目标也是以质量、安全目标为重点，虽然也有事前控制、事中控制和事后控制全流程的管控机制，但从复

杂工程全局的视角来看，是一种“事中控制”和“事后控制”为主体的机制设计。在平安项目这一模式中，项目管理策划咨询的核心是通过目标论证、组织设计和管理体系设计为项目设定科学合理的目标，并设计了目标实现的路径与控制措施，从复杂工程全局来看，是一种宏观的“事前控制”的行为，而且其视角也是全局性的，不再主要集中于质量安全方面。通过补强“事前控制”短板，再配合以传统的“事中控制”和“事后控制”，使得监理企业有机会建立了“全过程”的控制机制，不再仅仅跟随施工进程，而是通过全过程的管理咨询和策划，深入参与项目的决策制定、风险预判和资源配置等关键环节，从而在项目实施过程中真正起到更为主动、关键与核心的引领作用。这种“全过程工程咨询”的探索性模式让监理企业在项目中具备了更多的决策话语权，进一步推动了监理企业角色的提升与价值的实现。

由此可见，“工程监理+项目管理策划咨询”的全过程工程咨询模式是监理企业转型为项目引领者的重要途径，为监理行业在复杂项目管理中建立了更具前瞻性和主导性的管理模式提供了可行参考。

5.3 持续跟进行业数字化转型，提升监理服务价值

深圳平安金融中心工程项目监理机构进场后，结合上海市建设工程监理咨询有限公司在上海环球金融中心项目深化设计工作中使用“建筑综合平面图”和“设备管线协调图”的经验，建议建设单位从施工图设计阶段开展建筑信息模型的相关工作。项目总监理工程师与建设单位项目经理多次赴国外进行调研、参观和学习，并委托同济大学工程管理研究所进行软件工具的对比分析和选型，最终确定选用Autodesk公司的Revit软件作为项目BIM平台，并全过程参与了项目BIM管理模式构建与应用，与参建各方共同编制了《平安金融中心BIM实施导则》，明确了建设单位、BIM咨询顾问、承包单位、工程监理单位、设计顾问的组织架构及分工职责，BIM应用点，BIM技术应用标准以及相关管理制度，BIM应用覆盖了项目设计、施工、运维等全生命周期。

在项目实施过程中，项目监理机构积极跟进行业的数字化转型，将BIM技术深入应用到工程监理工作中，主要应用点包括全专业深化设计审核、结合Project进度计划软件和三维可视化工具进行进度计划模拟展示和WBS分解、对重点难点专项施工方案和特殊节点施工工艺进行模拟仿真施工等。通过将现场巡视检查、旁站、平行检测、质量验收等工作内容中的工程信息关联到BIM实体模型中，大大提升了工程质量控制的力度与成效。工程变更管理中，项目监理机构提取原设计模型、施工模型信息，并与设计或施工单位加入的变更内容进行比较，利用BIM模型计算工程

量的增减以及对费用和工期的影响，将工程变更单与实体模型关联，使工程变更的管理效率与准确性大大提高。

基于深圳平安金融中心项目BIM技术在监理工作中取得的显著成效，以及建筑业发展的客观需要，考虑到BIM技术已成为建筑市场各参与主体必备能力的客观要求，立足“精前端，强后台”的管理思路，上海市建设工程监理咨询有限公司2015年1月正式成立了BIM中心，面向重大复杂项目管理需要，提供专业的BIM咨询服务，提升监理服务价值。业务范围包括BIM咨询、项目全生命期BIM咨询服务、项目管理BIM服务、基于BIM的项目管理实践，监理BIM服务。服务内容包括设计优化及管理、协同平台应用与管理、技术培训、招标及合同管理、模型应用与审核、辅助施工管理、运维支持。

5.4 应用“智慧工程”，实现监理工作平台化、标准化

建设工程企业数字化转型是行业发展的必然趋势，通过信息化转型增强竞争力、创新力、抗风险能力也是发展的重要方向，通过信息化、数字化手段提高监理工作的质量和效率，已经成为越来越多工程监理单位的选择。

深圳平安金融中心工程实施过程中，项目监理机构全面应用了“智慧工程”管理平台，提升监理工作价值与工作效率，推进监理工作的信息化。

项目监理机构通过“智慧工程”管理端，实现基于项目的在线人员工作安排、业务标准化与精细化管理，实现人员管理网络化，同时可以进行监理人员在线培训和工作绩效考核，现场数据采集、云端高速有效实时审查。

工程监理单位工程技术管理部门通过智慧工程企业管理端，基于对项目的“云管”模式，后台对项目进行实时监管、统计、分析，实时建立企业在建项目管理大数据库，帮助企业决策者直观、简洁地获得项目数据，积累工程数据库，助力企业知识管理，同时及时掌握项目进展情况，发现工程风险，通过远程协同，督促检查项目现场工作，实现后台技术与管理支撑。

6 结语

在深圳平安金融中心工程建设中，监理工作在“守正”与“创新”之间找到了“变与不变”的最佳平衡。守正是本源、根基和前提，为创新立魂、立本、立根，是“不变”；传统监理工作的严谨性和规范性为项目的质量和安全提供了可靠保障，这是“守正”的体现。而创新是趋势、方向和动力，推动守正求新、求进，是“变”；项目管理策划咨询的引入和数智化监理手段的应用，赋予了项目管理新

的活力和方法创新，这是“创新”的体现。通过这种“守正”与“创新”的融合，项目监理机构不仅超越了传统的监督角色，更主动引领项目进展，以实现卓越的质量、进度与安全目标，助力打造了深圳平安金融中心这一标志性工程，实现了卓越“平安”的“监理初心”。

（主要编写人员：臧红兵　杨胜强　张宏军　刘新浪　时　间）

勇毅担当　攻坚克难　匠心监理　创新求精

——郑州市奥林匹克体育中心体育场工程监理实践

1　工程概况

郑州市奥林匹克体育中心地处郑州市郑西新区的核心地带，位于渠南路以南、站前大道以西、文博大道以北、西四环以东区域，是集体育竞技、体育健身、体育产业为一体的大型综合性体育建筑群。中心总建筑面积58.4万m^2，包括一个甲级体育场、一座甲级体育馆和一个大型游泳馆，可举办全国综合性运动会和国际单项重要赛事，是2019年第十一届全国少数民族传统体育运动会开闭幕式和赛事主场馆。体育中心总投资55.92亿元，是中华人民共和国成立以来河南省投资建设规模最大的体育设施，现已成为郑州市民公共文化服务区的重要组成和郑州市的新地标。

1.1　工程规模及结构体系

1.1.1　工程规模

体育场位于郑州市奥体中心中部，建筑平面布局呈“外圆内椭”造型，东西向长311.6m，南北向长291.5m，共建有3层看台，总座席6万座，其中固定座席5万座、临时座席1万座。建筑面积304448.59m^2，其中地上219578.74m^2、地下84869.85m^2，建筑高度55.07m，主体地上9层，地下2层（图1.1、图1.2）。体育场建安投资共28.2亿元。

1.1.2　结构体系

体育场基础采用钻孔灌注桩，桩筏基础；主体下部采用框架–剪力墙结构，上部采用钢结构屋盖（图1.3）。

屋盖采用“立面桁架+三角形巨型钢桁架+网架+大开口车辐式索承网格”组合

图1.1　体育场

图1.2　体育场内标准足球场、田径赛场

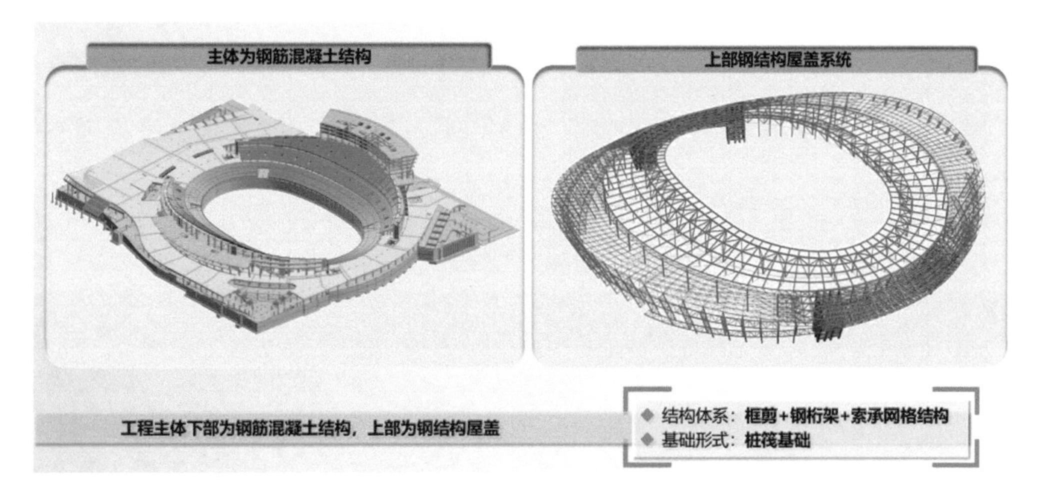

图1.3　体育场结构构造

结构体系，其中大开口车辐式索承网格（看台区域上部屋盖结构）是全球首创最大跨径、最大悬挑的超大跨度新型结构体系。

东西看台区域外侧屋盖采用钢网架结构。南北端临时看台上方对称设置空中连廊连接东西看台屋盖钢结构，形成有别于国内其他大多数体育场的闭合屋盖体系，空中连廊采用三角形巨型钢桁架结构，为国内跨度最大的弧形钢桁架结构。

屋顶为多曲率双层金属屋面系统，外立面为多曲面幕墙系统（图1.4）。

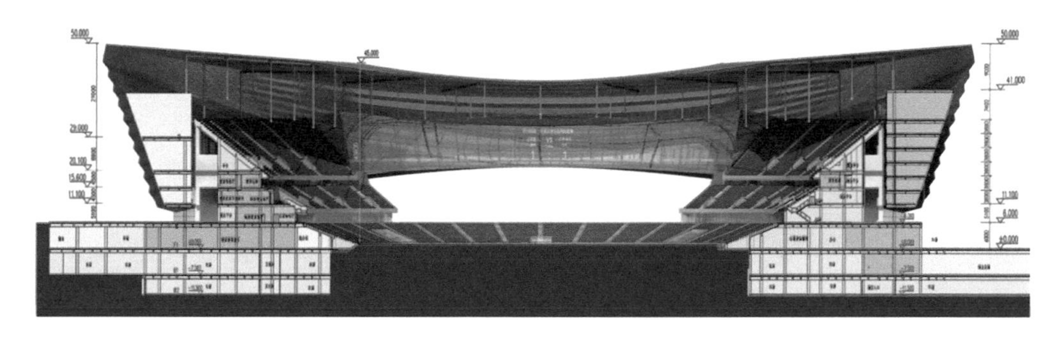

图1.4　体育场结构剖面

1.1.3 功能分区

体育场内设400m标准环形跑道、标准足球场及各类田赛场地，功能齐全。地上9层，围绕首层比赛场地设置运动员区、竞赛管理区、新闻媒体区、贵宾区和场馆运营区等功能用房。东面看台外侧为准五星级酒店，是全国首例酒店内嵌入体育场的建设案例。地下1层北侧为网球馆、羽毛球馆，东北角为商业区下沉广场，西南侧为非机动车停车区，设备用房集中于酒店下部区域，其余区域为机动车停车区。负二层为人防区及机动车停车库。

1.2 工程进度里程碑事件

体育场工程于2016年9月8日开工，2019年6月21日竣工，工程进度里程碑事件如表1.1所示。

体育场工程进度里程碑事件表　　表 1.1

时间	事件进程
2016年9月8日	土方工程开工
2016年10月18日	总承包单位中国建筑第八工程局有限公司进场
2016年11月26日	开始桩基施工
2017年3月10日	桩基础子分部阶段验收
2017年6月30日	地下室封顶
2017年9月30日	主体结构封顶、两个钢连廊整体提升完成
2017年12月30日	钢结构封顶
2018年6月13日	基础与主体结构工程分部验收
2018年8月13日	V形撑顶升完成
2018年9月7日	索承结构整体完成
2018年12月20日	金属屋面完成
2019年5月30日	室外工程完成
2019年6月11日	预验收
2019年6月21日	竣工验收

1.3 建设单位及参建单位

体育场工程投资建设单位及参建单位组成架构如图1.5所示，投资建设单位是郑州地产集团有限公司，施工总承包单位是中国建筑第八工程局有限公司，监理单位是广州市广州工程建设监理有限公司。

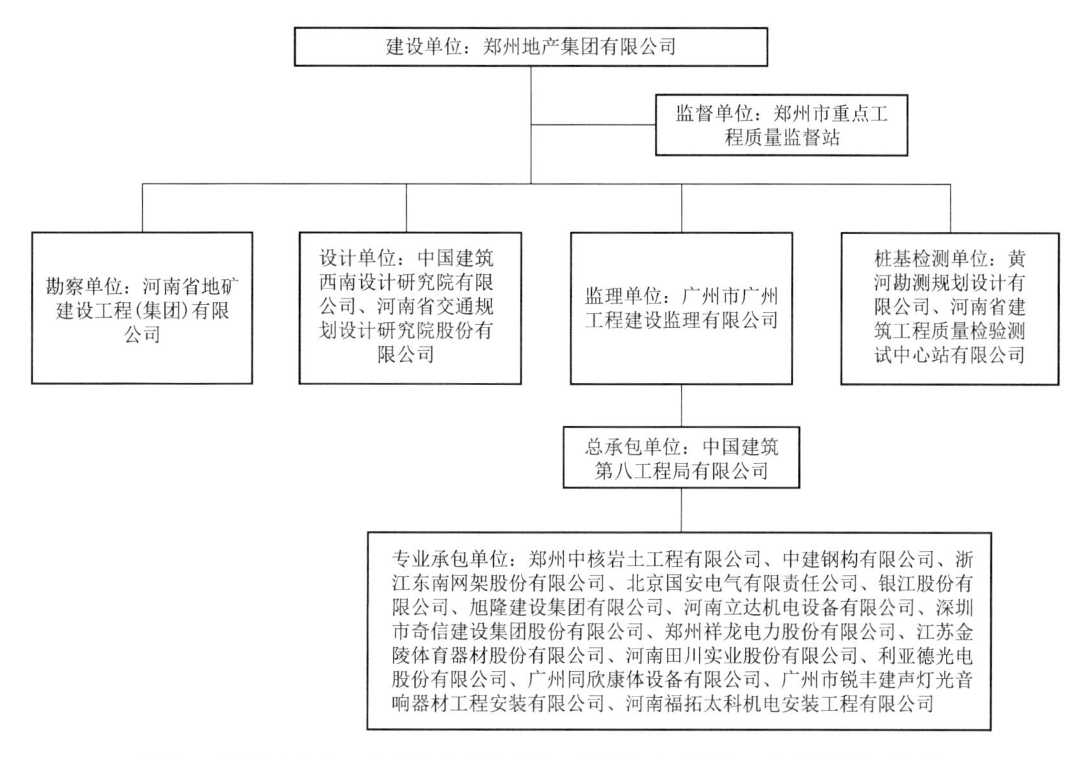

图1.5　郑州市奥林匹克体育中心体育场工程投资建设单位及参建单位组成架构

1.4　工程获奖情况

在参建各方通力合作和共同努力下，郑州市奥林匹克体育中心体育场工程保质保量如期竣工，在施工质量、安全生产、绿色环保、科技创新等方面取得了丰硕成果，获得了多项国家和省市级奖项，其中国家级奖项有钢结构金奖、鲁班奖、中国土木工程詹天佑奖，省级奖项有河南省优质结构奖、优质工程奖、土木建筑科学技术奖等。项目监理单位及其派出监理机构在工程监理过程中，得到建设单位和建设行政主管部门的高度肯定和赞赏，为表彰工程监理单位及其项目监理机构认真负责、创新求精、拼搏奉献、勇于担当的工作精神和工作成效，有关单位授予工程监理单位及其相关监理人员各种荣誉6项（表1.2）。

工程监理单位获奖情况表　　表 1.2

序号	奖项名称	获奖时间
1	郑州市重点项目建设技术标兵	2019年3月
2	第十三届第二批中国钢结构金奖工程	2019年5月

续表

序号	奖项名称	获奖时间
3	河南省工程建设优质结构工程	2019年12月
4	河南省建设工程“中州杯”（省优质工程）	2020年7月
5	2019～2020年度河南省工程建设优质工程	2020年8月
6	第七届河南省土木建筑科学技术奖（优质工程类）	2020年9月

2 工程监理单位及项目监理机构

2.1 工程监理单位

2.1.1 广州市广州工程建设监理有限公司

广州市广州工程建设监理有限公司成立于1991年9月，为广州市建筑集团有限公司成员企业，注册资本1200万元，具有房屋建筑工程、市政公用工程、机电安装工程甲级监理资质，通信、电力工程乙级监理资质等，是我国第一批甲级监理企业之一，中国建设监理协会首批会员，广州市建设监理行业协会发起人之一，现为副会长单位。

2.1.2 公司对项目监理机构的管理

在广州市广州工程建设监理有限公司组织架构中，项目监理机构属三级机构，一般纳入各分公司直接管理。鉴于本体育场项目在社会意义、规模、技术等方面的高度特殊性，公司对项目监理机构进行了提级管理，由公司党政领导在组织上、行政上直接管理。同时，公司安全生产管理委员会和技术专家委员会对项目《监理规划》《安全生产管理方案》《质量和安全风险总体评估》及“四新”（新材料、新技术、新工艺、新设备）工程和超过一定规模的危险性较大分部分项工程的监理实施细则编制提供技术支持。

根据公司审批通过的《质量和安全风险总体评估》，要求对项目质量、安全风险等级实行分级管理。本项目经评估属一级风险项目，由公司及其职能部门安全和监理管理部、项目监理部实行三级管理。在工程建设监理过程中公司通过领导带班检查、季度考评、专项检查等手段对项目的质量、进度、投资、安全等实行全方位管理。

2.2 项目监理机构

在公司领导下，总监理工程师根据项目的特点、监理合同的要求以及人员的专业特长组建了项目监理部管理架构（图2.1），对人员进行了分工，确定了岗位职责。

在项目实施期间，项目监理部还与河南工业大学建立了密切的产学研合作关系，项目监理部为河南工业大学提供课题研究和实习平台以及课题研究数据；河南工业大学则和公司技术专家委员会组成技术顾问组为项目监理部在大型钢结构、预应力及“四新”项目上提供技术支持，对相应的施工方案审批和监理细则的编制提供咨询意见。

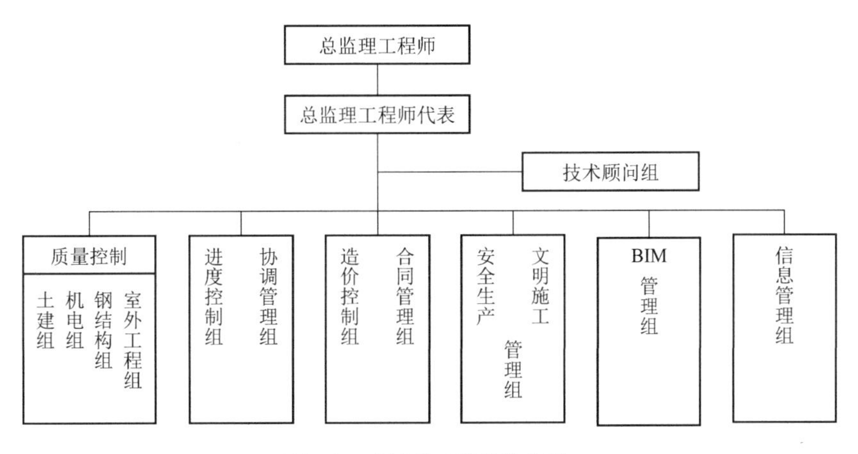

图2.1　项目监理部组织架构

3　工程特点

郑州市奥林匹克体育中心体育场工程主要有如下五个方面的特点。

3.1　工期紧，社会意义重大

作为第十一届全国少数民族传统体育运动会的开、闭幕式主场馆，本项目社会意义重大，工程建设过程中，国家有关部委领导，河南省委省政府、郑州市委市政府有关领导等多次到现场视察调研，并受到各大媒体的持续关注。项目必须确保在规定期限内交付使用，面临任务重、工期紧的挑战。

3.2　工程规模大，巨型建筑构配件多

体育场有超大面积地下室、超大面积环形预应力混凝土看台、超大厚度底板，混凝土结构面积大，浇筑量大，共浇筑混凝土23.7万m^3。钢结构体量超大，总重2.3万t。大开口车辐式索承网格结构中的环索采用德国进口的D130密封索，属国内公共建筑项目中使用的最大直径密封索，索体总重800t；环索索夹42个，每

个重达6t。连接南北罩棚的三角形巨型钢桁架跨度82m，总重约1300t，也为国内之最。

3.3 钢结构独特，“四新”运用广泛

屋盖钢结构体系组合独特，由立面钢桁架、超大跨度三角形巨型钢桁架、屋面钢网架、悬挑大开口车辐式索承网格结构组成，其中独特的大开口车辐式索承网格结构设计最大跨径311m、最大悬挑54.1m，用索结构的张拉，把整个屋面钢结构支撑起来，此种伞撑结构受力体系，为全球之最。

“四新”应用广泛，包括超大跨径索承网格结构施工关键技术、大直径柔性索体整体提升技术、索承空间网格结构预应力综合建力方法、环桁带V形斜撑顶撑施工技术、张力条件下拉索—索夹抗滑承载力性能试验方法等，以及地源热泵、光伏发电、太阳能、光导系统等32项“四新”项目。

3.4 造型复杂，施工精度要求高

体育场外形设计取意黄河天水之美，形成流畅的表皮系统，疏密有致，舒缓灵动。

屋面造型奇特复杂，51000㎡马鞍形金属屋面空间定位标高复杂多变，檩条间距不等，檩条标高点位渐变，屋面板坡度变化多，为超大异形金属双层屋面。多曲率金属屋面系统的实施必须精而细。

外幕墙为倾斜面，高度45～55m，最大外倾角度68°，外倾斜幕墙地面投影尺寸3～15m宽。幕墙龙骨结构形式复杂，外立面大部分为异形曲面组合，每一板块及龙骨长度尺寸均不一致，难以批量化生产；幕墙材料种类多，其中穿孔铝板幕墙、聚碳酸酯板幕墙、铝板幕墙、玻璃幕墙为两两交叉安装、呈波浪式倾斜造型组合曲面形式。从屋面到幕墙，都需要完美的施工精密度。

3.5 建造难度高，安全管控难

项目建设体量巨大，材料用量和数量大，施工队伍多，涉及专业多，除总承包单位外，还有由建设单位发包、总承包单位管理的20余家专业分包单位，涉及标识系统工程、电梯工程、智能化工程、市政工程、外供电工程、景观照明工程、体育工艺工程、体育器材设施工程、体育照明设施工程、光伏发电工程、太阳能聚热工程、光导照明工程、地源热泵工程等40多个专业。加之设计新颖、运用“四新”广；面临深基坑作业面多、大型机械设备集聚、高空作业众多、高支模多、用电施工作业面多等复杂情况，还受部分场地移交滞后、外围市政工程同步施工等影响，使得项目监理部工作协调和安全生产管控的难度大大增加。

4 工程监理工作重难点及措施

在实施建设郑州市奥林匹克体育中心体育场工程项目过程中，广州市广州工程建设监理有限公司开展监理工作的主要重点难点和采取的具体措施如下。

4.1 大型地下室底板混凝土裂缝控制

4.1.1 监理工作重难点

体育场工程有两层地下室，地下室东西长330m，南北宽362m，设计后浇带交错复杂、长度约计8500延长米，包括2条环向后浇带和25条径向后浇带，底板被后浇带分划成82个施工单元，最大单元底板混凝土一次浇筑量约7000m³，其中酒店区域底板设计厚度平均约4m，局部最深达到8.9m，混凝土强度等级C35。为了加快施工进度，施工单位提出取消后浇带，采用“跳仓法”工艺进行地下室底板混凝土施工，采用控制内外温差的手段抑制混凝土裂缝的产生。对于面积如此之大又取消了后浇带的大体积混凝土施工，如何采取严谨、科学的措施来控制地下室底板混凝土温度变形和收缩变形，杜绝有害裂缝产生，确保混凝土施工质量，成为地下室底板施工阶段监理工作的重点和难点。

4.1.2 监理工作措施

为了有效控制大体积混凝土的施工质量，针对混凝土裂缝产生的原因，项目监理部召开专题研讨会分析认为地下室底板混凝土裂缝产生的原因主要是由于温差、收缩和地基的不均匀沉降产生的变形引起的，在地下室施工时，因上部荷载不大，地基下沉的可能性较小，所以本项目地下室底板混凝土裂缝控制的重点是温度和收缩变形。因温度和收缩变形引起混凝土裂缝产生的直接原因有：泵送商品混凝土的广泛应用，导致混凝土的收缩及水化热增加；混凝土的强度等级提高，水泥的用量相应增加；由于地下室底板较厚，大量采用超静定结构，使结构的约束应力不断增大；施工方法不当等。针对混凝土裂缝产生的原因，项目监理部将材料、施工方法、温控、养护等环节作为主控对象，依此制定项目监理部的工作方法和措施如下：

（1）方案审批：施工方法不当是导致混凝土裂缝产生的直接原因之一，所以施工方案的审批尤为重要。针对本项目地下室底板混凝土工程，施工单位提出采用“跳仓法”施工，其核心内容是通过控制浇筑单块混凝土面积和相邻区块混凝土浇筑的间隔时间，达到混凝土不因温度变形和收缩变形导致有害裂缝产生。具体方案是将体育场底板分为75个仓位，每仓的面积控制在1600m^{2}以内，单边长度控制在40m以内，浇筑混凝土时呈品字形跳仓，相邻仓位混凝土需要间隔7天后才能施工相连。项目监理部对方案的可行性、科学性进行了认真审核，提出审批意见后交专家组论证，专家组进行了充分论证并提出了修改意见，项目监理部同意按照专家组意见修改后实施。

（2）优化配比：项目监理部充分借助技术顾问组的力量，组织施工单位和混凝土供应商召开了优化混凝土配合比、降低水化热专题会议，经过认真研讨，确定了符合本项目要求的配合比优化方案：主要是通过改善骨料级配、使用水化热低的矿渣水泥或粉煤灰水泥、控制水泥用量、降低水灰比、掺加混合料、外加剂和抗裂纤维等方法来降低水化热的产生，增强混凝土的抗裂能力。项目监理部强调混凝土配合比必须经试验验证后确定。

（3）厂商选择：项目监理部组织建设单位共同对施工单位申报的资质条件符合要求的9家混凝土供应商进行了考察，通过考察选择了其中质量保障体系健全、生产能力及运输能力满足要求且运距适当的6家混凝土供应商，为混凝土的生产质量和混凝土浇捣的连续性提供了保障。

（4）细则编制：项目监理部以设计图纸、施工及验收规范为依据，针对施工单位的“跳仓法”施工方案，编制了《混凝土施工专项监理细则》，明确了如下事项：“跳仓法”分仓方案的合理性判断；填仓混凝土间隔时间控制；混凝土浇捣质量控制；混凝土内部和表面温度传感器埋设；混凝土温度变化的监测与数据分析；温度异常时应采取的降温或保温措施及混凝土养护等，为本项目的地下室底板混凝土施工质量控制提供了可行的理论依据。

（5）培训交底：在施工单位的“跳仓法”施工方案专家论证通过并审批完成后，项目监理部就施工方案和监理细则对监理人员进行了专项培训和技术交底，培训的重点是施工方案中的施工流程、分仓的合理性、填仓时间、施工方法、测温设备的预埋、温度监测方法和频率、温控措施等；技术交底的重点是浇捣前准备工作的验收、进场混凝土的验收、混凝土浇捣质量的控制、温控和养护等。

（6）旁站监督：每次混凝土浇筑前项目监理部要求施工单位确定好浇筑线路，并监督其做好交底工作。监理人员在混凝土浇筑前完成钢筋工程的验收，在各项准备工作做好后才签发浇筑令。监理旁站人员必须明确质量控制要点，检查每车混凝土进场发货单、抽查混凝土的坍落度，对混凝土浇筑、振捣做好旁站监督，督促施工单位及时做好已捣混凝土的养护工作。

（7）控温防裂：混凝土终凝后，会不断地释放水化热，项目监理部指定专人密切关注预埋在混凝土中的温度传感器反映的内温数据的变化，及时掌握内外误差值，当内外温差值达到25℃时及时督促施工单位采取降温或保温措施，将内外温差严格控制在25℃以内。温度观测及养护不少于14天。

4.2 三角形巨型钢桁架结构整体提升质量控制

4.2.1 监理工作重难点

体育场南北两侧各设置一个82m跨度空中连廊（图4.1中红色部分），采用大跨度三角形巨型钢桁架结构，其主要受力构件的最大截面尺寸为1000mm × 1000mm，钢板厚度55mm（焊接成箱形截面）。该桁架投影区域为圆环形，覆盖面积约2092m^2，包括平面桁架、立面三角桁架两部分，部分连接采用焊接球节点。施工时在6.7m标高处的混凝土楼板上按照三角形巨型钢桁架结构的正投影位拼装完成后再整体提升，提升重量约1300t，就位后固定在两端支承钢框筒上（图4.2）。该桁架结构复杂，跨度、重量大，如何整体提升及空中就位安装的质量控制是监理工作的重点难点。

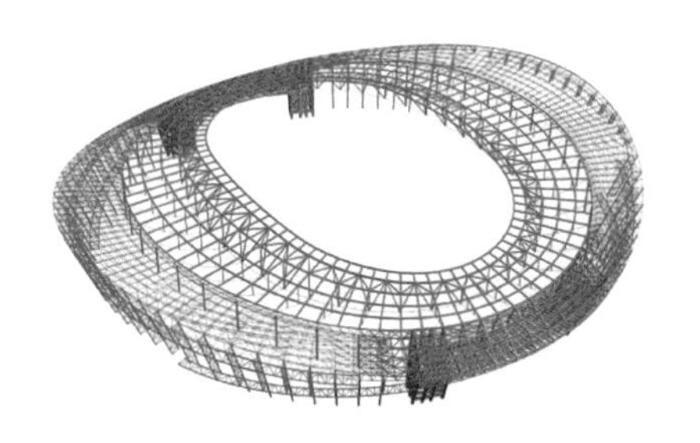

图4.1 体育场空中连廊示意

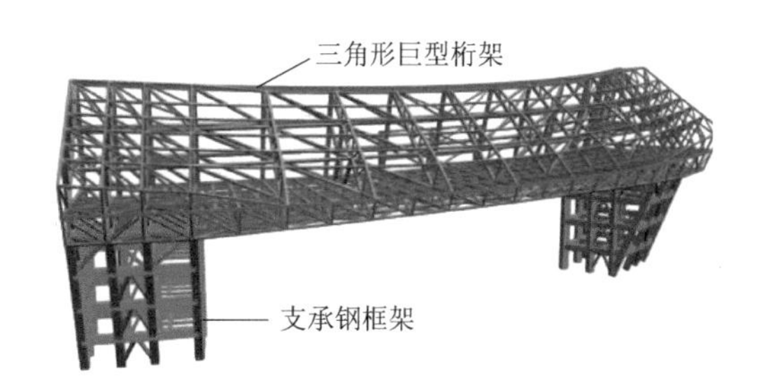

图4.2 三角形巨型钢桁架结构及其支承示意

4.2.2 监理工作措施

体育场三角形巨型钢桁架结构为弧形结构，采用原位拼装整体提升工艺，提升及质量控制风险巨大。为确保施工顺利进行、质量可控、提升平稳，项目监理部在认真研读设计图纸和相关施工验收规范文件后结合施工方案，将地面拼装、预提升、提升、精准就位、整体焊接、卸载等重要环节作为主控对象，依此制定项目监理部的工作方法和措施如下：

（1）方案审批：项目监理部对施工单位申报的《三角形巨型钢桁架结构整体提升施工方案》，就其针对性、可行性、安全性、先进性以及强制性条文的符合性进行了认真审核，经过项目监理部审批并签署意见报建设单位同意后交专家组论证。方案经专家组论证修改后通过。

（2）细则编制：项目监理部对施工单位申报的《三角形巨型钢桁架结构整体提

升施工方案》审核完成后，结合其施工工艺并参考技术顾问组的指导意见，编制了有针对性的《三角形巨型钢桁架结构整体提升监理细则》，用以指导三角形巨型钢桁架结构整体提升的监理工作。

（3）培训交底：项目监理部就《三角形巨型钢桁架结构整体提升施工方案》《三角形巨型钢桁架结构整体提升监理细则》和质量验收规范中的技术要点及施工过程中的质量控制点进行了交底，使监理人员熟悉施工的安全和质量控制的核心内容；提升过程中对健康监测数据进行分析，以确保三角形巨型钢桁架结构质量和提升过程的安全性，同时项目监理部督促施工单位做好方案和安全技术的交底。

（4）事前检查：监理人员严格检查提升前准备工作的完成情况，主要检查两端支承钢框筒上安装的提升平台结构；三角形巨型钢桁架结构下吊点部位的结构加固；提升平台上安装的液压同步提升设备；提升设备的钢绞线与三角形巨型钢桁架结构两端的各四个下吊点结构连接的牢固性；健康监测设备的安装等。

（5）预升监控：提升系统调试完毕，经监理人员确认一切准备就绪后，首先进行预提升。严格监管预提升是整体提升过程中极为重要的一步，以模拟计算的各提升吊点反力值为依据，通过分级加载依次施加反力值的20%、40%、60%、80%，在确认各部位构件和吊点无异常情况后，继续加载到90%、95%、100%，直至整体三角形巨型钢桁架结构结构完全脱离拼装平台约100mm。期间监测结构的受力变形情况，用测量仪器检测各吊点的离地距离，计算出各吊点相对高差。通过液压提升系统调整各吊点高度，使提升单元达到设计姿态。同时监理人员督促施工单位和第三方健康监测单位一同以钢结构应力及变形的健康监测数据为依据进行过程分析，并对比事前的模拟结果，再次确认无异常后，将提升器机械锁紧。在静置约12小时后，监理人员对三角形巨型钢桁架结构、两端支承钢框筒结构、提升平台结构及下吊点结构等再次进行全面检查，并测量各吊点标高及基础沉降情况，确认一切正常后，下达对整体桁架结构进行正式提升作业的指令。

（6）提升安装：预提升完成并接到提升指令后，施工单位按照下述流程正式进行三角形巨型钢桁架结构整体提升就位，监理人员全过程旁站监理：① 提升就位：在整体提升就位过程中重点控制提升速度和就位的精准度。提升速度控制在约10m/h，待三角形巨型钢桁架结构距其设计位置约200mm时，降低提升速度，测量桁架标高，进行微调作业。通过各吊点微调使主桁架各层弦杆精确提升到达设计位置；使三角形巨型钢桁架结构精准就位，经监理人员复核并符合精度要求后将提升器机械锁紧，保持结构单元的空中姿态。② 整体焊接：精准就位后，三角形巨型钢桁架结构提升段两端各层弦杆与东、西两端支承钢框筒上已安装的端部杆件对口焊接固定；对口焊接固定完成后安装斜腹杆后装分段，使其与两端已装分段结构形成整体稳定受力体系。整体焊接过程中监理人员重点控制：开坡口、清洁工作、定位焊、预热处理、反变形控制、焊接参数、引弧板和引出板、焊缝检查、无损检测等。③桁架卸载：后装杆件全部安装完成，焊接口通过验收满足要求后，进行液压提升系统设备卸载，同步卸载至钢绞线完全松弛后拆除液压提升系统设备及相关临时措施，至此完成了钢桁架结构单元的整体提升安装。卸载过程中监理人员重点控制：安全措施、应急准备、设备检查、人员交底、分级卸载、健康监测等。

（7）提升控制：①“液压同步提升施工技术”采用传感检测和计算机集中控制，通过数据反馈和控制指令传递，可实现同步动作、负载均衡、姿态矫正、应力控制、操作闭锁、过程显示和故障报警等多种功能。②监理人员与操作人员在中央控制室通过液压同步计算机控制系统人机界面进行液压顶推过程及相关数据的观察和控制指令的发布。③通过计算机人机界面的操作，可以实现自动控制、顺控（单行程动作）、手动控制以及单台提升器的点动操作，从而达到钢桁架整体提升安装工艺中所需要的同步位移、安装位移调整、单点微调等特殊要求。④提升就位后，监理人员与施工测量人员及时采集健康监测数据，并通过测量仪器测量各监测点位移的准确数值，比对模拟提升结果，通过分析比对确认本项目的提升结果满足设计要求。

在整个提升过程中监理人员督促施工方严格按照专项施工方案进行。提升过程中的预升监控、升速控制、精准就位、整体焊接、桁架卸载等是确保三角形巨型钢桁架结构提升安全和施工质量的主要控制环节，项目监理人员对各个环节进行了全程旁站监理，过程中共形成旁站监理记录28份。

4.3 大开口车辐式索承网格结构拉索的安装和张拉

4.3.1 监理工作重难点

体育场屋盖平面近似为圆形，屋盖钢结构由4部分组成，分别为内罩棚车辐式索承网格结构、外罩棚屋盖网架结构、外围立面桁架结构、南北端空中连廊三角形巨型钢桁架结构。其中，赛场内罩棚采用大开口车辐式索承网格结构，为全球首创，以体育场中央为中心呈对称布置，索承网格结构东西端与看台立柱顶部采用关节轴承铰接连接，南北端部分支承于三角巨型钢桁架上，另一端向体育场中央悬挑，悬挑幅度为30.8～54.1m。

大开口车辐式索承网格结构主要由4部分组成：上弦网格、下弦索杆、内环桁架和内环悬挑网格（图4.3）。索结构由42道径向索和1圈环向索构成，其中径向索根据不同位置受力大小不同分别采用2×ϕ119、ϕ140、ϕ116规格高钒索，在长轴附近由双索构成，在短轴附近由单索构成，径向索呈折线形布置，类似半跨张弦梁的下弦索；环向索采用8×ϕ130规格密封索，环向索呈空间曲线，长轴处标高高于短轴处，平面投影呈类椭圆形，周长618m，索体（环、径向索）+索夹重约1600t。

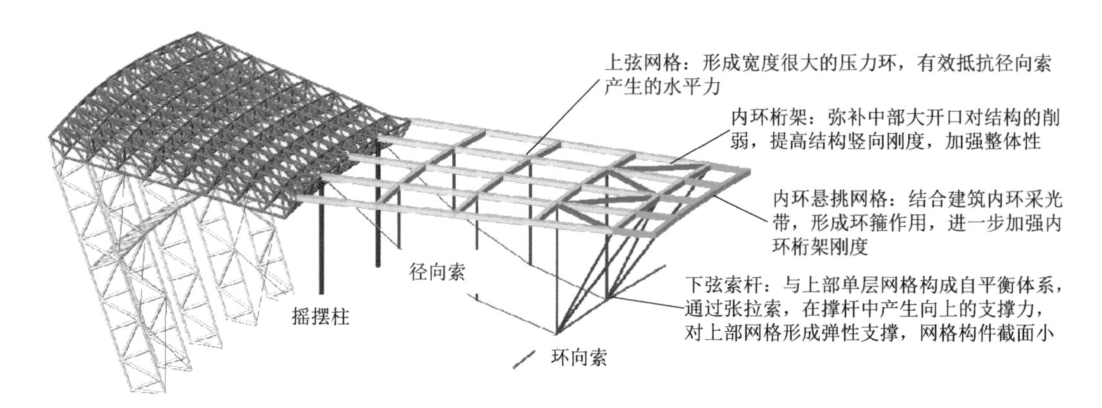

图4.3　车辐式索承网格结构示意

上弦网格结构完成后安装径向索，径向索采用三点绑吊安装，外侧的张拉端先与主体钢结构外环梁连接，中间索体通过索夹与竖向撑杆相连，内侧一端待环向密封索安装完成后再与之连接。环向密封索先在看台上组装完成再利用42个索夹作为吊点整体提升。最后通过对径向索的主动张拉和环向索被动张拉中施加预应力，平衡上弦网格的重量，从而完成整个大开口车辐式索承网格结构的施工。在整个施工过程中，拉索的安装和张拉是质量控制的关键，也是监理工作的重点难点。

4.3.2　监理工作措施

大开口车辐式索承网格结构是设计单位于2014年申报国家专利的新技术，这一技术对于项目监理部是一个全新的课题，现场监理人员与技术顾问组通力合作，查阅了大量技术资料，反复研讨设计图纸和可借鉴的施工规范，并通过考察索体供应商和类似体育场馆，结合施工单位的《拉索安装方案》和《索结构张拉方案》，将索结构的进场验收、安装、提升、张拉等施工环节作为主控对象，依此制定项目监理部的工作方法和措施。

（1）方案审批：项目监理部对施工单位申报的《拉索安装方案》和《索结构张拉方案》进行认真审批，主要审批方案的针对性、可行性、先进性以及强制性条文的符合性，经过审批签署意见后交专家组论证，施工单位按照专家组意见对方案进行了修改，项目监理部重审通过后督促实施。论证本方案的专家组由工程院院士和来自西安交通大学、天津大学、东南大学等的专家学者组成，为本次首创施工技术的顺利实施提供了强有力的理论支持。

（2）细则编制：因本项施工工艺是全球首创，没有现成的经验可借鉴，为确保大开口车辐式索承网格结构拉索的安装和张拉顺利进行、质量可控、监理工作有的放矢，项目监理部根据《拉索安装方案》和《索结构张拉方案》，结合技术顾问组的指导意见编制了《大开口车辐式索承网格结构监理细则》，主要内容包括：网格结构的安装质量控制；拉索的组装与提升质量控制；索承网格结构空中组装质量控制；拉索张拉质量控制和安全生产管理等。

（3）培训交底：在拉索的安装和张拉工作实施前，项目监理部就上述施工方案和监理细则以及质量验收规范中的技术要点和施工过程中的质量控制点组织交底、培训，确保监理人员熟悉在拉索安装、张拉过程中的控制对象、环节，控制方法等。

（4）索体验收：保证索体质量合格是对大开口车辐式索承网格结构施工的基本要求。为此，项目监理部对进场的径向索和环向密封索索体进行严格验收，尤其是环向密封索须按照《郑州市奥林匹克体育中心项目密封拉索生产制造验收标准》进行验收，严把质量源头关；同时督促施工单位按照要求存放拉索，做好进场材料的成品保护。

（5）安装管控：督促施工单位严格按照方案中的拉索安装流程施工。项目监理部在安装阶段对受力较为不利的支撑胎架加强观察；由于环索及索夹荷载通过上吊点工装施加在网格结构上，必须督促施工单位对网格结构的变形及受力状态进行分析，以保证网格结构的安全性；在拉索进行安装和提升过程中，监理人员督促施工单位严格做好拉索的保护措施，特别是在散捆、摊摆、就位、起吊等环节严格检查索体是否被破坏和出现散丝情况。起吊后监理人员逐个进行索体的全方位检查，一旦出现质量问题必须进行修复，如果超出允许修复的缺陷范围必须予以更换。本项目拉索在安装和提升过程中未出现拉索被破坏的质量问题。

（6）监测准备：在拉索张拉前，监理人员督促第三方钢结构健康监测单位按照健康监测方案安装好监测拉索和钢结构健康数据的仪器和设施，并对安装数量和位置进行了认真复核检查。

（7）张拉监控：项目监理部对拉索的张拉过程全程旁站监理。张拉采用主动张拉径向索的方法，将径向索张拉过程分成6个阶段（预紧10%→30%→50%→70%→90%→100%）加载到设计值，42根径向索按照索承网格结构四分之一对称的原则分2批进行循环张拉。

（8）数据监测：在径向索张拉过程中，当第一阶段的荷载施加完成后，监理人员和施工单位及第三方健康监测单位一同采集钢结构和拉索的应力应变和索力的健康监测数据，并对比模拟张拉结果进行分析，确认实际张拉数据与模拟结果的差异在允许值范围内，再进行下一阶段的加载张拉，如此往复直至张拉完成。

在索承网格结构的径向索张拉过程中，监理人员对每批次径向索的张拉顺序、加载数据、比对结果进行检查确认并做好旁站记录。

4.4 大面积幕墙测量精度控制

4.4.1 监理工作重难点

体育场外立面东西侧建筑立面高达54.989m，向南北两侧逐渐降低，成倒斜式，最大斜角68°。面层幕墙材质为穿孔铝板幕墙、聚碳酸酯板幕墙、铝板幕墙、玻璃幕墙交替组成，其中聚碳酸酯板约为11000 ㎡，铝单板约为64000㎡。幕墙表面成波浪状，整体为双曲面异形，每一板块及龙骨长度尺寸均不一致，均为异形板，面板下料难度大，难以批量化生产，波浪尖角部位面板尺寸精度要求更高，收边收口较多。从主体钢结构到幕墙面板之间有主龙骨、次龙骨依次过渡。故幕墙龙骨安装精度的控制成为波浪式幕墙施工成败的关键。幕墙主龙骨支座及主、次龙骨的空间定位必须精确，才能确保面板安装后的精度。做好幕墙测量精度控制，以确保幕墙达到符合设计要求的造型和美观度是监理工作的重点难点。

4.4.2 监理工作措施

为了能够有效控制幕墙测量的精度，确保工程质量符合规范要求，达到设计的美观度，项目监理部结合施工图纸和施工单位的幕墙施工方案，将主体钢结构节点、幕墙钢龙骨支座、幕墙主次龙骨定位、幕墙面板精确定位作为本幕墙测量精度的主控对象，依此制定项目监理部的工作方法和措施。

（1）方案审批：钢结构上的幕墙测量涉及高空作业，钢结构的形状会随着施工荷载的增加产生细微变化，所以在施工前要求施工单位根据工程特点编制幕墙测量方案。项目监理部对幕墙测量方案的科学性、合理性、安全性和可操作性方面进行认真审核，对不合理内容提出修改意见，以保证测量工作的顺利进行。

（2）细则编制：在施工单位的幕墙测量方案审批通过后，项目监理部通过充分研读设计文件，针对幕墙测量专项施工方案编制了《幕墙施工专项监理细则》，测量成果控制是该细则的重要章节，主要结合幕墙施工的特点、测量精度要求、安全要求以及进度控制等因素进行编制，主要内容包括测量监理要点、测量过程监督、测量结果验收、质量控制措施、安全文明施工监理等。

（3）培训交底：在幕墙测量实施前，项目监理部就测量方案的关键技术和监理细则的主要控制内容做好内部培训和交底，确保监理人员清楚测量监理工作流程、测量控制要点、测量成果控制措施以及安全保障措施等。

（4）事前检查：事前检查是幕墙施工精度的根本保证。项目监理部在工程测量实施前对施工单位的测量仪器和工具是否在检定有效期内进行了检查，以确保测量仪器和工具的准确性；对施工单位的测量人员是否经过专业培训进行检查，确保测量人员能正确使用测量仪器和工具；对建筑物平面控制网以及控制点布置是否合理、是否采取措施保证控制点的标桩的稳定性等进行了细致检查。

（5）成果复核：根据测量方案的要求，本幕墙工程采用四级测量放线控制，一级放线为主体钢结构上点位复核，二级放线为幕墙钢龙骨支座三维空间坐标定位，三级放线为幕墙主次龙骨定位，四级放线为幕墙面板精确定位。项目监理部对施工单位提交的中间测量成果使用高精度测量仪器逐级进行复查，只有确保每级测量数据的可靠性和精确度才能保证最终测量成果的精准度。在幕墙施工过程中项目监理部共进行各级测量复核112次。

4.5 超大异形制冷机房的合理布置和施工质量控制

4.5.1 监理工作重难点

体育场中央制冷机房建筑面积约2000m^2，且为不规则形状。机房内设备种类繁多，各类设备60余台（套）：变频离心式制冷机组1台，离心式制冷机组1台，冷凝热回收离心式制冷机组2台，变频高温离心式制冷机组1台，高温离心式制冷机组2台，螺杆式制冷机组2台；冷冻水泵、冷却水泵26台；水–水板式换热器4台；分集水器6台；常压隔膜罐闭式定压排气补水装置3套；全自动软水装置2套；物化综合水处理器、压力膨胀罐等附属设备10余台。各规格管道3400m，各类阀门、仪表等配件2698个。

机房形状不规则，许多管线必须形成一定的弧度才能保障管线与建筑物的贴合，既要保证设备的使用功能满足设计要求，又要保证设备安装完成后的观感质量，同时还须满足维修操作的空间要求，相比于传统规则机房，监理的质量控制工作有更高的难度。

4.5.2 监理工作措施

本项目的质量目标是国家优质工程，机房的施工质量和观感是创优工程的检查重点，为此，项目监理部将管道的加工、设备的定位、安装质量作为主控对象，依此制定相应的监理工作方法和措施。

（1）BIM应用：针对机房形状不规则，设备种类数量繁多，安装质量要求高等特点，监理人员与施工单位的机电安装组通力合作，利用BIM技术精准建模，将机房各专业管线进行综合排布，对管段进行拆分，依次导出构件，建立构件三视图并将构件信息数字化，建立构件信息台账，解决构件信息管理难题。材料进场后工人根据构件编号，按照构件信息表反映的信息流水线装配，避免了现场的焊接和材料的浪费，提高了施工效率。

（2）难点分析：监理人员与施工单位技术人员根据构件信息要求，分析构件制作主要技术难点：弯弧、变径、三维扭曲、相贯线切割焊接等，对如何克服此类难题研究了解决思路。

（3）方案审批：施工单位在通过BIM技术精准建模和难点分析后，编制了施工方案，项目监理部就方案的可行性，施工质量的规范及强制性条文的符合性进行了审批。

（4）细则编制：利用BIM技术的分析结果，项目监理部针对本机房的特点和施工质量控制难点，编制了有针对性的专项监理细则。

（5）技术交底：项目监理部针对机房设备布置、管线制作加工、设备及管线安装顺序及质量控制要求进行了交底工作，特别强调了进场设备和管线质量的验收是质量控制和安装效果关键所在。

（6）加工考察：监理人员根据构件制作主要技术难点，与施工单位考察生产厂家，选择具备数字化加工能力的厂家。厂家根据现场提供的构件数字信息导入数控操作平台，完成全过程高精度的下料。使用专用的坡口机械，进行管道坡口的切削，然后使用焊接机器人进行管道焊接，大大提高了管道加工的精度。

（7）进场验收：构件运至现场后，监理人员进行严格验收，经验收合格允许使用。

项目监理部在所有的管线及设备安装完成后，旁站监督施工单位的管道试压检验，符合要求后及时办理验收手续。

4.6 “四新”应用及管理

4.6.1 监理工作重难点

“四新”（新材料、新技术、新工艺、新设备）在本项目的应用多达32项，除上述混凝土“跳仓法”施工工艺、三角形巨型钢桁架结构整体提升、大开口车辐式索承网格结构拉索的安装和张拉外，尚有环桁带V形斜撑顶撑施工技术、地源热泵、光伏发电、太阳能、光导系统、TMD（阻尼器）等。新工艺没有成功的案例可借鉴，对新技术的管理需要摸索，有些新材料没有现成的验收规范或验收标准（如密封索的生产验收标准），如何对“四新”工程做到有效管理，确保工程施工安全和施工质量，是监理工作的重点难点。

4.6.2 监理工作措施

随着“四新”工程的广泛应用，监理人员需不断学习和适应，项目监理部在应用“四新”时，坚持“安全耐久、易于施工、美观实用、经济环保”的基本原则，把明确监理工作依据、审查“四新”应用、监督“四新”实施、做好“四新”的验收与评估等环节作为主控对象，制定并实施适合的监理工作方法和措施如下。

（1）健全体系：项目监理部建立完善质量管理体系，明确质量管理责任、制定质量管理制度和流程、开展专业技术教育培训。为提高监理人员的技术水平和专业技能，确保“四新”工程质量受控，项目监理部充分发挥产学研工作优势，邀请相关专业的专家教授来项目监理部进行研讨，对“四新”工程监理工作的要点进行剖析，为开展“四新”工程的监理工作提供合理化建议。

（2）内部交底：对施工方案进行认真审批，并编制好相应的监理细则，做好监理细则和施工方案中关键技术的内部交底工作，促使项目监理部人员掌握“四新”工程施工过程中监管工作的方式、方法、内容和手段，熟悉工程的技术、工艺要求，了解工程的特点。

（3）材料控制：把好质量控制首要环节材料控制关。项目监理部在采购前认真研读设计文件对新材料的技术参数要求，在建设单位的组织下和施工单位共同选择合格供应商。材料进场经监理人员验收合格后才使用到拟定部位，根据相关规定须见证取样的材料经见证取样送检合格后才允许使用。

（4）完善依据：监理工作依据《建设工程监理规范》GB/T 50319的要求，对没有验收依据的“四新”工程及时完善其验收依据。如本项目中的D130密封索当时国内尚无法生产，是从德国进口索体后在国内加工成密封拉索，但密封拉索的生产制造在国内无验收依据，对此，项目监理部组织总包单位联合密封拉索生产厂家共同编制了《郑州市奥林匹克体育中心项目密封拉索生产制造验收标准》，并邀请相关专家和郑州市重点项目质监站共同论证，经论证通过后作为密封拉索的生产验收依据。

（5）方案论证：凡是涉及“四新”的工程应用，施工单位必须先提交施工方案，监理人员应对新材料、新工艺、新技术、新设备应用的施工方案进行严格审查，确保其符合工程安全和质量要求。审查过程中，监理人员需对方案提出审查意见，并经总监理工程师审批、签认报建设单位同意后再交由施工单位组织专家论证，经专家论证通过后方能按方案实施。

（6）细则编制：项目监理部通过充分研读设计文件，针对“四新”专项施工方案并结合技术顾问组意见，精心编制了切实可行的具有针对性的专项监理细则，本项目共编制专项监理细则32份。

（7）过程控制：在施工过程中，项目监理部需对“四新”的应用情况进行监督，确保其按照设计和施工方案要求进行施工。同时，项目监理部还需对施工过程进行实时监控，加强对“四新”工程施工现场的巡视检查，发现不符合施工方案或施工规范要求的问题及时提出并责成纠正。对关键工序、特殊工序或施工完成以后难以检查、存在问题难以返工或返工影响大的重点部位，均进行现场旁站监督。

（8）严格验收：在工程完工后，项目监理部需对“四新”的应用效果进行验收和评估，确保其达到预期效果。验收过程中，项目监理部需对工程质量进行全面检查，确保工程安全和质量符合要求。本项目共审批“四新”工程专项施工方案32份，验收“四新”工程专项32项。

4.7 安全生产管理

4.7.1 监理工作重难点

项目的深基坑作业面多、施工机械多、吊装作业多、高空作业多、高支模多、用电施工作业面多，存在坍塌、高坠、物体打击、机械伤害、触电等诸多安全风险，安全生产管理重点难点如下：

深基坑：本项目基坑开挖深度在8m左右，基坑支护包括两部分，一部分是外围的支护，采用锚杆+土钉墙方式，另一部分是因体育场中心的足球场及跑道部位土方保留，其保留部位周边土方挖运后形成的中心岛的边坡支护，其支护形式采用放坡+土钉墙。两部分的支护周长达1600m，支护面积达14000m^2。防止基坑坍塌是本项目安全生产管理的重点。

高支模：本项目的高支模具有多、高、重的特点。首层4个入场口、首层环形消防通道、地下室背面的训练场、酒店大堂、首层贵宾厅等部位均是高支模，特别是地下室北面的25片羽毛球和网球的训练场地，其层高达到15.7m，梁截面普遍为600mm × 1600mm。高支模的支持体系是安全生产管理的又一重点。

施工机械：本项目在施工高峰期所使用的机械设备有塔式起重机11台、大型履带式起重机4台和各类汽车式起重机以及挖土机、压路机、装载机、推土机、运输车等大型施工设备和各类施工机械，总量达到了200余台，在场地相对狭窄的环境下如何合理、有序、安全地使用好施工机械是本项目安全生产管理的难点。

起重吊装：起重吊装作业量巨大，包括钢筋（约6.78万t）、钢结构（约2.17万t）、金属屋面主次檩条及屋面构造材料（约51000㎡）、幕墙二次钢结构及面层材料（超过75000㎡）、东侧酒店的4～10层钢筋桁架楼承板（约23000㎡）等。其中总重约2.17万t的主体钢结构全部采用地面拼装成吊装单元后再在空中组装焊接，最大吊装单元重达47t。吊装作业量大，吊装材料多，吊装作业面宽。起重吊装作业是本项目安全生产管理的又一难点。

防高空坠落和物体打击：本项目的高空作业主要是钢结构施工，钢结构工程整体拼装都是在高空进行。其临时支撑体系主要是缆风绳、拉杆、胎架加连系梁，作业工作台采用挂篮。作业面大，施工点多。防高空坠落和物体打击也是本项目安全生产管理的难点。

4.7.2 监理工作措施

本项目的安全风险经评估属一级风险，按照公司风险分级管理的规定，公司层面多次到现场进行领导带班检查、季度考评、专项检查，对现场的安全生产管理提出指导性意见。项目监理部依据本项目的特点和公司安全生产管理要求，制定并实施监理工作方法和措施如下。

（1）健全制度：项目监理部实行安全责任总监负责制，建立全员参与的安全生产管理架构。将安全生产管理任务分解到人，层层压实安全责任，做到“四个到位”：责任分工到位、隐患排查到位、监督整改到位、考核问责到位；制定切实可行的安全生产责任考核制度，明确每个成员的职责与分工。由项目总监与每个成员签订安全生产责任书，督促各岗位人员履行自己的岗位安全职责，加强各自职责范围的隐患排查，跟踪隐患整改结果并向安全专监报告；每个月由项目安全专监对项目各人员进行考核，总监考核安全专监，根据考核结果实行奖罚，激励每个成员主动履责。项目监理部定期组织所有人员进行安全教育培训，强化安全意识，提高安全生产管理水平。

（2）完善体系：项目监理部建立完善安全生产管理体系，包括明确安全生产管理责任、制定安全生产管理制度和流程、建立安全工作档案、开展安全教育培训等。

（3）会议制度：定期召开安全例会，总监理工程师或安全专监定期（每周一次）召开安全专题会议，要求施工单位的项目负责人、现场技术负责人、现场安全生产管理人员及相关单位人员参加，视情况增开安全专题会议。会议对安全隐患和风险、措施的投入、管理漏洞、安全生产管理人员是否到岗履职等进行分析并提出整改要求，会后及时整理会议记录形成纪要，由与会各方会签，确保信息传达无误。项目实施全程累计召开监理例会和安全专题会议共272次，形成会议纪要272份。安全生产监理人员还每天参加施工单位的班前会，风雨无阻。

（4）进场验收：要求施工单位配齐满足工程需要的各类设备，所有设备必须经项目监理部验收合格后方可进场。严格执行“设备维修保养”“施工机械操作”规程，确保各类设备在施工中能正常运行。用于高支模、脚手架等的安全周转材料进场后需由项目监理部验收，按规定需进行检测复试的材料必须复试合格后方可使用。

（5）完善措施：加强对安全生产最后一道屏障安全防护措施落实情况的监管。为确保防护措施的有效性，督促施工单位严格按方案要求设置防护；执行施工工序和工艺规程；检查现场警示标志是否齐全醒目；施工作业人员是否按章操作，杜绝违规、违章的野蛮施工；严格按照施工平面布置图进行现场布置和材料堆放，确保施工现场整洁，无积水，建筑垃圾及时清除；检查安全费用投入，建立好投入台账，使安全费用落实到实处。

必要时项目监理部要求施工单位对已完成的防护措施进行可靠性试验检验。如在金属屋面施工时，对设置在下方的全封闭安全网模拟两倍人体重量进行了高坠冲击试验，符合要求后方可签字同意使用。

（6）定期检查：在安全检查方面项目监理部除了日常巡查外，坚持每周组织总包和所有分包专业的安全负责人对大型机械、临时用电、脚手架、消防、危险性较大分部分项工程等进行一次联合检查，加强现场隐患排查的力度。每月组织一次安全考评。在安全巡查、联合检查、月度考评中，对发现的违规施工或安全事故隐患，监理人员立即发出监理指令，包括口头指令、工作联系单、监理通知单、工程暂停令等，监督施工单位落实整改，及时纠正问题，确保施工安全。

（7）方案验收：对不同的施工工序制定了相应的验收方案，确保每个工序流程都经过严格验收，避免工伤事故的发生。本项目共验收基坑支护5次、塔式起重机33次、履带式起重机4次、高支模39次、脚手架89次、临时用电55次，验收项目均有详尽记录。

（8）定期总结：项目监理部每月总结施工现场的安全施工情况，并录入监理月报，向建设单位报告。对于重大安全问题，总监理工程师及时向建设单位及公司报告，必要时填写《安全隐患报告书》，向项目所在地建设行政主管部门报告。项目实施过程中发出监理通知单157份，安全隐患整改通知单136份。

（9）无人机监控：使用无人机对施工阶段的地下室基坑、混凝土结构、钢结构、屋面及幕墙、室外工程等进行安全监控。无人机操作手每天对现场的安全施工情况进行飞行检查，检查的内容有：施工作业人员的安全防护是否穿戴到位；高空焊接是否有接火措施；是否存在立体交叉作业；吊装作业是否规范；大型施工机械是否规范安全等。无人机操作手对飞行检查获取的影像资料进行分析，将结果报告相应专业的监理负责人和专职安全生产管理人员，根据飞行检查报告中的安全隐患情况责成施工单位采取措施及时整改。

5 工程监理工作特色及成效

5.1 迎难而上，拼搏奉献

本项目具有“急、难、险、重”的特点，在建设过程中面临各种困难和挑战，从上述监理工作重点难点及应对举措看，项目监理部意志顽强，迎难而上，上下一心、团结一致，战高温酷暑，斗风雪严寒，锲而不舍抓进度，睁大眼睛管质量，严防死守保安全，勤奋学习明“四新”，以无坚不摧的铁血精神战胜了所有困难。

项目监理工作以价值奉献为终极目标，全程贯彻价值奉献的宗旨，体现了对建设事业、建设单位高度负责的职业精神和高度的社会责任感，为建设单位提供大量增值服务和全程参与赛事保障。

本项目由建设单位发包的专业分包单位共有20多家，由于工期紧、工程量大、质量要求高，涉及众多“四新”应用，项目监理部认真细致地查阅图纸、规范，为项目施工分包招标提供所涉设备、材料的技术参数，对分包范围界定及合同文件都进行了严格审查，并应建设方的要求参与了分包合同的评审、谈判，项目总监和投资控制负责人均参与竞争性谈判。在谈判前，应建设单位要求对有投标意向且对本项目的质量、进度、投资影响大的潜在专业分包单位（包括钢结构、金属屋面、密封索、幕墙、座椅等）进行考察，重点考察生产能力、安全和质量保障能力、进度保障能力、履约能力、社会信誉及类似工程完成情况。为了提高工作效率，曾在9天内马不停蹄地奔走广东、浙江、湖北、北京、吉林、贵州、安徽、上海共8个省市，也曾远赴德国、瑞士等欧洲国家考察密封索生产厂家，所有考察均及时形成报告，为建设单位选择合格的分包单位、供应商提供参考资料，为建设单位尽心尽力，为保障工程质量、安全、进度和投资控制打下坚实基础。经监理单位同意，上述工作均为无偿服务。

项目于2019年6月21日正式竣工验收后即投入使用，7月10日第十一届少数民族传统体育运动会组委会入驻，进行舞台搭建、节目彩排等工作，彩排演练至8月30日，每天1万～2万人次参加。此后，9月1日～9月16日期间连续举办6次3万～5万人次的开闭幕式预演及正式演出。连续2个月，共近60万人次集中使用，保障工作任务极其繁重。监理人员服从组委会安排，分头到后勤保洁、供配电、给水排水、智能化、电梯、升旗、燃气等保障组全程参与了从彩排预演到开闭幕式的各项保障工作，其中项目监理部机电负责人担任了供配电保障小组长。全体监理人员用自己的专业知识和以往类似项目的保障经验为第十一届少数民族传统体育运动会的保障工作尽责尽力，在整个保障工作过程中对各安装专业所有设备进行细致排查、测试，举一反三、反复检查，保证所有设备运作正常，保障了运动会顺利举行、圆满成功。项目监理部的保障服务同样是无偿的义务劳动，监理人员也没有额外的薪资或补贴。

5.2 一丝不苟，严谨精细

在大面积幕墙测量精度控制、大开口车辐式索承网格结构拉索的安装和张拉、三角形巨型钢桁架整体提升、超大异形制冷机房设备安装等重点难点工程的实施过程中，细微的差错都可能是致命的。“细节决定成败”，项目监理部高度发扬工匠精神，以绣花般的严谨精细出色应对新奇精特的技术难题，并将之贯穿、覆盖监理工作全过程、各层次、各环节。在工程实施前，项目监理人员一丝不苟，对工程准备工作反复检查，不厌其烦，不放过任何一个可能影响工程质量的细节；在工程实施中，严格执行监理工作标准化流程，按照监理细则不折不扣落实过程管控，并与施工、设计、第三方监测团队紧密合作，确保所有施工风险归零，确保每一个环节都达到最佳状态；工程完工后，严格按照设计图纸和验收标准组织验收，对不符合要求的坚决说不。监理工作犹如一根细小的绣花针，一针一针织出了卓越工程的锦绣。

5.3 勇于创新，技术助力

编制本项目“四新”工程的监理细则无前例可鉴，难度很大。项目监理部发扬首创精神，在完全吃透“四新”要害的基础上，制定了匹配的、科学的、可行的监理控制程序、控制要点、控制措施，形成监理工作重要创新内容和成果，也成为项目监理工作的特色和亮点。

对项目重点难点，项目监理部创新监理手段，运用智能化、数字化技术作为辅助手段。在工程安全、进度管控上，运用无人机技术提高管控效率。针对关键进度节点，通过加强航拍获得足够的现场数据，以VR全景式展示工地实景情况，进行分析和评估，及时采取纠偏措施。在项目实施过程中，累计利用无人机航拍形成的VR全景式136个。

在精度控制要求极其严苛的工程上，项目监理部应用BIM技术的可见性、协同性、信息共享性进行动态化、精细化管理，监理BIM管理组与施工方BIM技术人员共同研究，应用BIM技术策划工程实施，形成“流程化管理，工厂化预制，标准化施工，精细化提升”的质量创优模式。运用BIM技术解决了系统庞大复杂、设备及管线众多的机电安装工程中综合平衡布局、实现最优配置的难题；将BIM技术与预制装配技术有机结合，解决了中央制冷机房空间狭小且不规则、设备及管线排布错综复杂、实施难度大的难题，达到绿色建造、布排合理、实施规范的目的；应用BIM技术精确定位放线、材料加工三维放样、现场反尺校核、二维码编号进场、现场对号安装，解决了多角度折线椭圆形幕墙施工精度控制的难题。BIM技术的应用，使监理工作取得了使用常规手段所无法达到的效果，很好解决了异形结构精度控制等问题，极大提升了监理工作效能。

5.4 主动策划，专家赋能

基于本项目特点，监理单位投入最强的监理技术力量及硬件支持，派驻的项目监理工程师均参加过2015年投入使用的福州海峡奥林匹克体育中心的项目监理工作，熟悉大型体育场馆建设的管理要点、工作流程。尽管项目监理部骨干人员具备丰富的类似工程的现场监理经验，面对本项目大量的“四新”应用，固有的知识、经验、技术还不足以应对挑战。对此，项目监理部利用产学研合作平台和公司技术专家委员会的力量，组建了技术顾问组，开展“四新”培训、授课，使监理人员在“四新”实施前对其原理、特点、要点、流程、参数等了然于胸，为项目监理部提前主动策划监理工作打下坚实基础，做足应对工程实施中可能出现的突发问题的准备，避免被动应付、束手无策的囧况。在项目实施过程中，借助专家组的力量，项目监理部攻克了特大钢结构提升等重大工程的监理重点难点。引入专家力量，项目监理部就像“站在了巨人的肩膀上”，站得高，看得远，提高了前瞻性和预判力，并获得了过程中的支持力量，如虎添翼。

6 经验启示

6.1 标准化管理是实现监理工作目标的有力保障

本项目建设内容庞大，专业众多，“四新”广泛，在纷繁复杂、千头万绪的建设过程中，如果没有一套固定的工作模式、工作流程，项目监理将陷入混乱和被动，左支右绌，本项目监理工作成功的一个关键原因，就在于采用标准化流程，先立标准，规行矩步。

项目实施前，项目监理部根据公司质量、环境及职业健康安全管理体系和其他认证管理体系的要求及当时的系列制度，结合项目实际，制订实施《监理日志制度》《监理会议制度》《监理月报制度》《工程监理旁站制度》《工程质量事故报告和调查处理制度》《安全生产监理责任制度》《监理资料整理与归档制度》《收发文签收制度》等监理工作制度，并编制《监理工作主流程》《工程质量控制工作流程》《工程进度控制工作流程》《项目投资控制工作流程》《安全生产管理的监理工作流程》等标准化工作流程，制定项目监理规划、安全生产监理方案、质量安全风险总体评估书、旁站监理方案以及34个专业的监理细则，就安全生产监理方案、质量安全风险总体评估书、各专业监理细则、工作流程做好项目监理部内部交底及对相关参建单位的交底，取得大家的理解和支持。在项目实施中，一丝不苟执行标准化工作流程，监理工作有条不紊、忙而不乱，监理效能良好。项目监理部的实践证明标准化管理是实现监理工作目标的有力保障。

6.2 创新是监理可持续发展的核心

项目监理部针对全球首创的大开口车辐式索承网格结构拉索的安装和张拉、全国首例的三角形巨型钢桁架整体提升、混凝土“跳仓法”施工新工艺以及其他众多的“四新”工程，创新监理方法和措施，促使监理工作顺利实施并达到预期目标；对于国内尚无验收依据的密封拉索的生产制造，首创性地推动编制《郑州市奥林匹克体育中心项目密封拉索生产制造验收标准》；在机电安装、中央制冷机房、多角度折线椭圆形幕墙施工等工程中，运用BIM技术解决精度控制等难题；在进度控制和安全管控上，运用无人机作为监理辅助工具并取得较好的效果。提升项目监理的技术含量和创新性，是本项目监理工作最突出的亮点，也是项目监理高质量开展的重要抓手。

“四新”挑战将是监理行业的常态，监理企业只有创新才能生存和发展。“四新”挑战常态化之下，创新是监理的生命线，是监理可持续发展的驱动力，应置于监理发展战略的顶层。

6.3 产学研合作是提高监理工作水平的捷径

工程实施前，监理单位与河南工业大学建立了产学研融合发展伙伴关系，邀请该校相关专业专家教授为项目监理部授课，对“四新”工程监理工作的要点进行讲解、培训。项目实施过程中，河南工业大学技术专家参与监理团队攻关，针对施工重点、难点问题，多次参与考察、研讨、评审、验收，提供了强有力的技术支持，对控制施工质量和安全、加快工程建设起到了很好的促进作用。实际上，监理单位在此前参建福州奥体中心时即已采取过产学研合作的好办法并获益良多，通过本工程实践，监理单位的产学研工作进一步加强，并入选广东省第二批产教融合型培育企业。产学研合作能够根据项目特点和需要，短时间内提供监理单位一时无法解决的人才、技术，具有“短平快”的优势，是提高项目监理工作水平的助推器和捷径。

（主要编写人员：李尚炎　苏　朋　杨志生　陈太新　谢昭树）

匠心监理控风险　隧通羊城北三区
——广州市轨道交通十四号线一期工程监理实践

广州市轨道交通十四号线一期工程是广州市推动“北优”空间发展战略关键线路，旨在加强从化区、花都区与城市中心区的联系，对广州市北部的白云、花都和从化三个区沿线发展具有深远影响。该线路运行距离长、功能定位多，采用全天候快慢车+主支线贯通运营模式，实现精准运输和差异化服务。工程贯彻“科技地铁、智慧地铁、绿色地铁、人文地铁”建设理念，获得众多科技成果，具有创新示范意义。

1　工程概况

1.1　工程规模及结构体系

广州市轨道交通十四号线分别在嘉禾望岗与二、三号线换乘、在新和站与十四号线知识城支线换乘、在竹料站与规划中的新白广城际轨道换乘。十四号线的建成通车将从根本上解决从化到广州中心组团的交通需求，提高从化中心区与镇龙地区居民抵达市中心的出行效率，进一步支持从化及黄埔九佛片区发展。

1.1.1　工程规模

广州市轨道交通十四号线一期工程起点为白云区嘉禾望岗站，终点为从化区东风站，线路全长54.4km，其中地下线长21.9km，地上线长32.5km。全线共设13座车站，其中地下站6座，高架站7座，线路如图1.1所示。广州地铁十四号线一期工程资金来源为政府投资，全线总投资206.99亿元，其中施工12标、13标土建工程建设投资合计约6.4亿元。

1.1.2　结构体系

广州市轨道交通十四号线一期监理9标，管辖12标、13标两个土建工程施工标段。其中，施工12标主要包括：1个中间风井、2个约1900m盾构区间（东平站～中间风井～嘉禾望岗站）、8座联络通道；施工13标主要包括：嘉禾望岗站以及嘉禾车辆段联络线土建工程，嘉禾望岗车站为地下二层、地面二层，14m岛式站台车站，全长662.5m，与既有二、三号线换乘；联络线总长为848.169m，包括暗埋段、U形槽段及路基段。

图1.1　广州市轨道交通十四号线一期工程线路示意

1.2　实施时间及里程碑事件

广州市轨道交通十四号线一期工程于2014年3月4日获批开工，2018年12月28日正式开通运营。其中，施工12标工期为1542天、13标工期为1517天，里程碑事件如表1.1和表1.2所示。

十四号线一期施工 12 标里程碑事件　　表 1.1

序号	实施阶段	里程碑事件	实施时间
1	开工	开工条件验收	2014年5月15日
2	盾构准入评审	盾构机适应性分析专家评审	2014年11月5日
3	盾构机验收	盾构机专家验收	2015年10月9日
4	盾构始发	盾构机始发条件验收	2015年10月16日
5	盾构风险实施	盾构下穿既有三号线节点验收	2016年11月22日
6	盾构到达	盾构机到达出洞条件验收	2017年3月23日
7	竣工验收	单位工程竣工验收	2018年8月4日

十四号线一期施工13标里程碑事件 表1.2

序号	实施阶段	里程碑事件	实施时间
1	开工	开工条件验收	2014年7月24日
2	基底验槽	基坑基底验槽、底板钢筋及防水验收	2015年11月10日
3	结构封顶	主体结构顶板防水样板验收	2016年6月7日
5	竣工验收	单位工程质量验收	2018年9月18日

1.3 建设单位及主要参建单位

广州市轨道交通十四号线一期工程的建设单位是广州地铁集团有限公司，设计单位是广州地铁设计院股份有限公司，勘察单位是广东省重工建筑设计院有限公司，监理单位是广州地铁工程咨询有限公司（原广州轨道交通建设监理有限公司），12标、13标施工单位分别为广东华隧建设集团股份有限公司、广州机施建设集团有限公司。

1.4 工程获奖情况

广州市轨道交通十四号线一期工程荣获国家级、省级、市级多个重要奖项，如表1.3所示。

荣誉奖项清单 表1.3

奖项级别	奖项名称
国家级	国家优质工程金奖
	第十九届中国土木工程詹天佑奖
省级	广东省建设工程结构优质奖
	广东省市政优良样板工程
	广东省土木建筑学会詹天佑故乡杯
	广东市政金奖
市级	广州市建设工程优质奖
	广州市建设工程质量五羊杯奖

2 工程监理单位及项目监理机构

2.1 工程监理单位

广州地铁工程咨询有限公司（原名：广州轨道交通建设监理有限公司），成立于1996年，属于广州地铁集团有限公司全资子公司，是一家轨道交通全专业覆盖、法人治理、结构规范、资产合理、技术力量强大、管理科学的监理与咨询国有企业，被住房和城乡建设部认定为广东省监理行业首家全过程工程咨询服务试点企业。公司拥有7个甲级、5个乙级工程监理资质，覆盖6大类30多个专业，业务范围辐射国内外39个城市。参建工程项目先后荣获国家、省（行业）、市（行业）授予的数百项优秀工程表彰。公司拥有“广东省复合地层盾构工程技术研究中心”“中国岩石力学与工程学会工程实例专委会”两大技术创新平台，科研项目荣获科技类奖项27项，公司授权知识产权共139项，并出版轨道交通工程技术类专著32本，是全国监理百强企业。

2.2 项目监理机构

广州地铁工程咨询有限公司根据广州市轨道交通十四号线一期工程监理9标段的规模和特点，结合类似工程监理的经验，为确保工程进度、质量、投资、合同、信息、安全等监理目标的实现，成立了以总监办为管理核心，两个施工标段各设驻地项目监理机构作为项目执行层的项目监理机构。同时，公司在技术、专家、管理和资源方面为项目提供有力支持。项目监理机构组织架构如图2.1所示。

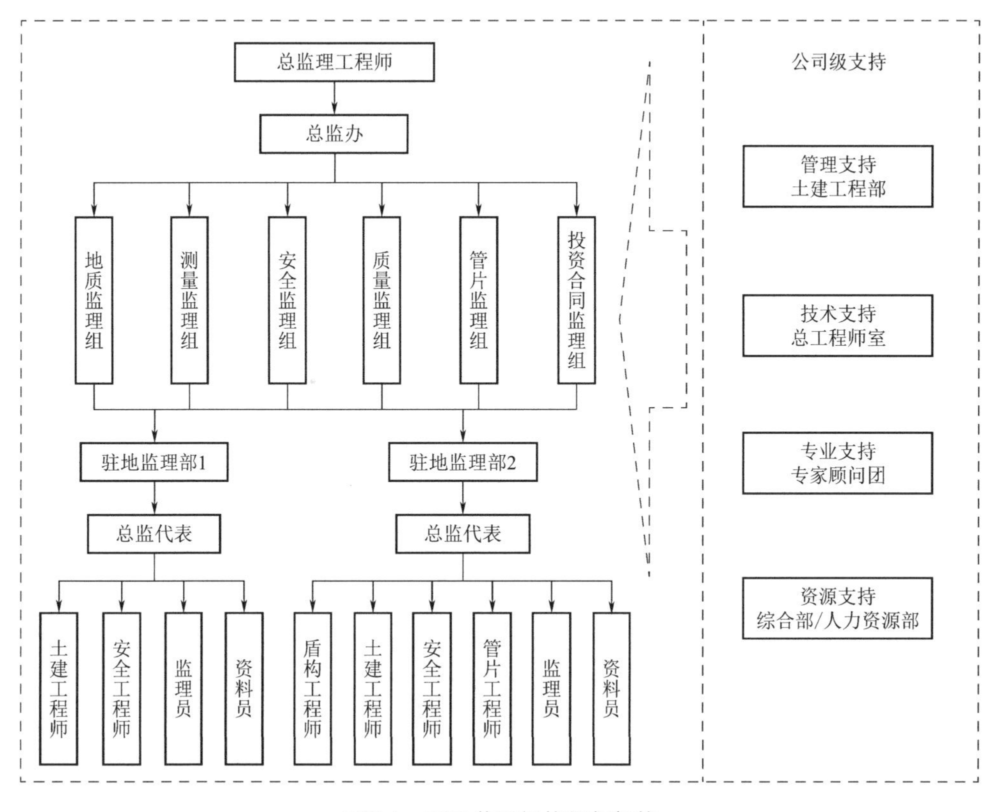

图2.1　项目监理机构组织架构

3　工程特点及监理工作重难点

3.1　工程特点

3.1.1　富水砂层岩溶，地质条件复杂

广州市素有“地质博物馆”之称，广州市轨道交通十四号线一期工程地表水系发育，区内线路多次穿越水塘、小溪河、灌溉渠等。同时，地层在垂直和水平方向都有较大变化，富水砂层和岩溶等不良地质发育，是典型的复合地层。此外，线路区间沿线有溶土洞发育，其中存在600m长溶洞密集区，见洞率达51%，最大溶洞净高19.9m。盾构隧道穿越的地层软硬不均，有高强度灰岩、软弱土层、中粗砂层等上软下硬的复杂地层。盾构机在地下水位以下掘进，部分掘进地层为富水砂层，属中等～强透水性地层，区间内存在长距离的全断面微风化灰岩<9C-2>，岩层完整性较好，抗压强度达到90MPa以上。复杂的地质条件给施工过程中的地质监测、水土控制、施工安全带来了较大挑战。

3.1.2　近接既有线路，施工环境复杂

广州市轨道交通十四号线一期工程12标、13标两个监理标段工程均位于广州市城区主要市政道路下方，施工环境极为复杂。①工程沿线与既有运营地铁线路交叉。区间盾构隧道需在运营的三号线正线隧道下方穿越，最小净距仅为3.3m，且还需穿过地铁三号线原基坑放坡段，左线隧道边线与三号线结构的最近距离为3.97m。盾构到达处隧道埋深不足6m，属于浅覆土施工。此外，作为十四号线与二、三号线的换乘站，嘉禾望岗站紧邻运营中的二、三号线，基坑围护连续墙外侧与现有车站结构外墙之间的最近距离仅2.2m。线路下穿既有运营三号线影响范围如图3.1所示。因此，工程施工过程中必须重视对既有线路的保护，确保二、三号线的正常运营和车站结构的安全。②工程施工范围内有多条高压电缆、燃气、电力、市政管网和通信管线。③工程周边密集分布着建筑物，地面建筑物质量不一，基础结构形式多样，包括锤击灌注桩、浅基础、条形基础等，对扰动敏感，稳定性相对较差。

3.1.3　工程规模庞大，涉及专业众多

广州市轨道交通十四号线一期工程12标、13标两个监理标段工程均为地下工程，涉及盾构区间隧道、明挖基坑、车站结构、暗挖联络通道、出地面路基段等多个施工专业。因此，工程对监理人员的能力有较高要求。项目监理人员需具备盾

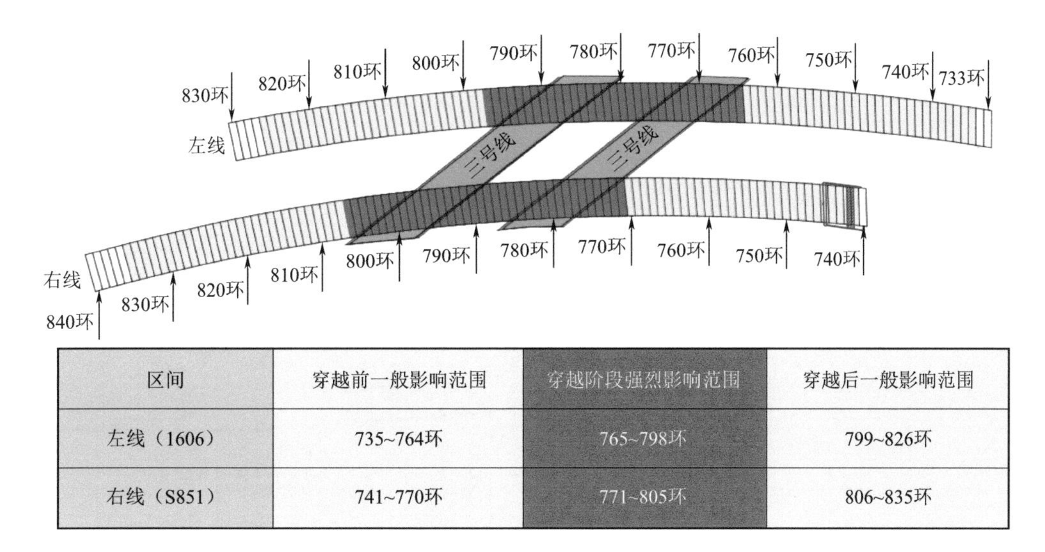

区间	穿越前一般影响范围	穿越阶段强烈影响范围	穿越后一般影响范围
左线（1606）	735~764环	765~798环	799~826环
右线（S851）	741~770环	771~805环	806~835环

图3.1　下穿既有运营三号线影响范围示意

构、明挖、暗挖、冻结等专业的管理经验，需要统筹规划并控制盾构与盾构井、车站在进度安排上的协调工作，并做好各专业和队伍交叉作业的协调管理。

3.2　工程监理工作重难点

3.2.1　盾构施工风险高，安全生产管理难度大

项目盾构区间的工程地质与水文地质情况复杂，存在连续分布的砂层、丰富的地下水及沿线发育的溶洞，这些不良地质条件给盾构施工带来了高风险。岩土层的软硬不均和较高强度的基岩进一步增加了施工的难度。因此，监理工作需要对盾构机选型、溶土洞预处理、风险组段划分、风险关键节点控制、施工过程管控等方面制定针对性管控措施，确保工程的顺利推进与施工安全。

3.2.2　沉降变形控制难，质量控制挑战大

盾构穿越既有线路，工程施工难点多。项目盾构会穿越日均客流百万人次以上的广州地铁三号线，与其最小间距仅3.34m，交叉情况如图3.2、图3.3所示。因此，工程施工过程中对沉降控制要求高、施工难度大、施工风险极高。监理单位需要准确评估施工方案，督促施工单位做好地质补勘、严格审查施工方案、做好关键节点管控，确保施工精度和质量。

施工临近既有车站，稳定运营是难题。车站基坑支护连续墙外侧与原有二、三号线车站、区间最近距离仅2.2m，位置关系如图3.4所示。在新建车站施工期间必须保证既有线路的安全，稳定既有车站的正常运营。因此，监理单位需要采取合理的专项监理措施，完善各方沟通平台，成立风险专项攻关小组，从而确保施工精确度。

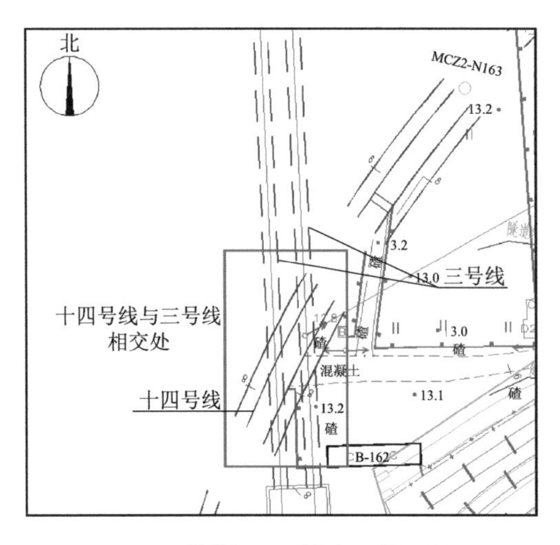

图3.2　隧道与三号线交叉平面图

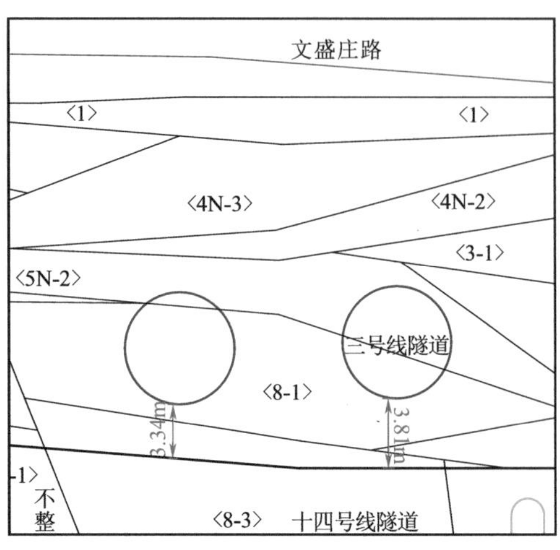

图3.3　隧道与三号线交叉剖面图

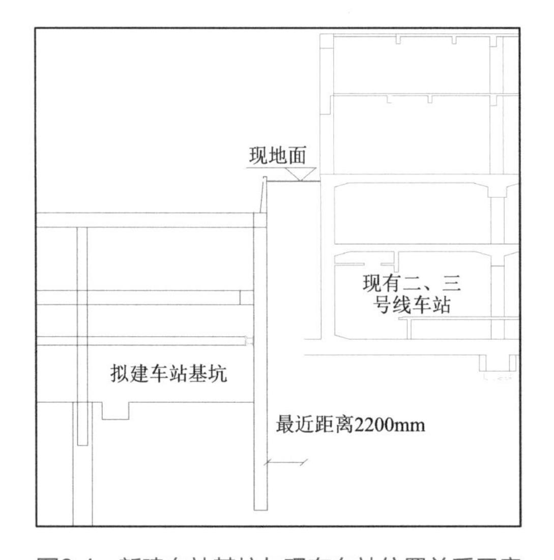

图3.4　新建车站基坑与现有车站位置关系示意

盾构下穿市政隧道，质量控制要求高。工程区间盾构下穿松园路市政隧道，根据工程策划，松园路市政隧道在盾构穿越前先行施工，广州市轨道交通十四号线一期工程盾构施工中需要下穿松园路市政隧道，交叉情况如图3.5、图3.6所示。因此，一期工程施工过程中对沉降控制的要求高，盾构施工风险大。监理单位需要督促施工单位做好地下线路管线等的调查报告，严格审查施工方案，保证工程质量。

3.2.3　工程情况复杂，人员素质要求高

由于项目所处地层地质复杂、线路环境复杂、项目涉及专业众多。因此，项目对监理人员的素质，专业技术能力以及管理经验提出了很高要求。监理单位需要合

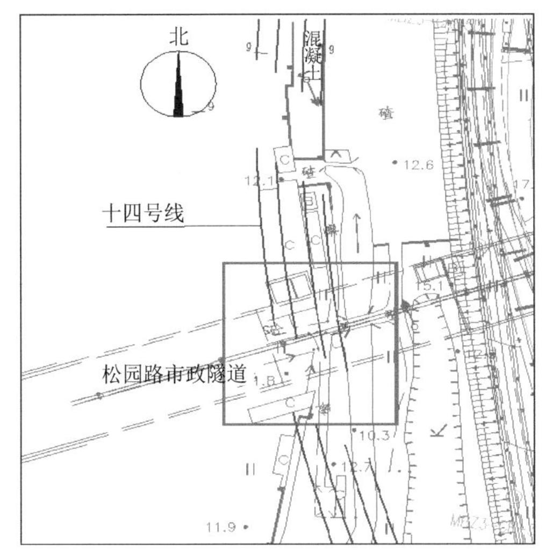

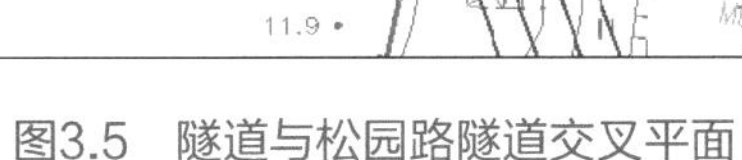
图3.5　隧道与松园路隧道交叉平面

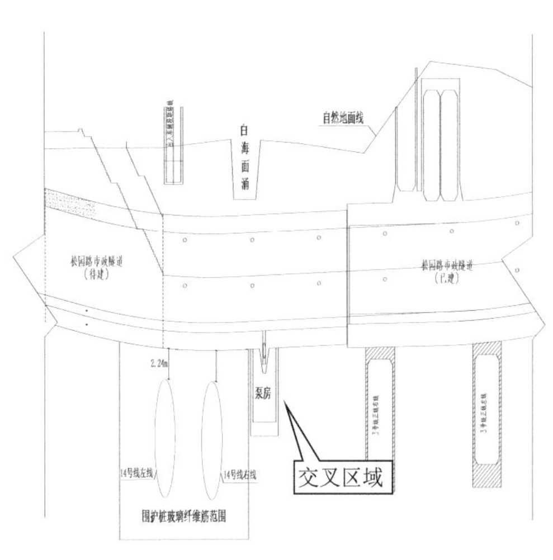

图3.6　隧道与松园路隧道交叉剖面

理选择监理人员、做好日常培训、成立监理技术攻关小组、做好风险关键节点管控工作。同时，监理单位需要与技术专家组建立常态沟通机制，为及时解决项目工程问题创造条件。

4　工程监理工作特色及成效

4.1　辨风险，强预控，降低工程风险

4.1.1　查清地质，预先处理，为工程风险管控奠定基础

（1）严格审核地质资料，明确地质补勘要求

①盾构施工前，项目监理机构详细审查地质初勘报告，针对盾构区间地层存在的岩溶发育、上软下硬、富水软弱砂层和高强度灰岩复合地层地质风险，项目监理机构组织专题会，向建设单位反馈区间溶洞地质风险，进一步查清地质情况，对软弱地层、溶土洞预先处理，确保盾构掘进施工及后续线路运营安全。②施工过程中，项目监理机构全程跟踪盾构区间地质补勘地质工作情况，地质专家现场指导辨识地质风险，进一步准确掌握本工程区间隧道范围内的地质情况、溶土洞规模及分布，为下阶段地基处理、盾构机选型、盾构刀具配置和施工风险控制提供输入条件。

（2）全程跟踪岩溶处理，确保关键环节效果

工程地层存在岩溶发育段，分布复杂，规模难以确定，溶洞注浆处理工作及效果检测的人为因素较大，盾构施工遇到未处理、未探明的溶洞，盾构机可能发生栽头或地面坍塌的风险。因此，项目监理机构制定了详细的监理工作方法，主要包括：

①岩溶处理监理工作策划：审查岩溶处理施工分包单位资质和专项施工方案；

对注浆设备及标定情况进行检查；验收袖阀管、水泥、水玻璃、砂浆等原材料，并进行见证取样检验；督促承包商对周边管线情况进行勘探调查，编制保护方案上报监理审批等。②岩溶处理边界探测核实：复核探边孔测量放线定位和标高；对于不能按照设计方案要求进行布孔探边的区域，联合设计调整探边方案；全程跟踪旁站探边定位、钻孔、取芯，详细记录每个发现溶洞钻孔洞顶、洞底标高和填充物性状，确保注浆位置定位准确；复核溶洞包络图、平面图和洞高，核算溶洞体积，估算溶洞理论注浆量；对探边过程下不了钻和掉钻杆、坍孔和地表沉降数据异常等现象，要求立即停止作业，严格按照异常情况应急措施整改。③岩溶处理充填注浆监管：选取试验洞确定注浆技术参数，经检测合格后，再全面采取该参数进行溶洞注浆施工；核查浆液配比和比重，监控注浆数据；密切关注注浆量和压力，必要时进行分析研究；建立原材料进场和使用台账，记录溶土洞处理信息；项目监理机构应在关键控制点到现场核查，并做好统计台账，对每日发生的钻孔、埋管、注浆量进行签证；监测地表、管线和建（构）筑物等数据，数据异常时立即停止注浆。④注浆效果检测验收监督：选择具有代表性的溶洞进行检测；如遇到检测不合格情况，项目监理机构应制定处理办法，重新进行加固。

4.1.2 选型配置，适应可靠，为盾构隧道工程把住关键

（1）技术专家审查资料，严格把关盾构选型

盾构机掘进是可进不可退的，盾构机选型和配置的失败可能导致工程巨大损失。面对盾构区间复杂的地质环境和工程环境，以及工程施工风险，项目监理机构认真审查承包商拟投入的盾构机选型及配置与施工合同中专项要求是否匹配。结合盾构工程“四大报告”[地质补勘报告、建（构）筑物调查报告（含房屋鉴定报告）、管线调查报告、周边环境调查报告]分析盾构机必备性能参数，对承包商单位上报盾构机基础资料、盾构机设备构件的检测报告、盾构机适应性和可靠性报告的完整性、真实性、准确性、可实施性等进行审查。项目监理机构审查通过后，报盾构技术研究所组织专家审查，通过后方可用于工程施工。

（2）全面审查盾构性能，提出专业优化建议

项目盾构工程实施前，项目监理机构针对承包商拟采用的盾构机，结合工程设计、地质和环境特点对盾构机适应性进行了全面审查并提出了以下优化建议：①对长距离粉质黏土地层盾构掘进易结泥饼风险，提出增大刀盘开口率、合理配置刀具、优化泡沫注入系统、强化渣土改良等措施；②对高强度硬岩层盾构掘进刀具易损坏风险，提出采用加强型刀盘和重型刀具、全断面布置滚刀等措施；③盾构通过地质不整合接触带易喷涌或堵塞螺旋机造成渣土滞排等风险，提出做好渣土改良，

采用优质泡沫材料和注入方式，严格控制土仓液位和贯入度；④针对复合地层等特殊地段盾构掘进风险，主要审查刀盘轴承及密封情况、铰接情况和刀具布置方式；⑤针对岩溶地区存在未探明溶土洞的风险，提出盾构机必须具备超前注浆功能，发现盾构机掘进地层存在空洞时，及时打开盾构机注浆孔对地层中溶土洞进行注浆填充；⑥针对盾构穿越重要建构筑物的风险，提出盾构机要增加一套注浆系统，优化注浆浆液性能；针对长距离掘进风险，项目监理机构还提出盾构机开仓换刀保压系统稳压性能的要求；为减少盾尾刷渗漏和更换的风险，要求采用加强型盾尾刷。

4.1.3 优选人才，精心组织，为风险管控做好队伍建设

组织开展专业测试，监理严把用人关。在盾构工程实施前，项目监理机构组织承包商盾构施工管理人员、机电工程师、盾构操作手、电瓶车司机、龙门式起重机操作手、管片拼装手等关键岗位人员进行专业知识测试，对专业知识差的人员要求承包商进行更换。通过专业知识测试，一是确保了承包商投入的人员素质满足合同要求；二是降低了潜在的人员管理风险，有效确保了盾构施工安全质量管控；三是项目监理机构选配有盾构工程经验的工程师参与项目监理，保证了专业技术管理水平满足项目管理的需求。

4.2 抓关键，控节点，保障工程质量

为避免发生安全质量事故，加强对工程重要部位和环节安全质量管理，项目监理机构在工程实施前认真核查工程环境、地质资料、结构特点和管理的重难点，结合《地铁工程重大安全风险控制与节点验收管理办法》（穗轨建监［2012］130号）文件要求，梳理了工程关键节点控制清单，并编制了《关键节点验收实施细则》。此外，项目监理机构根据工程实施进展，在关键节点施工前严格核查准备工作情况，确保重要工序和节点安全顺利实施，保证了工程质量符合设计要求。

4.2.1 动态辨识，梳理关键节点，安全风险管控抓关键

依据安全风险动态辨识，分级管控的原则，项目监理机构督促施工单位做好风险辨识与分级，并做审核确定，在实施过程中仍可以动态更新风险节点。项目监理机构提出将以下节点应纳入安全风险关键节点（不限于此）：

（1）竖井和车站深基坑开挖；

（2）盾构始发/到达，盾构隧道联络通道开挖，盾构开仓（第一次常压、气压开仓），盾构穿越既有地铁隧道、主要市政公路、密集建筑群、重要建筑物、重要管线（中压及以上的燃气管道、高压输油管及大体量雨水箱涵、大直径污水管

等）、盾构机吊装，工程自身重大风险（叠落隧道上洞施工、覆土厚度不大于盾构直径的浅覆土层地段等特殊地段施工）；

（3）起重吊装：盾构吊装、门式起重机安装/拆卸，连续墙钢筋笼吊装（首次）；

（4）模板工程及支撑体系：高支模第一次混凝土浇筑。

4.2.2 标准管理，确认关键节点，质量风险管理控节点

工程风险高，风险集中，复杂程度高的工序和工序转换时容易出现质量问题（或事故）。质量标准通过首件验收、样板验收做指引，通过试验检测做验证，通过实体检测来验收。项目监理机构综合上述标准，依据《质量工序标准化手册》的要求，提出将以下节点应纳入质量风险关键节点（不限于此）：

（1）车站（竖井）相关工序

①围护桩施工（钢筋笼制作质量验收、成孔施工质量验收）；

②桩间止水施工（高压旋喷桩施工质量验收）；

③冠梁及混凝土支撑（冠梁及第一道混凝土支撑模板安装、钢筋制作及安装质量验收）；

④综合接地施工（接地装置安装工程质量验收）；

⑤地下防水施工（卷材防水层施工质量验收、塑料板防水层施工质量验收、涂料防水层施工质量验收、金属板防水层施工质量验收、细部构造施工质量验收）；

⑥车站主体结构底板、侧墙、中板、顶板施工（模板安装质量验收、钢筋制作及安装质量验收、混凝土施工质量验收）；

⑦站台板施工（模板安装质量验收、钢筋制作及安装质量验收、混凝土施工质量验收）。

（2）盾构区间相关工序

①端头加固施工（高压喷射注浆地基质量验收、水泥土搅拌桩地基质量验收）；

②桩间止水施工（高压旋喷桩施工质量验收）；

③管片制作（模具拼装质量验收、钢筋笼加工及安装质量验收、混凝土浇筑质量验收、管片养护质量验收）；

④管片预拼（管片预制试拼质量验收）；

⑤100环验收（盾构掘进100环管片安装质量验收）。

（3）联络通道施工相关工序

①暗挖法区间超前支护施工（超前小导管施工质量验收、超前大管棚施工质量验收）；

②锚杆施工（锚杆支护工程质量验收）；

③格栅拱架施工（钢格栅拱架加工质量验收、钢格栅拱架安装质量验收）；

④喷射混凝土支护施工（喷射混凝土施工质量验收）；

⑤防水施工（卷材防水层施工质量验收、塑料板防水层施工质量验收、涂料防水层施工质量验收、金属板防水层施工质量验收、细部构造施工质量验收）；

⑥暗挖二次衬砌施工（模板安装质量验收、钢筋制作及安装质量验收、混凝土施工质量验收）。

4.2.3 明确标准，按程核查许可，节点验收抓落实

项目监理机构结合工程特点，对报监理审核通过的关键节点实施条件内容进行了分析研讨，明确了管理标准、技术标准和检验标准，形成了九大类43项关键节点核查管理办法。在工程关键节点实施前，项目监理机构组织验收程序，并召开五方责任主体参加节点条件验收会。在参会技术人员（技术专家）对内业、外业核查确认后，施工单位方可实施作业。此外，施工过程中，项目监理机构共组织了67次节点验收会议（其中开仓节点验收会23次，下穿重要建筑物节点验收会7次）确保关键节点质量。

4.3 信息化，数字化，赋能监理工作

4.3.1 实现盾构远程监控，助力重大风险管控

监理单位自主研发的盾构远程监控系统集实时监控、数据分析与预警提示于一体，将区间工况、地质信息、施工进度及沉降监测等多源数据整合呈现，以直观的图表、曲线形式辅助监理工程师迅速把握工程全局，如图4.1所示。

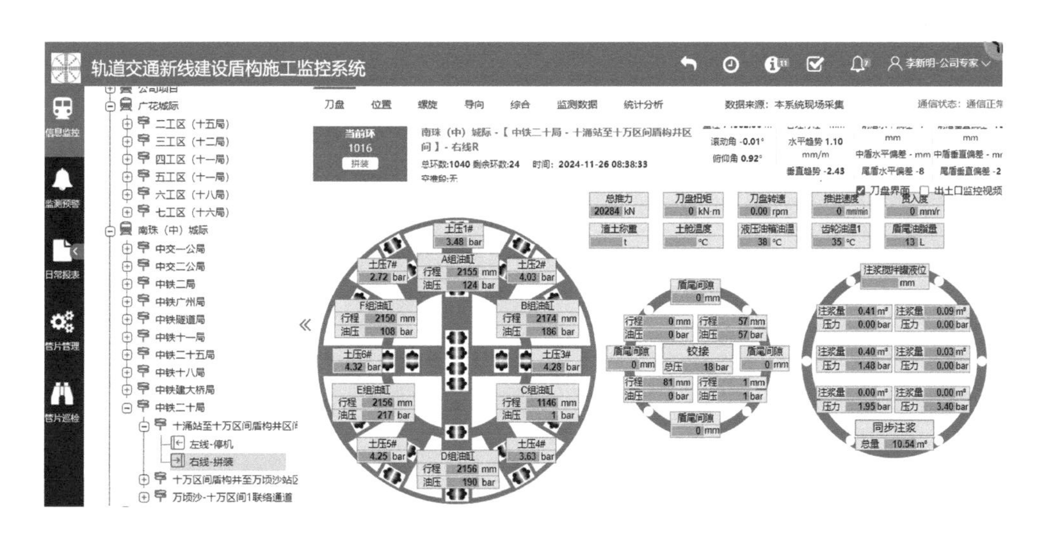

图4.1 盾构远程监控系统

盾构远程监控系统可以依据风险组段划分，通过预设风险参数，自动监测并预警潜在风险。监理人员可结合现场巡查与数据分析迅速确认风险等级并采取相应措施，确保施工安全。在广州市轨道交通十四号线一期工程中，盾构机穿越既有线路、重要建筑结构和复杂不良地质等高风险作业区段，使得该系统的价值更加凸显。监理人员利用该系统获取了更加全面、细致的数据支持，实现更加精准的风险预判与决策制定，确保盾构施工在复杂多变的环境中能够平稳推进，助力精细化管理与科学决策的监理管理。

4.3.2 应用管片信息系统，提升隧道质量管控

监理单位自主研发的盾构管片质量系统聚焦于隧道管片的质量管理，通过实时数据统计与引用功能，实现了对管片质量的全程跟踪和记录。监理人员无需网络即可录入管片的各项质量数据，包括K块拼装位置、渗漏、破损、崩角、错台等信息。这些数据经后台导出、分析与研断后，能够揭示管片质量问题的根源和趋势，为质量改进提供有力支持。同时，系统通过扫描管片二维码即可快速记录其进场与拼装状态，确保监理工作的透明度和可追溯性。此系统的应用，改变了过去通过监理人员手记台账造成的内容统计不全，数据丢失，整理不及时等问题，为及时发现管片质量问题，及时改进拼装质量和全过程质量管理提供了数字化手段，提升了监理工作成效。

4.4 精细化，专业化，加强全过程监控

项目监理机构对项目进行严格监管，并且积极与参建各方协作，最终项目成功避免了一系列重大安全风险的发生，包括：盾构机安全穿越敏感建筑无损害，近距离下穿现有隧道实现微沉降，斜穿松园路市政隧道未引发异常，安全通过溶洞发育地层，以及顺利穿越上软下硬地层。

4.4.1 近接下穿运营线路，盾构隧道微沉降

试验先行，监理对策直面问题。在试验段左线，泥水盾构机的回转中心体出现异常，P0泵管路进浆口锁死，施工单位提出改造P0泵的管路及冲刷口的处理方案，但项目监理机构认为无法有效地冲刷到刀盘，不能从根本上解决问题。经讨论，决定改管后再次设置试验段验证。结果显示，改管后滞排更严重，掘进速度和扭矩变化大，如果频繁洗仓会牺牲工效。项目监理机构要求施工单位再次开仓，发现结泥饼情况严重。随后，项目监理机构收集信息，组织公司专家对泥饼问题进行“会诊”，专家提出以下建议：下穿前更换中心回转体、清理泥饼、更换刮刀；P0

泵使用原进浆口，加大流量，加入洗衣粉；控制掘进参数；可考虑夜间线路停运时段开仓清理泥饼。

节点验收，监理严控程序制度。项目监理机构严格执行风险节点验收，确保盾构下穿前准备工作充分。具体措施包括：①内业准备：审核承包商的专项施工方案，重点审查掘进参数、监测频次和应急响应措施的可行性与合理性。②盾构物资：清点验收现场管片、螺栓、水泥等物资，确保满足施工需求。③应急物资：核对钻注一体机、膨润土等关键应急物资，并检查工况。④设备工况：提出盾构机维修调整建议，如更换盾尾油脂刷、旁通阀组失效密封，改善漏浆和滞排问题。⑤监测点验收：采用自动化监测技术，每2小时上报三号线隧道监测数据，记录裂缝、渗漏点等耗损情况，留存影像资料。⑥节点验收会议：组织运营、地保、设计、建设单位等各方召开节点验收会，确保下穿三号线前准备工作就绪。

责任担当，旁站守护安全。项目监理机构安排专人24小时跟踪旁站，监管掘进施工的各项参数，督促现场施工人员严格按照施工方案和技术交底要求进行施工。项目监理机构设计了下穿三号线的信息报送表，方便参建各方及既有线产权单位快速地掌握下穿过程的风险管控情况，协调各方相关工作。

动态管控，科学谋划良策。为结泥饼影响掘进效率的问题，项目监理机构提出利用每天地铁三号线收车停运之后的5小时进行开仓检查清理泥饼的方案。经监理单位盾研所专家以及方案专题讨论会，项目监理机构为下穿既有线开仓制定了一套盾构开仓标准化管控流程，安全顺利完成了左线下穿既有线开仓作业。

落实程序，管控显现成效。项目监理机构采取了以上措施：要求设置试验段校准盾构掘进参数；落实风险节点验收制度；下穿施工全过程旁站监督；向产权运营单位及参建各方即时播报掘进情况；动态管控施工风险，根据实际情况及时调整监理管控对策。最终顺利完成了下穿既有线的施工，实现既有线轨道微沉降。盾构机盾尾脱出穿越影响区域后既有线自动化监测累计沉降最大值为-6.62mm，在穿越完成后一个月累计沉降最大值稳定在-6.48mm，所有监测数据均未出现超限。

4.4.2 冷冻法联络通道施工，专业监理控风险

专业分析，精准辨识风险点。3#联络通道位置的地质条件较差，上部覆盖砂层，地表又是厂房建筑群，缺乏地面加固条件。设计采用冷冻加固地层后进行暗挖作业，专业性强且风险大。项目监理机构通过公司专家协助，对该分部工程风险作精准辨识如下：①开挖断面地层较差，上覆粗砂层高富水且具流速，影响冻结壁冷冻交圈。②顶部较厚砂层，掌子面可塑状黏土遇水软化，易坍塌。③地表有多座浅

独立基础的厂房，对冻胀和融沉敏感，易变形。

精细管理，全程管控保安全。项目监理机构针对盐水冷冻法的工艺特点以及环境风险因素，采取相应管控措施。①施工前监理措施：在联络通道区域打深孔注双液浆形成止水环，对喇叭口上方进行超前注浆以增强安全性并减少冻胀、融沉效应，严格验收冷冻孔及系统，并进行试运行。②冷冻过程中管控：每日巡视设备运转，确保备用设备可用，检查冻结孔温度和盐水系统运行，记录测温孔温度。监理工程师分析冻结数据，通过温度变化统计图，确认3#联络通道冻结过程中各测温孔工作正常，温度数据良好。③审核冷冻交圈加固效果：严密监控冻结壁薄弱处的压力和温度变化，评估冻结壁厚度和加固范围，确保其质量；通过日常巡查土体测压孔，记录压力变化，综合计算冻土发展速度、冻结壁厚度和平均温度，全面评定加固效果。④监理团队对冷冻管施工、设备安装、运行维护等关键环节实施严格监控，确保冷冻法加固效果和施工安全。团队不断学习，精准把控新工艺细节，保障施工质量和安全。

5 启示

5.1 创新风险管控理念，坚守项目安全底线

质量、投资、进度、安全生产管理是监理合同中的基本工作内容，其中，安全生产管理以其特有的复杂性和紧迫性，给监理单位带来了前所未有的压力与挑战。如何在复杂的项目环境中，精准识别并有效管控安全风险，是每一个监理单位必须直面的现实课题。广州市轨道交通十四号线一期工程监理实践给出了“辨识风险、预控风险、管控风险”的风险管控理念，提出通过风险辨识确定关键节点，管控关键节点的风险管控思路，实现了对项目全过程风险的有效管控，为项目的安全顺利完工奠定了坚实的基础。这一实践不仅彰显了监理单位在安全风险管控方面的专业能力与责任担当，更为整个监理行业提供了可借鉴、可复制的风险管控模式，为推动监理行业的持续健康发展贡献了宝贵的智慧与力量。

5.2 优化人员培训流程，做好监理团队建设

监理团队中人员的配置、专业素质以及组织管理是监理工作顺利开展的基础。广州市轨道交通十四号线一期工程监理单位对团队的构建与培养给予了高度重视，在项目启动之初严把用人关，确保每一位成员都具备扎实的专业素养和丰富的实践经验。在盾构工程实施前，项目监理机构组织关键岗位人员进行专业知识测试，保证了人员专业技术管理水平满足项目管理的需求，降低了潜在风险，有效提高了盾

构施工安全质量管控水平。这一实践为监理行业提供了有效的参考，提供了优化人员培训流程，打造高素质、专业化监理团队的思路，有助于推动整个行业的持续进步与发展。

5.3 科技创新提质增效，开启监理工作新篇章

在传统监理模式下，信息传递往往依赖人工操作，极易出现错误，进而影响到项目的整体进度与质量把控。然而，随着先进数字技术的蓬勃兴起与广泛应用，这一困境正逐步得到破解。数字监理在广州市轨道交通十四号线一期工程监理实践中得到尝试，并取得一定效果。项目借助盾构远程监控系统，实现了对盾构机运行状态的实时追踪与数据分析，确保了施工过程的平稳与安全；通过管片信息系统对管片进行严密监控，有效保障了管片的质量与性能，极大地提升了监理工作的便捷性与高效性。这一尝试提升了监理工作的效率与准确性，为监理工作的提质增效树立了新的标杆。在未来，监理单位可以继续深化数字技术在监理工作中的应用，不断探索与创新，为监理工作的持续提质增效贡献更多的智慧。

（主要编写人员：郑　勇　孟西联　鲍迪恺　杨显颖　郑凯玲）

创新引领隧道顶管监理
蜿蜒下穿贯通黄河之滨

——郑州市下穿中州大道下立交工程监理实践

1　工程概况

1.1　工程规模

随着郑东新区的快速发展，郑州市南北向交通压力逐渐增大，穿越中州大道的交通问题凸显，下穿中州大道下立交工程旨在有效解决中州大道南北向交通问题。

该工程概算总投资14.25亿元，包括纬四路下穿隧道工程（见图1.1）和沈庄北路～商鼎路下穿隧道工程（见图1.2）。其中，纬四路下穿隧道工程全长909m，隧道段长775m，顶管段长110m，概算总投资6.12亿元；沈庄北路～商鼎路下穿隧道工程全长1100m，隧道段长880m，顶管段长212m，概算总投资8.13亿元。两条下穿隧道工程的设计等级均为城市主干路，双向四车道加非机动车道，设计速度为40km/h，每条机动车道宽度为3.5m，最小净空高度4.5m，非机动车道宽度4m，最小净空高度2.5m。

图1.1　纬四路下穿隧道实景

图1.2　沈庄北路～商鼎路下穿隧道实景

1.2 实施时间及里程碑事件

工程于2013年7月23日正式开工建设，2015年11月2日纬四路下穿隧道工程竣工验收，同年12月11日沈庄北路～商鼎路下穿隧道工程竣工验收。该工程主要里程碑事件见表1.1。

郑州市下穿中州大道下立交工程主要里程碑事件　　表 1.1

日期	里程碑事件
2013年7月23日	工程正式开工建设
2014年4月9日	沈庄北路～商鼎路隧道工程始发条件验收
2014年11月27日	纬四路下穿隧道工程始发条件验收
2015年4月10日	沈庄北路～商鼎路下穿隧道工程隧道分部工程验收
2015年10月25日	纬四路下穿隧道工程隧道分部工程验收
2015年11月2日	纬四路下穿隧道工程竣工验收
2015年12月11日	沈庄北路～商鼎路下穿隧道工程竣工验收

1.3 建设单位及主要参建单位

工程建设单位为郑州市市政工程建设中心，工程监理单位为国机中兴工程咨询有限公司。工程总承包单位为三家公司组成的联合体，其中，上海隧道工程股份有限公司是牵头单位，负责工程施工，上海市隧道工程轨道交通设计研究院和河南省交通规划勘察设计院有限责任公司分别负责工程设计和勘察工作，化工部郑州地质工程勘察院为第三方监测单位。

1.4 工程获奖情况

工程监理单位创新引领下穿中州大道下立交工程监理，在工程施工阶段取得了显著监理成效，助力该工程先后荣获“中国土木工程詹天佑奖”等重要奖项，见表1.2。

郑州市下穿中州大道下立交工程主要获奖情况　　表 1.2

序号	获奖名称
1	2018年第十五届中国土木工程詹天佑奖
2	2016年度河南市政工程金杯奖
3	2016年度上海市科技进步二等奖
4	2015年度上海市土木工程科技进步一等奖
5	2014年第五届上海市非开挖工程金奖

2　工程监理单位及项目监理机构

2.1　工程监理单位

国机中兴工程咨询有限公司（以下简称“国机中兴”）是世界五百强大型央企“中国机械工业集团有限公司”下属驻豫企业。公司于1991年开始开展监理业务，具有交通、人防等诸多行业甲级监理资质，较早获得“工程监理综合资质”；也是河南省重点培育全过程工程咨询服务企业、国家级高新技术企业和AAA级中国工程监理信用企业。

公司国内业务遍及除香港、澳门及台湾地区以外的所有省、市、自治区，国际业务遍及亚洲、非洲、拉丁美洲等二十余个国家和地区。

公司连续多年被评为国家级、省部级、市级“先进监理企业”，自2004年开展“全国百强监理单位”评定以来，连续入围全国百强建设工程监理企业。

2.2　项目监理机构

公司根据建设监理委托合同要求和工程实际组建的项目监理机构设置“三室两部”，两个监理部分别下设驻厂监造组、顶管道路组、土建结构组和机电安装组，见图2.1。

针对本工程，公司专门成立专家委员会，在图纸审查、设计咨询、技术指导等方面提供强有力的支持。

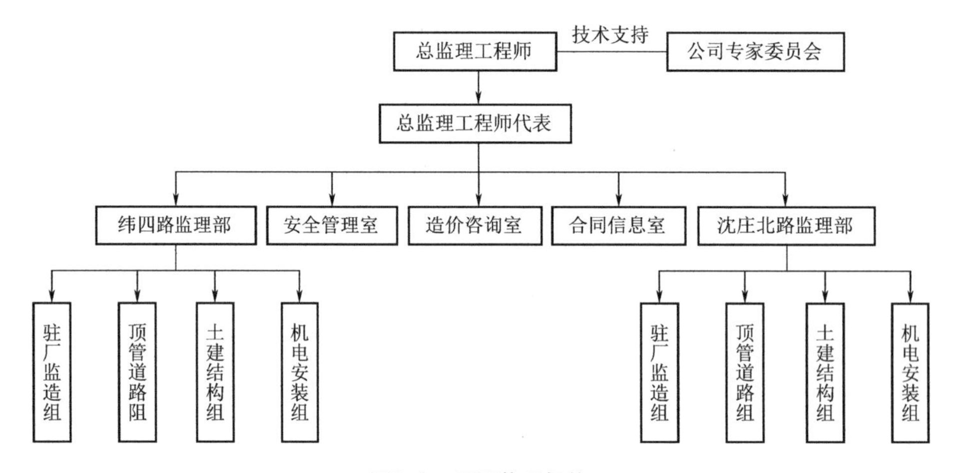

图2.1　项目监理机构

3 工程特点及监理工作重难点

3.1 工程特点

3.1.1 超大断面，超长顶进

本工程首次运用了超大断面矩形隧道长距离掘进工法来建造城市下立交车行隧道工程：纬四路下穿隧道机动车道采用断面为10.4m×7.5m的矩形顶管机施工，是当时世界最大的矩形顶管隧道；沈庄北路～商鼎路下穿隧道单次顶进距离212m，是当时国内最长的单次顶进距离。此外，纬四路下穿隧道上层距离中州大道路面3～4.2m，是当时国内覆土厚度最小的矩形顶管隧道，两个车道之间最短净距离仅为1m，也是当时国内最短距离。工程矩形顶管断面超大、单次顶进距离超长的工程实践，为同类大直径顶管法隧道建设施工提供了宝贵经验。

3.1.2 构件复杂，易受侵蚀

纬四路下穿隧道机动车道矩形管节外尺寸10.4m×7.5m×1.5m（内净尺寸：9m×6.1m×1.5m），厚度0.7m，单节重约73t；非机动车道管节外尺寸6.9m×4.2m×1.5m（内净尺寸：6m×3.3m×1.5m），厚度0.45m，单节重约42t。混凝土设计强度等级C50，抗渗等级P10，管节两端预埋钢套环和钢环，接头形式为F型承插式。与常规矩形顶管相比，该管节外形近似椭圆形，体型大，在管节制作、养护、运输、吊装、就位等方面难度大，困难多。

隧道暗埋段将长期受到地下水和土壤湿气的侵蚀，若防水和沉降出现问题，会导致隧道内部渗水、漏水，隧道结构、路面下沉等问题，这不仅会损害隧道结构，还会对隧道内外交通造成重大安全隐患。此外，工程主要穿越砂性地层，存在开挖面土体改良、顶进减摩泥浆制备、长距离轴线控制及纠偏等诸多技术难点。因此，对本工程隧道施工的质量和安全生产管理要求极高。

3.1.3 畅通交通，导改复杂

作为郑州市委、市政府十大民生实事工程，社会关注度极高。工程位于市区中心，周边有密集的住宅区和商业设施，工程施工易对周边群众出行和生产生活带来影响，交通导改复杂。施工过程中既要确保合理布局施工现场，又要保证中州大道交通畅通，最大限度减少对周边群众出行和生产生活的影响，需制定严密合理、切实有效的交通导改方案，并对交通导改进行实时动态调整。

3.2 监理工作重难点

3.2.1 工艺工法复杂，质量控制难度大

超大管节焊接工艺复杂，管节环形钢筋定位质量控制难。超大管节制作、养护、运输、吊装和就位过程非常复杂，特别是钢筋骨架吊装、钢套环和钢模安装过程易造成脱焊和变形，传统的环形钢筋绑扎和电焊方法已不适用。采用新的施工工艺工法，对项目监理机构有效控制和验收超大管节钢筋分项工程质量提出了挑战。

常规混凝土养护措施不适用，混凝土养护难度大。重达73t的超大断面矩形顶管管节体积大、吨位重，需要一次浇筑成型，养护过程极易出现养护不到位问题，常规的混凝土养护措施无法满足顶管管节施工进度的要求。此外，矩形顶管掘进一旦开始就无法停滞，否则面临顶进机械被困地下、卡钢，造成顶管管线严重受损甚至塌陷等后果。

穿越复杂土层和人行通道，顶管顶进技术难点多。沈庄北路～商鼎路下穿隧道主要穿越砂性地层，工程开挖面土体改良、减摩护壁泥浆制备、长距离轴线控制及纠偏等技术难点，使工程在控制背土和地面沉降方面面临极大风险。对此，项目监理机构在施工前，提出了确保触变泥浆稳定性的建议并被施工单位采纳，包括专人负责压浆、定时记录泥浆指标、合理制定水灰比、严格控制注浆量和压力，保障了顶管的平稳顶进。在沈庄北路～商鼎路区间，顶管需下穿人行地下通道，最小净距仅1.68m，严格控制施工精度和施工质量，项目监理机构应掌握最佳顶管推进参数。

3.2.2 创新技术多样，技术管理挑战多

本工程首次采用超大断面矩形隧道长距离掘进工法来建设城市下立交车行隧道，当时国内尚无此类施工技术和质量标准，不仅需要设计制造新型的顶管设备，而且需要采用新的施工技术。技术创新在工程实施中可能存在始料未及的风险，项目监理机构面临学习和研究施工技术，快速掌握新设备、新工艺特点，提高管控能力的难题。

连续性顶管施工技术新，技术管理挑战多。所采用的大尺寸、矩形截面、5m浅埋，且下穿主干道路的连续性顶管施工技术为国内首创，超大管节顶管顶进施工技术、地面沉降控制、管节制作运输等诸多技术难题，需要项目监理机构科学、合理明确矩形顶管设备制造、超大椭圆管节生产和长距离顶进作业等质量验收标准，并有效设置质量控制点，以确保新技术和新工艺的精准实施，这一要求给项目监理机构实施技术管理带来新的挑战。

超大断面矩形开挖面难点多，监理难度大。超大断面矩形开挖面的结构特点带来了开挖面改良盲点区域多、开挖面稳定控制难、轴线控制精度要求高等技术难点，项目监理机构需协同有关单位共同研究、确定适应不同土质的改良添加剂材料及使用参数，以实现改良剂注入口的全区域覆盖，这对项目监理机构的组织管理和现场协调能力提出了极高要求。

3.2.3　危大工程量多，安全生产管理要求高

危大工程数量多，安全生产管理要求高、难度大。本工程包含8个危大工程，其中深基坑支护与开挖、矩形顶管施工、矩形管节吊装、龙门式起重机的安装与拆除、矩形顶管机的始发与接收、矩形顶管机井下安装与拆除均属超过一定规模的危险性较大的分部分项工程，对危大工程的安全生产管理具有很大的难度。

工程地处核心区，周边有密集的住宅区和商业设施，密集的交通流量，对施工场地布置、施工组织安排、施工安全生产管理提出更高要求。项目监理机构需要在危大工程实施前，逐项审核专项施工方案、监督并参与施工单位组织的专家论证，在施工的各个环节，确保安全生产管理措施得到落实，同时预防、处理突发安全事件和事故。危大工程对项目监理机构的质量控制、安全生产管理、组织协调等工作都带来了更多挑战和提出了更高要求。

3.2.4　周边环境复杂，组织协调任务重

参建单位众多，协调工作量大。本工程参建单位涉及新建道路、路灯、绿化、电力、军用光缆、管养等二十多家单位，场地占用、工序衔接等组织工作复杂，协调工作量大。有效协调各方关系对工程顺利推进至关重要。这种跨部门、跨单位的协调工作是项目监理机构工作的重要难点。

确保正常通行，交通导改复杂。工程施工期间要保障中州大道正常通行，需安排专人对现场沿线进行调研，掌握施工路段详细交通量，了解周边居民、商户出行需求。项目监理机构应及时掌握交通动态信息，协助施工单位制定严密合理、切实有效的交通导改方案。

地下管线众多，保障任务繁重。纬四路下穿隧道工程顶管需穿越中州大道下方众多管线，包括给水管、污水管、燃气管，以及军用电缆等。项目监理机构需根据地质勘察报告，会同施工单位确认管线位置，探索最佳顶进技术参数，确保施工过程中管线安全，避免质量安全事故发生并保证沉降控制在规范要求范围内，避免对周边管线和地面结构造成不良影响。

4 工程监理工作特色及成效

工程监理单位和项目监理机构严格按照工程建设监理委托合同和工程建设文件，全面履行监理职责，开创了多项技术先例，保障工程顺利实施，助力精品工程建设。

4.1 制度奠基，实现高质量监理

为打造精品工程、保障顺利实现工程目标，结合本工程特点，项目监理机构制定了驻厂监造、首件验收、条件验收等针对性监理工作制度，奠定高质量监理基石。

4.1.1 实行驻厂监造制度

驻厂监造。大型构件的预制质量与交货期，对工程质量与建设工期至关重要。项目监理机构实行驻厂监造制度，在首批大型构件施工准备阶段即安排监理工程师进行驻厂监造，对预制构件厂管理制度、生产环境、生产设备、制作工艺、工程材料进行审查确认，对关键工序、关键部位、隐蔽工程等严格检查验收，有效控制了大型构件预制质量与交货期。

全过程管控。对大型构件生产方案进行审查，对过程产品检查验收，对大型构件连接接头部位工程质量严格检查，对装配结构与现浇结构连接接头进行重点控制，采取工艺检验、记录影像资料等实施全过程管控监理措施。

设备监造。针对顶管机设备监造，对设备制造单位的质量管理体系和制造过程的质量保证实施监督管理，强化生产、运输、使用环节全过程质量控制。

4.1.2 建立首件验收制度

以“预防为主，先导试点”为原则，建立首件验收制度。项目监理机构建立首件验收制度，旨在对首件工程的施工工艺、材料、设备、技术参数和质量指标进行综合评价，建立样板工程，对后续工程施工起到示范和引领作用。通过落实首件验收制度，使每道工序施工都有样板先行，同时，施工单位管理人员及作业人员对各工序质量标准有清晰直观的认识，质量控制成效显著。

涉及结构安全及使用功能的工程，严格执行首件验收制度。首件验收制度从引领工序质量抓起，以工序质量确保分部分项工程质量，以分部分项工程质量确保单位工程质量，从而确保工程质量。对涉及结构安全及使用功能的工程，施工单位应在首件工程完成后进行自检自评并提出书面意见，项目监理机构对自检自评合格的提出复评意见并组织验收，经建设单位认可、出具书面认可文件后方可实施后续施工。凡未经首件工程验收的，一律不得开展后续施工。首件验收记录包括验收报告、验收意见、自评意见、复评意见等，由项目监理机构汇总和归档。

4.1.3 推行条件验收制度

项目监理机构实施条件验收制度，在重难点工序施工前，组织工程参建各方共同对施工现场技术准备、质量安全保证等应具备的条件进行核查。条件验收制度是项目监理机构落实施工现场质量安全风险预控的重要手段，有效掌控工程各关键节点顺利实施，尤其对危大工程实施管控具有显著成效。

4.2 质量为本，强化质量控制

本工程建设之初就确立了达到国家质量验收“合格工程标准”、确保获得“河南市政工程金杯奖”、力争“中国土木工程詹天佑奖”的质量目标。

为助力实现工程质量目标，项目监理机构以质量为本，建立了完善的质量管理体系，确保施工质量控制责任明确到人，通过对施工方案、工程材料、施工过程到隐蔽工程验收等各环节严格的质量控制，取得工序验收合格率达100%的成效。特别是项目监理机构驻厂监造、全过程管控、首件验收等制度的实施，对矩形顶管机、大型构件等进行质量检验，对基坑围护结构和地下连续墙等重要施工过程强化质量控制，确保实现合同约定质量控制目标。

4.2.1 严控矩形顶管机质量，保障设备技术性能

根据监理合同和施工合同约定，项目监理机构对矩形顶管机制造全过程进行驻厂监造，确保设备具备工程所需技术性能。本工程需用两台不同规格的矩形顶管机，见图4.1、图4.2。

图4.1 矩形顶管机10.4m × 7.5m

图4.2 矩形顶管机6.9m × 4.2m

审核设备制造方案和制造计划，监督落实。项目监理机构严格审核施工单位报审的设备制造方案和制造计划，对其存在的问题提出完善要求。定期对该方案和计划的执行情况进行跟踪，核查制造质量、进度等。例如，通过分析和纠偏制造时间的差值，最终实现顶管设备提前15天交付。在设备制造期间，项目监理机构及时收集和管理与矩形顶管机制造相关的各类文件和记录，包括设计图纸、检验报告、合格证等，确保设备文件的完整性和准确性，为后续设备验收和使用提供可靠依据。

加强关键部件的质量控制。矩形顶管机监造过程中，为确保各部件和整体结构质量符合设计要求，项目监理机构重点检查、控制关键零部件工程质量，包括刀盘、壳体系统、中继间系统、后顶进系统、驱动系统、螺旋机出土系统、铰接系统、液压系统、密封油脂系统、电气系统及泥水系统等，确认其尺寸精度、材料性能、加工质量满足工程要求。

做好设备出厂验收和运输管理。根据施工合同和技术规格书，项目监理机构对顶管机设备掘进速度、扭矩输出、注浆系统等关键技术性能指标严格把关，确保矩形顶管机出厂前完成所有的调试和测试工作。

确保供货范围与合同一致，项目监理机构详细核对制造商提供的矩形顶管机及其附件清单，检查设备电气系统、液压系统、润滑系统等配置是否符合设计要求；核对矩形顶管机运输路线沿途桥梁、铁路、涵洞等道路情况，核查运输车辆和起重设备车型、车龄、运输能力、起重能力等状况，确保车辆及运输路线的安全性和可行性。通过项目监理机构对设备制造实施预控及核查，为矩形顶管机在工程中顺利始发、保证其在施工现场正常运行打下了坚实基础。

4.2.2 强化地下连续墙施工监理，保障施工质量精度

地下连续墙施工过程中，项目监理机构事前确定了关键质量控制点，要求施工单位严格按质量计划实施，确保工程施工质量和满足精度要求。

精准确定地下连续墙施工位置。要求施工单位按照地下连续墙单元槽段划分进行编号，并在导墙上精确标示地下连续墙分幅标记线，包括每幅槽段水平长度、每抓宽度位置、钢筋笼搁置位置以及锁口管位置。项目监理机构抽查核对，以确保地下连续墙上述关键位置准确，避免偏移。

严格控制成槽施工质量。通过严格核查、验收成槽机垂直度、开挖顺序等工艺流程以及成槽施工质量，项目监理机构控制了地下连续墙槽壁及槽幅接头垂直偏差等满足设计及规范要求。

4.3 创新引领，助力精品工程

针对本工程采用诸多新技术、新材料、新工艺、新设备的特点，项目监理机构始终坚持创新引领，贯彻全过程工程创新意识，结合超大管节制作、运输和施工难题，提出了管节构件加工过程中钢筋焊接工艺改进、混凝土养护工艺改进、管节养护过程起吊及翻身方法改进等11项创新管理方法，从而实现为打造精品工程助力。

4.3.1 创新工艺工具，解决超大椭圆管节技术难题

本工程机动车道采用外形近似椭圆的矩形管节，与常规矩形顶管相比，在管节制作、养护、运输、吊装、就位等方面难度大。项目监理机构先后提出9条合理化建议，完善了施工工艺流程，提升工程质量，助力攻克超大管节工程技术难题，为工程顺利实施提供了有力保障。

超大管节钢筋焊接工艺优化。面对超大管节钢筋分项质量控制的挑战，项目监理机构在熟悉设计文件要求的基础上，协同施工单位分析管节关键技术难点重点，设定质量控制点和验收点。同时，项目监理机构利用专业技术优势，提出改变焊接工艺，通过在管节加工厂进行绑扎、点焊和二氧化碳保护焊的试验比选，最终确定二氧化碳保护焊接工艺。该工艺具有连接牢固、质量可靠、焊缝平滑美观等优点，确保管节环形钢筋焊接质量满足设计及规范要求。该工艺也得到设计单位和其他参建单位的认可和采用。

超大管节混凝土蒸养措施。针对本工程超大管节混凝土养护难度大的问题，项目监理机构结合郑州市气候条件和施工进度计划，经分析讨论后建议采用蒸汽养护措施，提出增加锅炉房和蒸养罩的解决方案，严格按静养、升温、恒温、降温四个阶段进行技术控制。蒸养过程中，罩内设置测温仪表，及时掌握蒸养数据。脱模前，要求确保罩内温度与自然温度相差不超过20℃，然后揭开蒸养罩进行脱模；脱模后，将管节吊运至临时堆放区，用油布覆盖进行保温，避免管节表面出现温差裂纹，有效解决了混凝土养护问题。

超大管节混凝土养护专用工具研发。鉴于管节体积大、吨位重、养护难，项目监理机构以解决问题为导向，提出研发专用吊具，以实现管节翻身养护。管节专用翻身吊具见图4.3、图4.4。该吊具由横担式吊架、吊臂动力端、吊臂被动端、电器控制箱组成，可实现管节360°自动翻身，每3分钟翻身一圈，通过遥控器控制，遥控距离100m。翻身吊具采用机械自锁翻转和两道变减速机构，通过预埋件方形吊装孔进行传动。吊运管节时，被动轴先伸入吊孔，然后主动轴再伸入，锁轴伸缩速

度为30秒伸缩250mm。新型管节专用翻身吊具的研发和使用，不仅保证了工程质量安全，也是技术创新的体现。

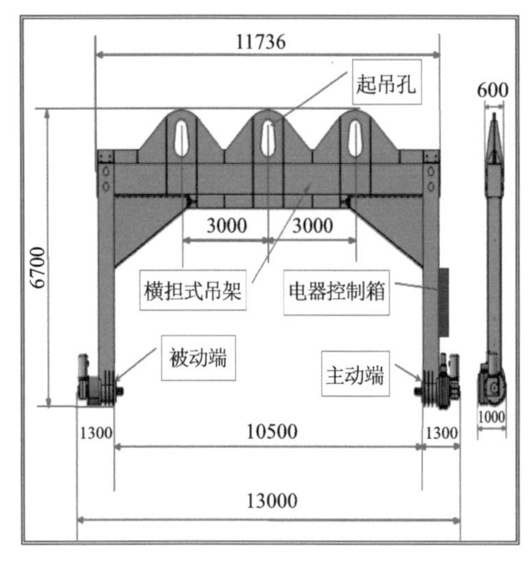

图4.3 管节翻身吊装设备

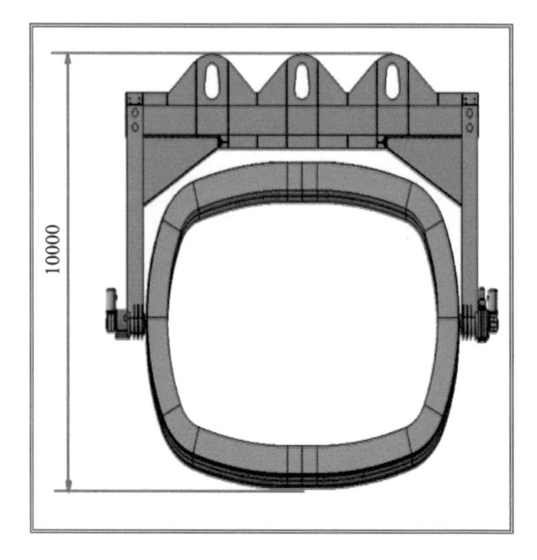

图4.4 管节翻身吊架

4.3.2 创新减摩工法，提高矩形顶管机推进速度

本工程地层结构复杂，沿线周边环境保护要求高，因此，施工中采用厚比重浆触变泥浆，以有效控制地面沉降，并起到较好的减摩作用。顶管的土压平衡式矩形顶管机需要土体具有良好的塑性变形和软稠度来维持开挖面的稳定。在粉土和粉质黏土混合土层中推进时，需通过土体改良，建立正面平衡压力，降低透水性，维持土仓压力稳定，减少土体压力变化，防止地下水过多侵入，以减少磨损、堵塞、黏附对掘进工作的影响，提高掘进速度。

针对注浆工艺及土体改良技术难题，项目监理机构收集技术资料及土体数据，分析矩形顶管机推进土体相关指标，为施工方案改进、注浆工艺及减摩工法创新提供系列建议，为控制顶管机推进积累丰富的经验。项目监理机构助力施工单位申请“大断面矩形顶管用的减摩泥浆及制备方法和注浆施工方法”等10余项发明专利。

4.4 预防为主，筑牢安全防线

本工程参建单位多，不同专业工种在狭小空间交叉作业，现场作业环境复杂，危险性较大的分部分项工程较多。公司专家委员会为项目监理机构提供强有力的技术支持，参加本工程危险性较大的分部分项工程讨论会，确定该工程深基坑，管件及设备吊装，顶管始发、掘进及接收等8项危大工程，识别风险，筑牢安全防线。

项目监理机构动态管理、及时完善安全生产管理制度，坚持预防为主，主动协调多方工程参与主体，对本工程施工的重大危险源进行全程监控和管理，严格履行建设工程安全生产管理职责。

4.4.1 实施条件验收，强化事前控制

确定条件验收关键节点。开工前，要求施工单位结合设计文件及工程实际，针对矩形顶管施工中管节吊运、管节翻身、土压平衡矩形顶管机井下安装及拆除、矩形顶管始发、掘进及接收、围护结构工程及深基坑开挖、支护及降水专项工程施工、龙门式起重机安装及拆除等重大危险源、施工重难点、关键节点等进行分析识别，编制关键节点风险识别清单，明确需进行条件验收的关键节点18项，报项目监理机构审批后报送建设单位。工程施工期间，对关键节点风险识别清单实施动态管理，根据工程进展情况及时进行增补完善。

审核条件验收申请。关键节点施工前，施工单位开展条件自查，符合要求后填报关键节点施工前条件验收申请表，项目监理机构审核通过后，组织条件验收。

条件验收。项目监理机构组织建设单位、设计单位、第三方监测单位、施工单位等开展关键节点施工前条件验收，对施工现场的技术准备、施工人员、施工机械设备、工程材料、质量安全保证体系、质量安全保证措施、质量技术交底等进行核查，组织填写关键节点施工前条件验收记录表，形成核查意见，通过核查后方可进行关键节点施工。超过一定规模的危险性较大的分部分项工程，进行条件验收时邀请2名专项施工方案论证专家参与核查。

条件验收问题整改。对未通过核查的，针对核查时发现的问题下发监理通知单，责成施工单位组织整改，整改完成后重新组织核查。如在纬四路接收井深基坑条件验收中，核查发现基坑防护不符合专项施工方案要求、物料堆放位置离基坑边缘距离不符合施工规范要求等问题，项目监理机构下发监理通知单要求整改，条件验收为后续工程施工消除了安全隐患。

4.4.2 强化危大工程管理，防范安全风险

规范危大工程专项施工方案编审程序。项目监理机构要求施工单位针对危大工程均需依据现行有关法律法规、标准规范及相关工程设计文件等，结合施工现场工程实际编制专项施工方案。但施工单位执行中仍有差池，例如其报送的矩形顶管始发、掘进及接收专项施工方案，项目监理机构发现该专项施工方案未经施工单位技术负责人审核签字，随即退回施工单位要求完善审核审批程序。强调专项施工方案应由施工单位技术负责人审核签字并加盖单位公章后报项目监理机构审查。对于超

过一定规模的深基坑支护与开挖、矩形管节吊装等危大工程，要求施工单位组织召开专家论证会对专项施工方案进行论证。

强化危大工程专项施工方案针对性审核。项目监理机构审核矩形管节吊装专项施工方案时，发现该专项施工方案内容并未结合工程施工现场场地布置条件及管节、设备等实际存放情况制定针对性的吊装施工措施及质量安全保证措施，项目监理机构审查后两次退回施工单位要求其修改。为此，施工单位组织公司技术部门力量，分析现场实际情况、确定关键点、重难点，对专项施工方案制定具有针对性的施工措施和质量安全保证措施，以确保符合施工现场实际。实践证明，该专项施工方案的落实，确保了吊装作业安全、顺利进行。

严格监督危大工程专项施工方案有效实施。危大工程实施过程中，项目监理机构多次邀请公司专家委员会专家到现场监督检查，根据专家意见提出合理化建议58条。为强化施工单位落实危大工程专项施工方案，要求施工单位项目负责人带班生产，巡查关键环节、重点部位，掌握现场安全生产情况；要求专职安全生产管理人员对专项施工方案实施情况进行现场全程监督并做好记录。

4.5 多方协调，保障顺利交付

项目监理机构积极协调各方关系，保障工程顺利施工，并实现交通不断行、不拥堵，工程竣工验收一次性通过，最终实现顺利交付。

4.5.1 完善沟通机制，实现内外部多方共赢

项目监理机构采用现场协调会、工作推进会、专题研讨会等多种沟通方式，解决各施工单位之间交叉作业、道路保通等冲突问题。

多方会战，保障工程顺利开工。为解决绿化、管养、路灯、电力、道路、雨污水等多家单位面临的一次迁改、二次迁建、道路保通等诸多涉及交叉施工、场地占用、交通冲突等问题，项目监理机构以保障工程顺利开工为工作导向，以落实现场查勘、实现多方会战、协同攻坚为目标，组织召开13次现场协调会、工作推进会等，敦促参建各方及时沟通解决影响开工的具体问题。

动态制定交通导改方案，实现交通不断行。本工程施工期间要求中州大道不断行，其他施工占道要确保“借一还一”原则，以减少对周边群众的出行影响，避免出现工程施工造成道路拥堵。项目监理机构组织施工单位并协调道路交通主管部门，通过多次实地查勘、组织现场协调会，结合工程施工占道和道路交通变化情况，制定严密合理、切实有效的交通导改方案，并对交通导改进行实时动态调整，确保工程施工期间顺利实现道路不断行、不拥堵，市民无投诉。

4.5.2 强化预验收，确保竣工验收一次性通过

工程竣工验收是检验工程质量的关键环节，验收工作需多家单位参与配合，特别是工程竣工验收需基于对数量众多的子单位工程和单位工程验收资料和工程实体的检查与检验，也需要协调验收时间和验收参与单位。

严格检查竣工资料和工程实体质量。工程预验收之前，项目监理机构仔细研究强制性标准、设计文件及施工合同条款，对施工单位报送的竣工资料严格审查，对工程实体质量进行细致检查，确认工程完成工程设计和合同约定的各项内容。

建立预验收问题库。项目监理机构建立预验收问题库，并将验收中发现的问题（其中纬四路工程22项，沈庄北路～商鼎路工程18项）分专业、分区域归类，要求施工单位逐项整改、销项，确保所有问题得到有效解决，为确保最终顺利通过工程验收奠定基础。

4.6 多措并举，实现提质增效

工程监理单位组建专家委员会，为项目监理机构提供图纸审查、设计咨询、技术指导等，开展全过程造价审核，研发监理信息管理系统，全面提升监理服务水平。

4.6.1 发挥专家技术优势，强化图纸审查能力

项目监理机构依托公司专家委员会在工程实施过程中提供的图纸审查、设计咨询、技术指导等方面的专业意见，顺利解决了工程中遇到的不少难题。工程开工前，公司专家委员会从工程设计的适用性、可靠性、安全性及经济性等宏观方面，对工程设计图纸进行审查，重点审查设计文件与建设单位招标文件技术条件的符合性，是否违反工程建设强制性标准、是否存在漏项、影响工程造价等方面问题，并提出优化建议。

在公司专家委员审查的基础上，项目监理机构仔细研读设计图纸，侧重工程设计图纸的完整性、合理性。审查发现各专业图纸之间存在设计冲突、标高不一致等问题。项目监理机构共提出62条设计图纸修改意见，设计单位据此进行了设计图纸修改优化。这些修改意见避免了施工的工程质量安全事故、工期拖延等问题，也赢得建设单位和其他参建单位一致好评。

4.6.2 开展全过程造价审核，确保造价目标控制

本工程承包合同为工程总承包（EPC）单价合同，针对此类型合同特点，控制施工单位明晰工程数量和工程材料价格，掌握施工工程量和工程造价是关键。项目

监理机构采取有效的造价控制措施，及时收集市场价格信息，分析工程图纸，确认工程数量，严控工程变更，解决采用单价合同对造价控制不利的影响，确保造价控制目标的实现。

严格控制设计质量。项目监理机构制定详细的造价控制措施，依托公司的设计团队，加强设计方案和施工图纸审核，严把设计质量关，制定详细的造价控制措施，避免出现过度设计和增加工程投资。

严把工程材料认质认价关。严格按照经审核批准的施工图和相关规范，对工程材料的品牌档次、规格参数、品质效果进行充分对比分析，制定材料比选制度，严格审核和检验，建立完善的监督机制，避免材料的“质低价高”，确保使用的工程材料符合设计和规范要求。

严格审核施工组织设计和施工方案。对施工单位报送的施工组织设计和施工方案，项目监理机构严格审核，进行技术、经济分析比较，采纳技术经济较好的方案。实施过程中，严格控制设计变更，对于没有充分变更理由的变更申请，一律不予签认。对于确需变更的，认真审核其实用性、经济性，确保每一项变更物有所值。

严格审核工程款支付申请。项目监理机构对工程款支付申请的款项仔细核对，对虽然施工完毕但未经验收确认合格的工程不予计量支付。定期对实际完成量与计划完成量比较分析，发现存在偏差的，提出调整要求，并及时报告建设单位。

4.6.3 应用监理项目管理系统，提升监理服务水平

施工监理过程中，项目监理机构使用公司自主研发、具有独立知识产权的EEP监理项目管理系统，通过该系统对工程现场监理工作有效监管，提高监理工作效率。

实现质量管理规范化和标准化。EEP项目管理系统规范了监理人员的质量管理行为，如：监理规划及监理细则的编制及报审、施工方案审查、现场旁站及巡视、平行检验等工作，系统页面截图见图4.5。EEP项目管理系统强化了对工程现场质量管理的监督控制，使质量管理工作更加系统规范，满足工程质量管理要求。

强化工程进度控制手段。利用EEP项目管理系统，使施工总进度计划审定、月度实施计划审定、现场进度计划核查、工程进度分析等更加规范化、标准化，有效落实进度管理工作。

提高监理文档管理效率。通过EEP项目管理系统，方便开展文档的管理查阅，使工程设计文件与技术资料管理、监理规划与细则编制、监理日记与月报记录、监理会议纪要整理、监理质量评估报告撰写、监理工作总结提炼、监理工作文档归档

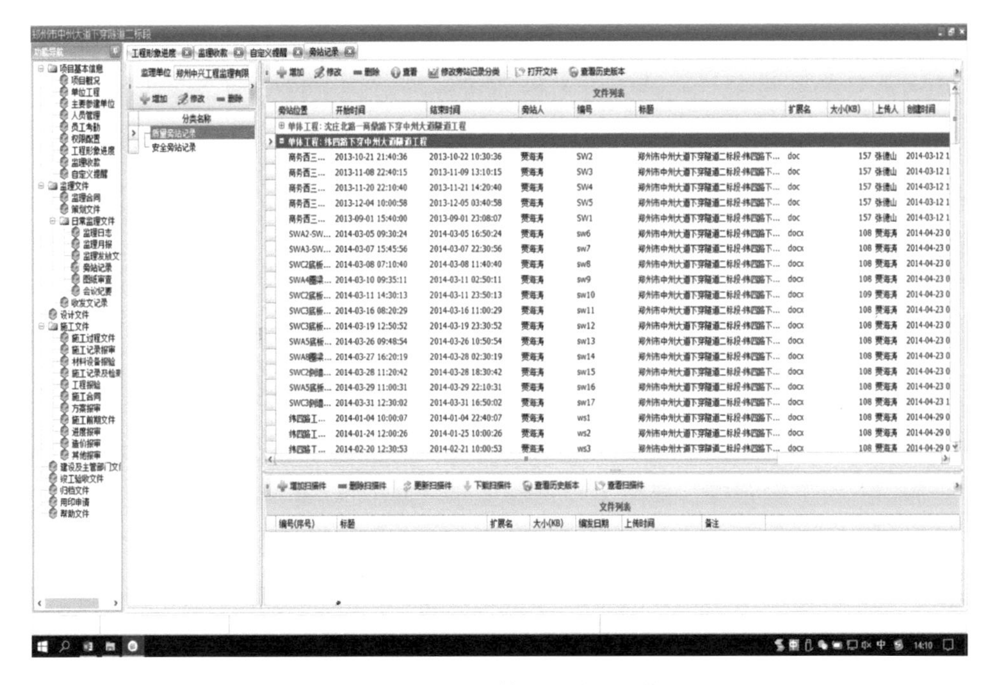

图4.5　EEP项目管理系统页面截图

以及竣工资料汇总审核等工作更加便捷，也使项目监理文档的电子化归档移交更加高效，提高了项目监理机构工作效率。

5　启示

本工程首次采用世界最大断面矩形隧道顶管顶进施工，工程技术复杂、质量标准要求高、实施难度大，创下国内外多项纪录，许多实践经验可供同类工程借鉴。

5.1　发挥企业精神的基石作用

面对重大工程和诸多挑战，公司秉持“以技术创新为核心，以拓展品牌为依托，以精细管理为动力，以人才建设为支撑，全面提升服务价值”的企业精神，迎难而上，坚持创优引领，组建高效协作、技术过硬、廉洁自律的项目监理机构，有力地保障了工程监理职责的履行，确保了工程顺利实施，也为企业赢得了良好的社会信誉。因此，发扬企业精神是做好工程监理工作的有力基石。

5.2　做好精细化质量管控

工程监理企业应完善质量管理制度，实现工程质量管控精细化。本工程监理实践中，通过综合运用驻厂监造、首件验收、条件验收、试验先行等多种举措，精准确定质量控制的重点和标准，细化质量管理工作流程，有效保障监理工作质量。对于工程中涉及的新技术，在缺乏针对性质量标准时，工程监理企业应根据工程实际，科学制定新技术质量控制标准，强化施工过程质量控制，保障工程的高质量施工和高标准交付。确保工程质量，对于延长工程使用寿命、保障公共安全以及发挥经济和社会价值具有至关重要的作用。

5.3　防范重大安全风险

现场作业环境情况复杂，危险性较大的分部分项工程较多时，为防范重大安全风险，项目监理机构应通过完善安全生产管理制度，坚持预防为主原则，推行条件验收，加强危大工程管控，保障工程关键工序、重难点部位施工安全。

在其他同类工程中，工程监理企业可借鉴推行条件验收制度，对施工现场的技术准备、安全保证措施等相关内容进行核查，强化工程安全事前控制。同时，工程监理企业应依法落实危大工程专项施工方案审批制度，加强程序性、专业性审查和项目监理机构现场巡检和验收，严格督促施工单位对存在的问题及时整改，规范相关单位安全生产行为，降低安全生产事故风险。

5.4　推动工程技术创新

本工程是在传统顶管施工技术基础上的一次重大突破，当时国内尚无此类施工技术和质量标准，不仅需要设计制造新型的顶管设备，同时对施工工艺等各个方面提出许多新挑战。项目监理机构通过组织制定工程创优方案，积极引导采用新技术、新材料、新工艺，指导施工单位优化施工工艺流程，开展施工设备和工法创新，为工程顺利实施提供了有力保障。

在其他同类工程中，工程监理企业应坚持创新发展理念，提高监理队伍整体素质，持续学习先进管理理念、方法和技术，通过科学方法、专业能力和创新思维解决遇到的复杂工程技术难题，提升工程监理工作技术含量，提升工程监理企业的核心竞争力。

5.5　强化监理协调机制

对于工程环境复杂、参与方众多、组织协调任务量大的工程，可以借鉴本工程经验，完善工程监理协调制度，采用多元化和动态协调机制，充分发挥工程监理协调作用，通过现场协调会、工作推进会、专题会等多种方式，解决多单位参与、交叉施工作业、道路保通等方面所存在的利益冲突，保障工程顺利实施，实现相关各方协作共赢。

5.6 推进监理数智技术应用

本工程监理工作中应用了EEP监理项目管理系统，提高了工程监理服务水平和效率。国机中兴持续加大信息技术的科研投入，在原有EEP监理管理平台基础上独立开发了“智能易用、创新赋能、全面协同、自主可控”的国机中兴数智云管理平台，构筑了统一管控与业务协同的数字化底座，初步实现了公司职能管理、工程咨询和工程总承包等业务场景的一站式数智化服务。随着建筑信息模型（BIM）、城市信息模型（CIM）、区块链、大数据、云计算、物联网、地理信息系统（GIS）、人工智能等新一代信息技术发展，推进工程监理企业向数字化和智能化转型是大势所趋，势在必行。

（主要编写人员：李振文　李洪涛　崔树成　张德山　刘天煜）

海外监理新实践　一带一路谱新章
——以色列海法Bayport港口工程监理实践

自“一带一路”倡议提出以来，我国秉持着共商、共享、共建的原则，与沿线国家积极开展合作交流，促进共同发展、共同繁荣。以色列海法Bayport港口是以色列60年来迎来的首个新码头，也是我国企业首次在发达国家建设的“智慧港口”，为“一带一路”建设谱写了全新的篇章。

1　工程概况

1.1　工程规模及结构体系

以色列海法Bayport港口工程项目位于以色列海法市，毗邻海法老港。海法Bayport新港拟建设为年吞吐量达186万标准箱的集装箱港区，具备接卸目前世界上最大集装箱的能力，以帮助改善海法老港区交通拥堵和运输延误情况，提高港口运输效率，促进地区经济发展。

图1.1　以色列海法Bayport港口工程项目鸟瞰

1.1.1 工程规模

海法Bayport港口项目总占地面积74.8万㎡，码头岸线总长1521.2m，码头前沿最大水深17.3m，如图1.1所示。港区建设分两期实施，一期工程包括6号码头，岸线长度805.5m，泊位等级20万吨级，港区面积60.4万m^2，年设计吞吐量106万标准箱；拟建设二期工程包括7号码头、8号码头，岸线长度分别为445.7m、270m，泊位等级分别为10万吨级、3万吨级，港区面积14.4万m^2，年设计吞吐量80万标准箱。港区工程全部由上港集团以自有资金投资建设，总投资为6亿美元，折合人民币约48.3亿元。

1.1.2 结构体系

海法Bayport港口项目工程建设包含港区平面布置、装卸工艺、道路堆场、供电、通信、控制、给水排水、土建以及暖通工程。新港码头采用上港集团自主研发、具有自主知识产权的自动化码头操作系统，并引入电动集装箱卡车。起重装卸设备在国内组装完成后，整体运输到新港码头安装使用，其中集装箱装卸桥的起重重量达61t，外伸距达70m；自动化轨道式集装箱龙门起重机的起重重量达40.5t，外伸距为4.5m。

1.2 实施时间及里程碑事件

港口项目合同工期为2018年7月1日至2021年6月15日，共计1080日历天。受疫情等外部因素影响，工期有所延后，实际工期为2018年7月15日至2021年12月31日，共计1265日历天。本项目里程碑事件如表1.1所示。

以色列海法 Bayport 港口工程项目里程碑事件　　表 1.1

序号	事件时间	事件内容
1	2018年6月	上港集团和以色列港口和发展及资产公司（IPC）签订海法Bayport港口工程建设合同
2	2018年6月	施工许可获批
3	2018年7月	正式开工
4	2019年4月	RMG（轨道式集装箱龙门起重机）轨道基础开始施工
5	2019年10月	主楼开始施工
6	2020年6月	首批轨道吊到港
7	2021年8月	消防、环保等相关部门验收通过
8	2021年9月	正式开港

1.3 建设单位及参建单位

以色列海法Bayport港口工程项目采取工程总承包模式（EPC模式），建设单位是上港集团以色列海法新港码头有限公司，设计单位是中交第三航务工程勘察设计院有限公司，总承包单位是由中建港航局马萨达（Masada）公司和以色列马干（Maagan）公司组成的联合体，监理单位是由上海建科工程咨询有限公司（以下简称“上海建科”）和上海远东水运工程建设监理咨询公司组成的联合体。其中，上海远东水运工程建设监理咨询公司负责港机设备监造任务。

1.4 工程获奖情况

以色列海法Bayport港口项目获得2022年境外工程鲁班奖。

2 工程监理单位及项目监理机构

2.1 工程监理单位

上海建科是上海建科集团股份有限公司下属的国有公司，隶属于上海市国资委。公司的经营业务范围涵盖全过程工程咨询、建设工程项目管理、代理建设管理、工程设计、工程监理、设备监理、招标代理、造价咨询、风险管理咨询和专项工程咨询十类业务产品。公司立足上海、面向全国，已在全国31个省市开展工程监理和工程咨询服务，树立了一流企业品牌。公司自1987年开始提供监理服务，是上海市建委指定的第一批建设工程监理试点单位，1993年10月经建设部批准为全国首批甲级监理单位，也是2017年住房和城乡建设部发文《关于开展全过程工程咨询试点工作的通知》的首批全过程工程咨询试点企业。公司成立至今，承接工程项目10000余项，业务规模和产值多年位列全国工程咨询企业第一名①。

2.2 项目监理机构

本项目监理服务除了包含国内监理的质量、进度、投资控制等内容（根据以色列的管理要求，本项目监理服务内容不包含安全生产管理），还包含项目管理、造价咨询及BIM咨询等专项服务。为顺利完成监理工作，确保项目目标顺利实现，公司组建了层次分明、职责清晰、中以联合的项目监理机构（图2.1）。

---

① 数据来源：住房和城乡建设部《全国建设工程监理统计资料汇编》。

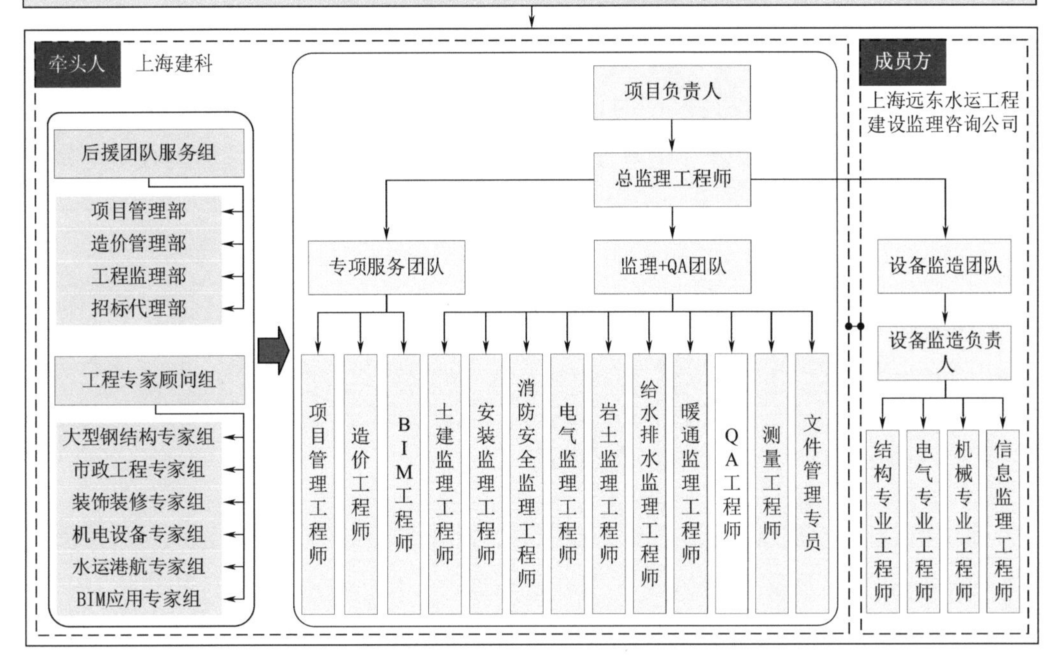

图2.1　项目监理机构

2.2.1　公司级项目指挥部

考虑到项目工程量大、时间紧、任务重，为确保项目监理服务卓有成效地开展，实现资源的最佳组合，公司将本项目作为重点工程项目。在组建项目监理机构时，同步成立公司级项目指挥部（以色列海法Bayport港口工程项目指挥部），由上海建科董事长任总指挥，总经理任副总指挥，确保项目所需的技术、资源和管理等配置得到有效保障。

2.2.2　项目经理部

针对本工程特点、联合体任务分工以及以色列当地工程管理规定，本项目组建了直线式项目监理机构。其中，项目负责人负责与公司、参建各方的统筹协调；总监理工程师全面主持监理工作；监理+QA、设备监造、专项服务三个团队具体实施日常监理工作。三个团队中，专项服务团队由负责项目管理、工程造价和BIM的工程师组成，并承担专项服务工作；监理+QA团队由公司派驻的各专业监理工程师和依规需要聘用的当地QA工程师（质量保证工程师，主要负责确保产品或服务的质量符合预定标准，辅助支持监理工作）组成，并承担现场监理工作；设备监造团队由联合体成员方派驻，承担设备监造工作。

公司依托专家资源，组建后援团队服务组和工程专家顾问组，为项目提供强有力的人力和技术支撑。后援团队服务组由公司项目管理部、造价管理部、工程监理部、招标代理部四大管理部门相关专业人员组成，针对项目遇到的问题，为本项目远程提供全过程的服务支持。同时依托工程专家顾问组（工程专家顾问组由型钢结构、市政工程、装饰装修、机电设备、水运港航、BIM应用等领域的权威专家构成），结合项目工程实际需求，为本工程提供全方位的技术保障。

3　工程特点及监理工作重难点

3.1　工程特点

3.1.1　“一带一路”工程，中外合作典范

海法市是以色列北部的交通和工业中心，既是重要的港口城市，也是地中海沿岸的铁路枢纽，在国际航运版图中占有重要地位。Bayport港口项目的建成及运营将极大改善海法老港区的拥堵现状，提升运输效率，降低物流成本，赋能区域经济，促进区域贸易，为以色列港口行业设立全新标杆。作为国内投资建设的“一带一路”节点港口项目，海法Bayport港口项目是中、以两国合作的结晶，对实现中以双方的互惠共赢具有重大意义，是“一带一路”倡议在东地中海地区落地生根浓墨重彩的一笔，更是中国与其他国家开展交流合作、建设人类命运共同体的优秀典范。

3.1.2　精品海外工程，创新管理模式

海法Bayport港口作为国内投资建设的“一带一路”精品海外工程，需要同时满足国内投资建设项目的管理要求和以色列当地的建设要求，如“QA管理”“咨询工程师负责制”等，属海外工程项目管理的重大创新。除质量、进度、投资控制外，项目管理机构还需要承担各类相关专项服务的工作，包括开工手续的办理、项目验收流程的推进等，均需要项目团队与海法市政府、大区委员会、消防局、以色列环保部、国防部、卫生部、航空局等多个部门进行沟通，管理协调工作十分庞杂。为此，海法Bayport港口项目的成功为我国项目管理模式创新，推进工程建设管理属地化、国际化迈出了重要一步。

3.1.3　智慧港口工程，彰显中国智造

以色列海法Bayport港口全面采用“中国方案”，使用“中国标准”，是中国企业首次向发达国家输出“智慧港口”先进科技与经验的重大工程。海法Bayport港口采

用的技术多为当地首次应用，包括上港集团的自主研发的自动化码头技术、高智能化的桥吊及轨道吊控制操作系统、船舶岸上供电系统等。此外，海法Bayport港口大量使用了电动集卡，使其成为地中海沿岸运用技术最为先进的绿色环保码头。海法Bayport港口项目彰显了“中国智造”的强大实力，打造了“中国智造”出海的金色名片。

3.2 工程监理工作重难点

3.2.1 专项服务要求高，多方协调任务重

海法Bayport港口工程项目受到国内、以色列及国际的高度关注，对监理服务质量的要求极高。区别于传统监理工作，项目监理机构需提供项目管理、造价咨询及BIM咨询等方面的特色专项服务。此外，项目监理还需满足当地环境保护、消防安全审查、城市规划、交通疏导、公共设施配套等要求，极大增加了项目监理机构的任务负担。因此，监理单位需要加强专项服务质量，提高多头协调效率，确保项目高质量完成。

3.2.2 合规经营是重点，高效运营是挑战

根据《企业境外经营合规管理指引》，我国企业在境外经营应特别注重合规管理和合规经营。由于以色列方面要求监理单位提供项目管理等服务，监理单位需要全程参与项目建设准备、许可申请、建设施工和竣工验收的全部阶段，这对于人员、法律、财务和环保等多方面的合规经营提出更高要求，监理单位需要及时解决资质不全、法规了解不全面、人员工作许可办理困难等问题，确保相关高效工作顺利实施。

3.2.3 建造技术标准高，监理品控责任重

海法Bayport港口工程作为中国投资建设的地中海“智慧港口”工程，受到各国的高度重视。由于以色列和我国在港口关键工艺标准上存在差异，相关建造技术工艺标准的统一、港机设备的损伤修复、安装调试等均受到制约。特别是在当地首次大规模采用自动化码头操作系统、高智能化的桥吊及轨道吊控制操作系统等技术，暂无相关设计、施工和监理先例。因此，监理单位应做好港口建造技术、安全和质量等专项评审工作，形成高效、完善的“智慧港口”技术和建造监督保障体系，确保海法Bayport港口工程的技术工艺完美实现与工程的安全竣工。

3.2.4 监理体系区别大，模式融合是关键

以色列当地主要实行“QA管理”和“咨询工程师负责制”。“QA管理”需

要QA工程师在施工单位自检合格后，对工程质量进行检查把控，进一步保证工程质量；“咨询工程师负责制”需要专业咨询工程师采取“最高监督（Supreme Supervision）”的方式对现场施工进行阶段性检查和验收，在主管部门验收前进行最后一道把关。监理单位需要将传统监理模式和当地体系实现融合，确保监理工作顺利开展。

3.2.5　中以验收差异大，标准统一是难题

我国的工程建设标准体系及验收依据相对统一，主要遵循ISO规则、GB/T 1.1标准、合同及设计图纸。但以色列的工程建设标准体系较为复杂，涉及以色列当地标准、蓝皮书以及美国、英国、德国等多种国际标准。同时，本港口项目还将《任务清单》《施工大长卷》《安全计划》等施工许可附件作为验收的主要依据。因此，在验收过程中，监理单位需要建立一套双方均认可的统一标准，保障项目顺利验收通过。

4　工程监理工作的特色和成效

上海建科按照监理合同，结合以色列当地法律要求和项目特色，通过服务创新形成完善监理组织架构，通过统筹规划打造高效监理管理体系，通过模式融合建立有效质量控制流程，通过多方协调实现统一验收标准，实现了一流的监理服务品质，助力港口工程圆满竣工。

4.1　创新服务模式，形成完善监理组织架构

4.1.1　深入剖析制度差异，建立“多位一体”组织框架

由于中、以双方管理模式的差异，国内监理的质量控制管理团队架构、标准验收管理模式及企业服务保障体系等无法完全适用于海法Bayport港口工程项目。因此，监理单位经过深入剖析两国制度差异，并与QA团队和咨询工程师深入沟通后，建立了“多位一体”的监理组织框架。

明晰管理层级，落实管理职责。监理单位形成了“项目负责人—总监理工程师—专项团队”的直线式三层管理层级，避免多头领导。同时构建了涵盖构建涵盖监理工程师、QA工程师及咨询工程师的管理架构，明确了监理工程师、QA工程师和咨询工程的职责和义务，防止因职责不清导致的工作管理冲突。

两地联合监理，发挥专业优势。由于起重设备需在国内整体组装后运输到海法

Bayport港口进行安装，监理单位既需要在建造现场进行监理，还需要对起重设备制造和组装进行监督，从地理跨度和技术水平上都增加了难度。上海建科作为牵头人，发挥联合体的优势，采用了“两地监理，各取所长”的监理形式，由上海建科单独负责施工现场的工程监理任务，由具有水运工程监理资质的上海远东水运工程监理咨询公司负责设备监造，充分发挥两家公司的专业特长，解决了地理跨度大，资质要求多的难题，提升了监理工作效率。

组建后援专家团队，护航项目顺利完成。组建后援团队服务组和工程专家顾问组，协助现场监理团队解决管理和技术难题，多次为建设单位提供全过程项目管理技术支持，包括协助建设单位开展方案策划、开展技术论证、审图、优化建设工期、合理划分标段、选材选样、合同管理、竣工验收等。例如，在收到施工图设计文件后，后援团队服务组项目管理部组织进行全面细致的熟悉和审查施工图纸，发现并解决图纸中存在的问题及不合理情况，确保了设计质量、施工质量和工程安全。

4.1.2 项目当地化经营，破解合规性难题

为确保海法Bayport港口项目在当地履约的合规性，监理企业采取了针对性的管理措施。

设立海外分公司，开展当地化经营。监理单位在以色列当地建立了海外分公司，中方监理人员在以色列的工作许可办理、签证办理等工作均通过该分公司来进行。同时，相关的收付款行为均直接使用当地账户进行，规避了使用中国账户带来的一系列问题，如银行审批时间久、存在额外的手续费和税款、汇率转换带来的经济损失等，提升了项目的经济效益。

聘请当地审计公司开展审计业务，降低企业经营风险。为确保财务报表和税务的准确性、真实性，监理单位聘请了当地专业的审计公司开展年度审计活动，并发布相应的审计报告。另外，监理单位还购买财务和风险方面的专业咨询服务，为项目开展保驾护航。比如，项目实施期间，由以色列审计公司出具的国内监理团队发生的费用（如国内人员开展造价咨询和BIM咨询工作所发生的费用）定价转移报告，成功在获得以色列官方认定，进而减少了征税额度，提高了项目效益，同时也避免了合规性风险。

4.2 统筹全面支撑，打造高效监理管理体系

由于以色列方面的管理要求，除国内监理传统的质量、进度、投资控制等内容外，监理单位需提供项目管理、造价咨询及BIM咨询等专项服务。为此，上海建科统筹各类管理和服务职能，确保满足项目监理和专项服务要求。

4.2.1 履行项目管理职责，确保项目顺利实施

加强项目前期策划，保障工如期推进。由于以方场地移交许可办理滞后，加之港口的部分场地位于海法市政府与大区委员会管理的争议区，项目区域整体办理施工许可难度较大。在建设单位的统筹组织下，监理单位与相关参建单位一道，经过前期分析和策划，将项目施工许可证合理拆分为12个部分，如表4.1所示，最大限度提高施工许可办理速度。在前期策划中明确了各部分施工许可关键节点，确保工程能够按时开工，如期推进。

施工许可策划实施情况　　表 4.1

编号	许可名称	许可内容	验收标准
1	13/17/43/004	场地、地下管网、RMG基础、路灯	合格
2	13/17/43/005	主楼桩基	合格
3	13/17/43/005–1	主楼	合格
4	13/17/43/006	进港办公室、故障车办公室、变电所0、卫生间3、工具间	合格
5	13/17/43/007	机修车间、氧气间、乙炔间、轮胎间、油漆间、电池间、发电机房、泵房	合格
6	13/17/43/008	变电所1、变电所2、变电所3、变电所4、岸变、卫生间1、卫生间2	合格
7	13/17/43/010	移动避难间	合格
8	13/17/43/011	危险品箱区、集装箱泄露池、紧急池、高杆灯、安全围网、安保围网	合格
9	13/17/43/012	港机、冷藏箱支架、进港闸口、出港闸口	合格
10	13/17/43/013	应急处理站	合格
11	13/17/43/014	加油站	合格
12	88123311	进港portal	合格

加强各方协调沟通，及时调整项目设计。以色列环保部、消防局、航空局等主管部门为优化海法Bayport港口，对港口设计不断提出复杂且多样的建设要求，使得原有设计难免存在一定的偏差。监理单位基于新的建设要求，不断协调设计和主管部门，制定最佳的项目实施方案，确保项目顺利符合各部门的新要求。

履行造价咨询职责，有效控制工程成本。监理单位采取了前、后台的造价咨询服务模式：由项目监理机构（前台）对现场的场地情况、工程量等数据进行收集，反馈到后援团队服务组（后台）的造价咨询工作组；再由造价咨询工作组进行数据分析和造价咨询的相关工作，汇总形成造价咨询技术成果，充分优化了造价控制流

程和效果。在高效的前、后台联动模式下，监理单位通过审价和进度款审核对项目造价进行有效控制。例如：监理单位按合同约定共对6项未施工内容、6次材料调差以及多份工程联系单进行核减，最终节约了660余万美元的工程造价，有效履行了项目管理的职责。

4.2.2 BIM工具数字赋能，助力工程降本增效

在设计阶段，监理单位与设计单位紧密合作，利用BIM技术进行设计优化。监理单位通过BIM三维模型进行碰撞检测、净空分析、人流疏散模拟，及时发现并提出设计缺陷、设计冲突和施工难题，确保设计方案的可实施性。例如，利用BIM技术优化了重力管线延程的合理排布以减少水头损失。通过构建三维数字化模型，监理单位实现了从设计到施工的信息集成与共享，提升了项目管理的精细化水平，促进各专业间的协同作业，有效减少了设计变更与返工，提高施工效率，保障工程质量与安全。

4.2.3 强化监理制度支撑，实现项目高效运转

为充分保障项目监理服务，指挥部对项目进行统一指挥、统一调度，落实“目标管理、工作计划、沟通协调”的工作机制，定期组织专家团队、后援团队、运营管理部及项目监理机构等召开项目垂直管理会，协调解决项目遇到的难题，形成了“前台后台”结合的监理运营构架，如图4.1所示。

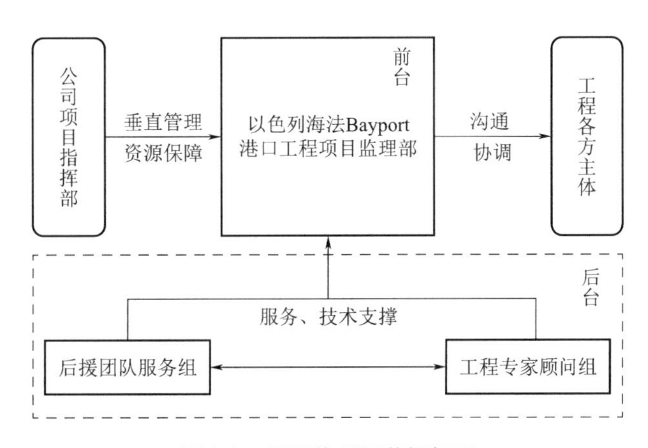

图4.1 项目监理运营框架图

实行严格交底与检查。专项工程开始前指挥部提前组织开展对项目人员的技术交底，包括基础工程技术交底、混凝土工程技术交底、机电安装工程技术交底等。并组织不定期组织项目的线上线下检查，包括现场质量控制成效检查、监理资料情况检查等活动。通过交底和检查，不断规范监理行为，实现监理工作的标准化。

落实全员全覆盖培训。在项目各个阶段，指挥部依托内外部专家组织项目人员

开展针对性的培训，包括海外项目财务管理培训、海外项目管理专项培训、港口工程专项培训、港机监理专项培训等。通过培训，不断提高监理人员的专业技术能力，实现监理服务的专业化。

提供高标准技术支撑。依托项目后援团队服务组及工程专家顾问组，通过前后台联动服务模式，结合先进的信息化手段，为项目部提供各项技术支撑服务，提高监理工作的先进性。

进行阶段性项目总结。阶段性地进行监理工作情况总结和后续工作安排策划，形成相应报告，包括《海法Bayport港口工程地基基础监理工作阶段性总结报告》《海法Bayport港口工程道路堆场工程监理工作阶段性总结报告》《海法Bayport港口工程港机设备安装工程监理工作阶段性总结报告》等。通过阶段性总结，揭示前段监理工作的成效和不足，并通过PDCA循环不断提高监理服务质量。

4.3 融合中以差异，建立有效的质量控制流程

4.3.1 创新“监理+QA”管理模式，提升质量监理效能

为满足“QA管理”的要求，项目监理机构聘请QA团队辅助开展监理工作，形成“监理+QA”的工作模式。监理+QA团队共同承担日常监理工作，同时又形成互补，充分发挥国内监理高效管理及QA团队熟悉当地标准的各自优势。通过聘请QA管理人员，解决了项目在以色列当地没有签字权的问题，并获得了专业的技术咨询服务，确保各项管理工作符合属地化要求，同时提升了质量监理的品质。

4.3.2 明确各方质量控制职责，制定统一的质量验收流程

监理单位通过学习及聘请的方式，不断提高监理服务能力，确保满足当地法规及合同要求。监理团队、QA团队和专业咨询工程师的具体职责见表4.2。

不同角色在质量控制不同阶段的职责　　表 4.2

质量控制角色	策划设计阶段	施工建设阶段	竣工验收阶段
监理团队	提供项目管理服务，与各专业咨询工程师进行沟通，制定进度计划；提供BIM咨询服务和造价咨询服务	负责项目质量、进度、材料、造价、验收、协调等方面的管理和审批工作。开展日常巡检作业，每日施工单位自检后，进行工程质量检查。与QA团队和咨询工程师对国际标准进行解读和沟通，针对咨询工程师提出的施工整改要求督促施工单位落实。协调落实QA团队和各咨询工程师提出的相关需求和建议。协助建设单位开展各类外部事宜沟通协调工作	组织竣工验收，负责QA、咨询工程师和政府验收前的第一道验收工序。对咨询工程师和政府提出的整改要求进行协调沟通

续表

质量控制角色	策划设计阶段	施工建设阶段	竣工验收阶段
QA团队	结合以色列当地标准规范解读施工参数要求，为施工质量管理做准备	与监理团队和咨询工程师对国际标准进行解读和沟通，对项目质量、进度进行监督，审批过程验收文件，材料、供应商报审、技术核定单等文件，监督施工单位工作质量；每日监理团队对施工质量检查后，进行复检。协调落实各咨询工程师提出的相关需求和建议	负责监理验收之后，咨询工程师和政府验收前的第二道验收工序。对咨询工程师和政府提出的整改要求进行协调沟通
咨询工程师	提供设计咨询服务，负责图纸审核（建筑，结构和消防安全），提出修改意见并确保落实	建筑、结构、消防安全、电气、给水排水、暖通等专业的咨询工程师，采取“最高监督（Supreme Supervision）”的方式对现场施工进行阶段性检查和验收	建筑、结构、消防安全、电气、给水排水、暖通等专业的咨询工程师，负责监理和QA验收之后，政府验收前的验收工序。提出相应的整改要求，验收通过后签字确认

为保证项目顺利通过验收，经征询各方意见最终确立了“监理→QA→咨询工程师→主管部门→政府”的验收流程，如图4.2所示。通过该联合验收流程，本项目得以高标准高质量地建设完成。

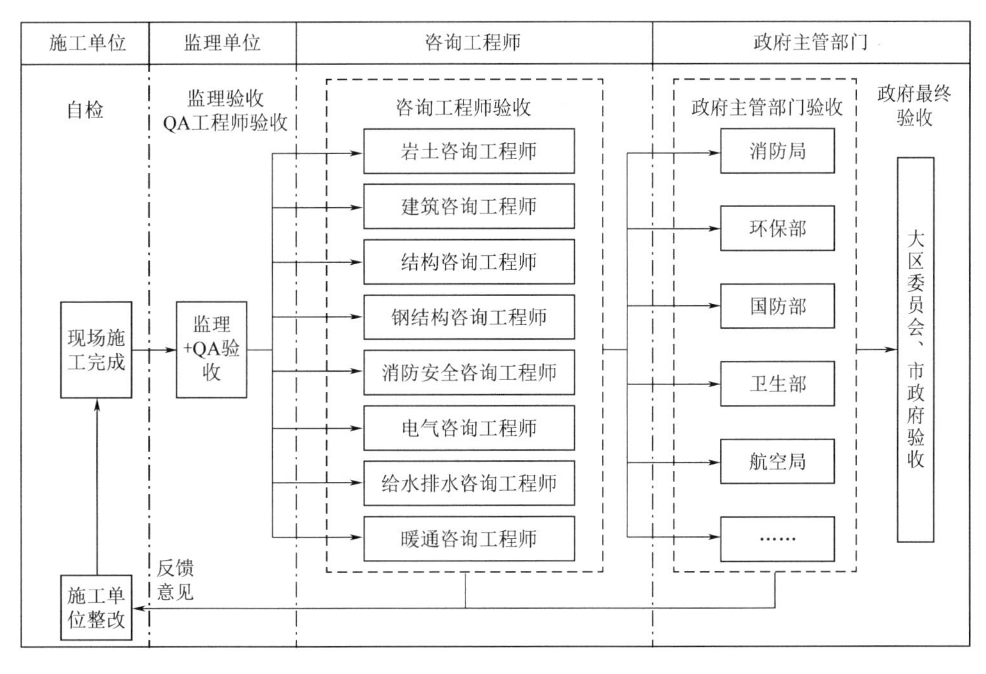

图4.2　项目联合验收流程

4.4　多方协调统筹，实现统一的项目验收标准

在项目监理过程中，监理单位与以方管理人员、相关政府部门、设计部门以及行业专家进行了多次沟通协商，最终在工程验收标准、资料验收标准等方面达成共识，形成了统一的验收标准，为项目的竣工验收奠定基础。

4.4.1　各方多轮协商，明确工程验收依据

本项目向以色列输出“智慧港口”等相关技术，涉及了许多国外规范体系不适用的技术、工艺。此外，与中国的包含国标、行标、地标等规范标准的统一建设标准体系不同，以色列的工程建设标准体系较为复杂，涉及以色列当地标准、蓝皮书以及美国、英国、德国等多种国际标准，为建设验收标准的统一带来了一定的影响。面对中、以标准体系的差异，监理单位、设计单位协同项目咨询工程师对工程建设目标、施工图纸等进行深入研究，对施工可行性进行透彻分析，改进其中不合理、不适用的要求和设计。同时，通过与当地政府主管部门沟通，确定了《施工大长卷》《安全计划》和《任务清单》作为项目建设的强制性验收依据。

4.4.2　加强沟通协作，确定工程验收标准

面对工作模式巨大差异，梳理当地的标准和法律规范，明确工程验收标准是重中之重。

统一工程验收标准。针对中以标准的巨大差异，监理QA团队和咨询工程师对国际标准进行解读和分析，通过标准段的施工和验收，明确工程的具体参数要求，施工验收标准确认流程如图4.3所示。

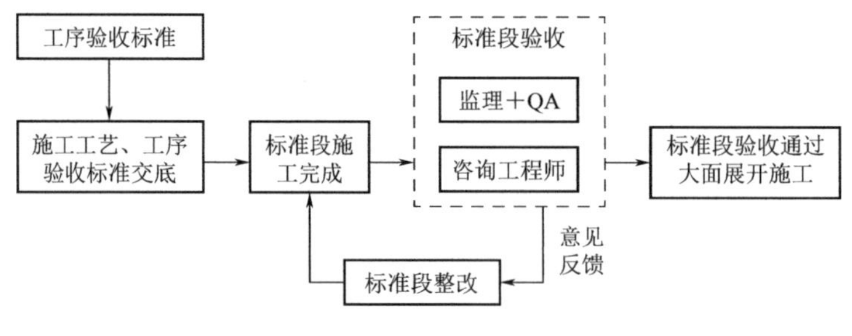

图4.3　施工标准确认流程

一般情况下，按照以色列的标准体系为准进行工程验收，以确保符合当地标准和法律规则。例如关于路基、变电站房间排烟面积等的验收均遵循以色列标准体系，如表4.3所示。

中以个别验收标准差异　　表 4.3

国内标准要求	以色列标准要求
路基填筑每层厚度不宜超过20cm，压实度根据道路等级和土层位置从90%以上到96%以上不等	路基回填以每20cm为一层，进行分层摊铺、洒水、碾压，压实度不小于98%；顶层20cm路基压实度不小于100%，过程中需要用核子密度仪测量密度和含水量
采用自然通风方式的避难层（间）应设有不同朝向的可开启外窗，其有效面积不应小于该避难层（间）地面面积的2%，且每个朝向的面积不应小于2.0m^2。 自然排烟窗（口）应设置在排烟区域的顶或外墙，当走道、室内空间净高不大于3m的区域的自然排烟窗（口）可设置在室内净高度的1/2以上	变电站的有效排烟面积应不少于房间面积的2%，可通过设置电动开启窗、永久百叶窗/门实现，应取离地1.8m以上开口面积来计算有效排烟面积

此外，针对以色列标准体系内未做出规定的内容，监理单位会根据现场实际情况，参考国内标准和中以工程建设经验，选择最为合理的建设方法，并通过技术澄清、案例展示等方式与咨询工程师达成一致意见。例如，在港口建设过程中，咨询工程师参考常规工程做法，要求所有轨道吊RMG基础下方均需增加碎石桩，但RMG基础技术成熟且工程现场地质情况符合要求，再结合国内同类型项目实施经验的综合考虑，中方团队认为无须增加碎石桩。之后，通过技术澄清的方式向咨询工程师详细讲解此类技术的可行性、可靠性，并通过数据计算作为支撑进行佐证。与此同时，邀请咨询工程师前往洋山港进行实地考察，切实了解RMG基础的实际应用，最终与咨询工程师达成一致，采纳中方团队方案，在加快建设进度的同时极大节省了工程成本，实现了中国标准的输出。

落实确认验收标准交底和标准段。积极与咨询工程师沟通，共同分析梳理以色列法律法规、标准规范，将工程建设总目标分解为各道工序的具体要求，确定各道工序的验收标准。在施工前，由项目负责人组织相关工艺、技术培训，针对各工序验收标准、质量控制要点进行宣贯，统一现场验收标准，规范监理验收行为。与此同时，监理单位与设计、施工、咨询单位协商沟通，落实标准段施工验收制度。在标准段施工完成后，由监理团队、QA工程师、咨询工程师共同对标准段进行检查验收，并及时提出存在的问题，便于施工单位及时调整施工工艺，提高施工质量。

统一"智慧港口"交付标准。"智慧港口"建设主要包含关键港机设备生产安装和"智慧港口"系统搭建。在统一港机设备验收标准方面，由联合体成员方负责国内港机设备的监造和出厂验收，确保港机设备的制造符合国家标准、港机设备的功能符合项目需求、港机设备的关键部件、配件和设计符合以色列相关部门的验收和管理要求。在统一"智慧港口"系统验收标准方面，项目监理机构配合咨询工程师统一港机设备到场验收和安装调试标准，并配合咨询工程师把控“智慧港口”整体调试进度和深度，确保“智慧港口”系统稳定运行、顺利交付。

4.4.3 强化信息交流，厘清资料移交标准

海法Bayport港口验收需要满足多元管理主体的多种资料验收标准（以色列消防局、环保部、国防部、卫生部、航空局对工程资料归档均有不同的要求）。在这样的挑战下，项目监理机构提前咨询QA团队及咨询工程师，与当地政府主管部门沟通，明确项目资料验收标准，形成资料移交验收清单。与此同时，根据项目进度计划，将资料验收标准逐步分解到各个阶段性验收目标中，为资料管理的检查监督、按计划推进奠定基础。

5 启示

以色列海法Bayport港口项目是我国“一带一路”重要节点工程，也是我国“中国智造”走向海外的标杆工程，对于我国深入开展“一带一路”共建，加强沿线各国合作具有重大意义。由于中、以两国的制度差异，以及疫情、巴以冲突等突发事件的影响，项目建设遭遇了不小的困难。但是在各参建单位和人员的共同努力下，Bayport港口项目得以成功交付并于2021年正式开港。监理单位在项目策划、设计、施工和验收等各阶段发挥了关键作用，有效保证了港口项目工程质量、成本、工期等目标的实现，其在海外监理合规开展、监理组织结构和管理体系设计、质量控制流程建立和验收标准统一等方面积累了宝贵经验，对我国监理企业“走出去”具有较高的借鉴意义。

5.1 注重境外合规经营，保障业务顺利运行

海法Bayport港口项目体现了我国监理企业在海外合规经营的重要意义。在境外项目中，由于我国与其他国家在建设模式、法律环境、标准规范体系等方面存在差异，极易导致我国企业在境外项目中遭遇包括施工许可审批慢、员工工作签证办理难、审计业务合规性差等困难，不利于海外业务的进一步开展，阻碍了我国企业“走出去”的步伐。海法Bayport港口项目中，监理单位上海建科十分重视境外经营的合规性，打出了保证合规经营的“组合拳”：项目前期积极咨询当地企业、事务所确定合规经营策略；项目中期加强与当地企业合作力度、吸纳当地专业人才；全程用好法律武器，捍卫企业在海外项目的合法权益；必要时采用政治外交手段，联系当地大使馆进行交涉，有效的解决了海外项目合规性经营难题。因此，监

理企业在未来应强化海外当地合规经营建设，采取合适的策略，推动中国监理行业“走出去”。

5.2 主动求变创新模式，建设完善监理体系

海法Bayport港口项目建设过程中，上海建科积极履行监理职责，并且优质地完成了传统监理工作之外的服务职责。其构建的完善的监理组织构架和监理管理体系发挥了至关重要的作用，也为我国其他监理企业开展海外项目提供了借鉴。其一，监理单位应主动创新监理组织模式，形成符合当地法律法规要求，适用于当地监理业务需求的监理组织构架。其二、加强与当地政府部门、合作企业的沟通协作，构建符合实际项目需求的监理体系、控制流程和验收标准，因地制宜形成监理管理机制。其三、合理划分监理角色，明确各方监理职责，杜绝多头领导、管理混乱等情况。未来，我国监理企业应进一步强化创新思维，主动求变，逐步建立适用于海外项目的监理体系，提升中国监理企业海外业务水平。

5.3 提升项目监理水准，打造“中国服务”优质品牌

海法Bayport港口项目移植了上海洋山深水港区四期自动化码头积累的技术成果和成熟经验，全部使用“中国大脑、中国制造、中国品牌、中国标准、中国服务”，成为我国向发达国家输出先进技术和管理经验的标杆项目。在此过程中，先进技术的输出为我国监理企业开展监理工作造成了一定挑战，但是也为我国监理企业提升服务水平提供了契机。我国监理企业应积极拥抱海外项目，努力拓展海外市场，将“中国监理服务”的优质品牌伴随着“中国智造”走向全球，推动整个监理行业进一步发展壮大。

5.4 加强数字技术应用，提升智能监理水平

在海法Bayport港口项目中，监理单位深度运用BIM技术，在项目的设计、施工和验收等方面取得了卓越成效，显著减少了设计变更与返工，提高了施工效率，保障了工程质量与安全。随着数字技术的飞速发展，我国监理行业也应积极拥抱数字时代，加大BIM、物联网、GIS、大数据等数字信息技术的应用，用数字赋能监理业务，提升监理智能化水准。

5.5 加强国际化人才培养，打造高水平海外团队

海外工程对工程监理服务的需求不仅仅局限于监理，还涉及多种专项服务，这对监理团队的专业性、适应性提出了很高的要求。监理企业应加强人才队伍建设，

逐步培养一批具有国际视野、经验丰富、技术过硬的高素质专业人才。同时也可适当吸收经验丰富的外籍人才，优化企业人才结构，提升企业人才的国际化水平，提高企业在国际市场上的竞争力。

（主要编写人员：张　强　周秦秦　杨正展　刘丹璇　林天乐）